U0162271

国家社会科学基金重点项目"大数据技术革命的哲学问题研究"
（批准号：2014AZX006）成果
江西财经大学"信毅学术文库"出版经费资助出版

BIG DATA
Philosophy

大数据哲学

大数据技术革命的哲学问题研究

黄欣荣　著

人民出版社

目　录

导　言
大数据时代的哲学变革

2012 年以来，大数据这个原本陌生的专业词汇迅速进入大众视野，掀起了一场新的数据技术革命。大数据正在改变我们的生产、生活、教育、思维等诸多领域以及认识、理解世界的方式，作为时代精神精华的哲学，应该及时对这场数据革命做出全面的回应和批判，深入分析大数据将对我们的世界观、认识论、方法论、价值观和伦理观带来的深刻变革。

数据本质与世界观革命。所谓数据就是有根据的数字编码，它与人类关系十分密切。早在古埃及，人们就知道用数据来计量财富和记录日常生活。文艺复兴之后，数据又被用于描述物理现象和自然规律。不过，在中外哲学史上，数据一般被看作刻画事物关系的参数，很少被看作世界的本质，唯有古希腊哲学家毕达哥拉斯提出了"数是万物的本原"的思想，将数据提高到本体论高度。但随着大数据时代的来临，数据从作为事物及其关系的表征走向了主体地位，即数据被赋予了世界本体的意义，成为一个独立的客观数据世界。继记录日常生活、描述自然科学世界之后，数据被用于刻画人类精神世界，这是数据观的第三次革命。大数据认为，世界的一切关系皆可用数据来表征，一切活动都会留下数据足迹，万物皆可被数据化，世界就是一个数据化的世界，世界的本质就是数据。因此，哲学史上的物质、精神的关系变成了物质、精神和数据的关系。过去只有物质世界才能用数据描述，实现定量分析的目标，而现在，大数据给人类精神、社会行为等主观世界带来了描述工具，从而能够实现人文社会科学的定量研究。总之，大数据通过"量化一切"而实现世界的数据化，这将彻底改变人类认知和理解世界的方式，带来全新的大数据世界观。但人类的精神世界能完全被数据化吗？精神世界的

1

数据化是否会降低人的主体地位？这也是我们在大数据时代必须回应的哲学问题。

数据挖掘与认识论挑战。近现代科学最重要的特征是寻求事物的因果性。无论是唯理论还是经验论，事实上都在寻找事物之间的因果关系，区别只在于寻求因果关系的方式不同。大数据最重要的特征是重视现象间的相关关系，并试图通过变量之间的依随变化找寻它们的相关性，从而不再一开始就把关注点放在内在的因果性上，这是对因果性的真正超越。科学知识从何而来？传统哲学认为要么来源于经验观察，要么来源于所谓的正确理论，大数据则通过数据挖掘"让数据发声"，提出了全新的"科学始于数据"这一知识生产新模式。由此，数据成了科学认识的基础，而云计算等数据挖掘手段将传统的经验归纳法发展为"大数据归纳法"，为科学发现提供了认知新途径。大数据通过海量数据来发现事物之间的相关关系，通过数据挖掘从海量数据中寻找蕴藏于其中的数据规律，并利用数据之间的相关关系来解释过去、预测未来，从而用新的数据规律补充传统的因果规律。大数据给传统的科学认识论提出了新问题，也带来了新挑战。一方面，大数据用相关性补充了传统认识论对因果性的偏执，用数据挖掘补充了科学知识的生产手段，用数据规律补充了单一的因果规律，实现了唯理论和经验论的数据化统一，形成了全新的大数据认识论；另一方面，由相关性构成的数据关系能否上升为必然规律，又该如何去检验，仍需要研究者作出进一步思考。

数据思维与方法论变革。大数据带来了思维方式的革命，它对传统的机械还原论进行了深入批判，提出了整体、多样、关联、动态、开放、平等的新思维，这些新思维通过智能终端、物联网、云存储、云计算等技术手段将思维理念变为了物理现实。大数据思维是一种数据化的整体思维，它通过"更多"（全体优于部分）、"更杂"（杂多优于单一）、"更好"（相关优于因果）等思维理念，使思维方式从还原性思维走向了整体性思维，实现了思维方式的变革。具体来说，大数据通过数据化的整体论，实现了还原论与整体论的融贯；通过承认复杂的多样性突出了科学知识的语境性和地方性；通过强调事物的相关性来凸显事实的存在性比因果性更重要。此外，大数据通过事物的数据化，实现了定性定量的综合集成，使人文社会科学等曾经难以数据化的领域像自然科学那般走向了定量研究。就像望远镜让我们能够观测遥远的太空，显微镜让我们可以观察微小的细胞一样，数据挖掘这种新时代的科学新工具让我们实现了用数据化手段测度人类行为和人类社会，再次改变了人类探索世界的方法。大数据技术让复杂性科学思维实现了技术化，使得复杂性科学方法论变成了可以具体操作的方法工具，从而带来了思维方式与科学方法论的革命。但变革背后的问题亦不容回避：可以解释过去、预测未来的大数据，是否会将人类推向大数据万能论？这是不是科学万能论的新形式？

数据资源与价值观转变。随着大数据的兴起，数据从原先仅具有符号价值逐渐延伸为同时还具有经济价值、科学价值、政治价值等诸多价值的重要资源，从而带来了数据价值本质的根本性变化。首先，数据成了新兴财富，具有重要的经济价值，从而引发财富价值观的变革。在传统的价值观念中，土地、材料、能源、劳动力等看得见摸得着的实体才被看作财富的象征，而数据只是一种符号，它只是人类记录财富的工具。但在大数据时代，数据不仅是财富的记录和标志，而且自身也成为一种新兴财富，即数据财富。大数据让我们从实体经济的狭隘思维中解放出来，带来全新的就业方向、产业布局、商业模式和投资机会，创造出"点数成金"的财富神话。其次，数据成为人类认知世界的新源泉，蕴含着丰富的科学认知价值。大数据是一种重要的科学认识工具，它将数据化从自然世界延伸到人类世界，原先只能进行定性研究的人类思想、行为，如今逐渐被数据化。最后，大数据带来了开放、共享的价值理念。大数据要求打破数据隔离和数据孤岛，实现数据资源的开放、共享。数据的开放和共享，特别是政府数据的公开让信息更加对称，让一切事物和行为都暴露在公众面前，由此带来了大数据时代的自由、公平与公正。与此同时，一个崭新的课题亟待解决：数据产业与实体产业该保持怎样的必要张力？没有了实体产业，大数据产业会不会成为虚幻？

数据足迹与伦理观危机。大数据技术通过智能终端、物联网、云计算等技术手段来"量化世界"，从而将自然、社会、人类的一切状态、行为都记录并存储下来，形成与物理足迹相对应的数据足迹。这些数据足迹通过互联网络和云技术实现对外开放和共享，因此带来了我们以前从未遇到过的伦理与责任问题，其中最突出的是数据权益、数据隐私和人性自由三个重要问题。首先，构成大数据的各种数据都是从个人、组织或政府等采集而来，这些作为一种新财富的数据产权该属于谁呢？是数据采集者、被采集对象还是数据存储者？谁拥有这些数据的所有权、使用权、储存权和删除权？政府数据是否应该向纳税人开放？如此诸多的问题都需要我们重新思考和解决。其次，人们在享受大数据时代的便捷和快速的同时，也时刻被暴露在"第三只眼"的监视之下，从而引发隐私保护的危机。例如，购物网站监视着我们的购物习惯，搜索引擎监视着我们的网页浏览习惯，社交网站掌握着我们的朋友交往，而随处可见的各种监控设备更让人无处藏身。更令人担忧的是，这些数据一旦上传网络就被永久保存，几乎很难被彻底删除。面对大数据，传统的隐私保护方法（告知与许可制、匿名化、模糊化）几乎无能为力，可以反复使用的数据通过交叉复用而暴露出诸多隐私信息，因此大数据技术带来了个人隐私保护的隐忧，而棱镜门事件更加剧了人们对个别组织滥用数据的担心。最后，根据大数据所做的人类思想、行为的预测也引发了可能侵犯人类自由意志的担忧。大数据可以根据过去数据预测未来，在这个意义上，我们未来的一言一行都有可能被他人掌握，人类的自由意志因此有可能被侵犯，这给传统伦理观带来了新挑战。

总之，大数据是一场新的数据技术革命，它必然会对传统哲学理论提出新挑战，传统哲学也将随着大数据革命而产生革命性变革，并随着对问题的回应而获得哲学自身的丰富和发展。

第一章
大数据哲学的背景现状

大数据正在改变我们的生产、生活、教育、思维等诸多领域以及认识、理解世界的方式，作为时代精神精华的哲学，应该及时对这场数据革命做出全面的回应和批判，深入分析大数据将对我们的世界观、认识论、方法论、价值观和伦理观带来的深刻变革。大数据是一场新的数据技术革命，它必然会对传统哲学理论提出新挑战，传统哲学也将随着大数据革命而产生革命性变革，并随着对问题的回应而获得哲学自身的丰富和发展。

第一节　正在发生的大数据技术革命

2012 年被称为世界的大数据元年，而 2013 年则成为中国大数据时代的元年。近年来，大数据（Big Data）这个词铺天盖地出现在各种媒体；有关大数据的图书迅速出版且发行量巨大，而大数据的富豪们，如百度的李彦宏、腾讯的马化腾、阿里的马云等，更是成了家喻户晓的神话般的数字财富人物。大数据技术革命由此展开了其波澜壮阔的画卷。

数据与人类密切相关，它是描述事物及其关系的重要科学参数。在古埃及时期，人们就发明了数据，并用来丈量土地、记录财产等与日常生活密切相关的财物。有了数据，我们的日常生活就可以很方便、很精确地进行记录和描述。文艺复兴之后，在第谷、开普勒、伽利略、牛顿等大师们的努力和示范下，数据逐渐被用于描述自然界或自然现象，并由此发现了各种自然规律。由于自然科学取得了巨大成功，数据被看作是科学化的重要指标。

一、历史上的数据

人类与数据的历史源远流长，数据是人类认识客观世界的标尺。古埃及时期由于丈量土地的需要就已经产生了数字和数据，而古希腊哲学家毕达哥拉斯提出了数是万物本原的观点，从而将数据提高到了本体论的高度，数据成了世界的本原，也构成了世界的本质。翻开科学史，我们很快会发现，科学的历史就是一部人类对事物数据化的历史。某事物越是能够用数据来表征，表明其科学化的程度越高，人类对其认识也就越深入。近代科学数据化的脚步从天文学、物理学开始，逐渐走向化学、地学、生物学、人类学、经济学、管理学和社会学等，从自然世界向人类社会延伸。

虽然数据对认识和把握事物特别重要，但由于技术上的困难，过去要采集、存储、处理各种数据并不容易。例如土地数据要靠大量人工去实施精细的测量，科学数据要靠科学家们利用科学仪器对自然现象的观测或受控实验的测量、记录才能取得。大量的数据存储起来特别麻烦，处理则更加困难。我们只能根据问题有针对性地对数据进行采集和处理，以此来解决问题、发现规律。例如天文学家第谷利用望远镜等先进设备对天文现象进行了长达数十年的观测，取得了大量天文数据。面对堆积如山的数据，第谷无能为力，只有等其弟子开普勒花费大量精力处理之后才发现天体运行的三大规律。正因如此，在漫长的人类历史中，人类所取得和处理的数据规模极其有限，因此以前的时代被称为小数据时代。

20世纪80年代，以未来预测和摇旗呐喊而著称的美国未来学家阿尔文·托夫勒在其《第三次浪潮》中就曾经预测，21世纪前后，人类将进入信息时代，信息将成为物质、能量之后的第三个世界构成要素，并用极其煽动性的语言描绘了信息时代的生产、生活、工作和学习等等。[1] 当时大多数人都认为这是一个十分遥远的乌托邦。然而，仅仅几年时间，由于计算机的

---

① ［美］阿尔文·托夫勒：《第三次浪潮》，朱志焱、潘琪译，读书·生活·新知三联书店1983年版，第44—48页。

快速更新换代，我们就被托夫勒所说的"第三次浪潮"所席卷，世界被急速推入了信息时代。

20 世纪 80 年代初，除了美国未来学家阿尔文·托夫勒在《第三次浪潮》中所提到的，美国学者丹尼尔·贝尔在《后工业社会的来临》中也宣布人类即将从工业社会进入信息社会。①20 世纪 90 年代，微软总裁比尔·盖茨在《未来之路》中详细描述了信息社会的蓝图，尼葛洛庞帝则在其《数字化生存》中描绘了信息时代的生活方式，当时的美国总统比尔·克林顿则提出了《信息高速公路》计划，将学者们的设想变成了国家政策。兴起于 20 世纪末的复杂性科学则从科学思维和方法上为目前大数据时代的来临奠定了坚实的科学基础。进入 21 世纪互联网的普及和智能设备的风行为大数据时代的来临准备了物质基础，而电子商务的兴起则为大数据时代的来临进行了前期的尝试。因此，人类如今进入大数据时代是一种必然。当全球知名的咨询公司麦肯锡于 2012 年初正式提出大数据的概念和框架时，立即得到了世界各国的响应，并由此掀起了一场大数据风暴。

二、大数据时代的来临

20 世纪 80 年代以来，计算机的硬件和软件都按摩尔定律迅速发展。②硬件体积越来越小，但功能越来越强大；软件迅速升级，并被模块化、智能化，计算机被迅速普及到各行各业，渗透到生活的方方面面。由于计算机以处理离散数据见长，因此凡需计算机处理的东西都必须用离散数据来表示，所涉对象也必须被编码成结构化数据。由于计算机及其他智能设备的普及，由其采集的各类数据以铺天盖地之势爆发出来，在国际互联网的推波助澜下，这些爆炸性增长的数据又成了公共数据。这些海量、杂乱的数据以前被看作无用而又占据存储空间的"垃圾"，但随着数据挖掘和处理技术的发展，这些"数据垃圾"迅速变废为宝，成了炙手可热的资源。那些先知先觉的吃

---

① 　[美] 丹尼尔·贝尔：《后工业社会的来临——对社会预测的一项探索》，高铦、王宏周、魏章玲译，商务印书馆 1984 年版，第 129—137 页。

② 　涂子沛：《大数据：正在到来的数据革命》，广西师范大学出版社 2013 年版，第 39 页。

螃蟹者靠这些资源一夜暴富，成了时代的新宠和标杆。在这些"数据富豪"的示范和引领下，"数据"变成了一种继物质、能源之后的宝贵资源，占有数据就等于占有了财富。于是，各种数据都被收集和存储，数据量爆炸式增长，形成了数据的海洋。这些海量数据与小数据时代的寥寥数据相比简直不可同日而语，因此被称为"大数据"。

近年来，随着智能手机的普及、互联网和物联网的形成、云存储和云计算等云技术的实现，数据的采集、存储和处理诸多方面的技术问题都迎刃而解，20世纪对信息时代的美好设想终于变成了身边的现实。例如，智能手机让我们迅速进入移动互联网时代，而且手机变成了一个万能终端：除通话和收发短信之外，我们还用手机实现了导航、定位、上网、视频、拍摄、录音，如此等等，功能无限多样。我们生活的点点滴滴都被智能手机记录下来并传输到云端，成为我们的生活足迹。视频监控、网络浏览记录、购物记录，等等，我们的一切都成为可存储和处理的数据，并被永久地记录、存储下来，成为我们每个人的数据足迹。如今，借助智能技术、网络技术和云技术等现代科学技术，世界万物都可以被数据化，于是数据的规模呈爆炸性增长，一年产生的数据量就超过了人类过去数千万年所产生数据的总和，因此我们迅速地进入了大数据时代。

如今，大数据彻底地改变了我们的工作和生活方式。对一般老百姓来说，大数据的最大影响莫过于网购。曾几何时，我们购物就必须上百货大楼，但是现在许多人都喜欢网上淘宝购物，读书人不逛书店逛网店，因此造就了淘宝、亚马逊、当当等著名的购物网站，导致了实体店的迅速衰亡。印象最深刻的莫过于每年的11月11日所谓"双十一"，网民们个个疯狂购物，一天网购数百亿元，真正达到疯狂的程度。对有一点年纪的读书人来说印象深刻的是文献资料搜索查询的艰难。当时全靠手工查卡片等原始方式来寻找自己所需的文献资料，虽然历尽艰难仍然挂一漏万。但如今的百度、谷歌等网络搜索工具让我们可以在数秒钟之内将世界上所有相关文献一网打尽。对现在的读书人来说，我们不缺少文献资料，只怕缺少独到的思想。此外，只是一两年的功夫，智能手机就迅速取代以往只能打电话和发短信的传统手机，手机迅速变成了无所不能的智能工具，成了我们不可或缺的随身物品。从这些事例中，我们不难感受到无孔不入的网络以及背后的大数据技术对我们的影响。我们可以毫不夸张地说，大数据时代正以迅雷不及掩耳之势来到我们的面前。不管是否情愿，我们都已经迅速地跨入了大数据时代。

2012 年被称为世界的大数据元年，而 2013 年则成为中国大数据时代的元年。近年来，大数据（Big Data）这个词铺天盖地出现在各种媒体；有关大数据的图书迅速出版且发行量巨大，而大数据的富豪们，如百度的李彦宏、腾讯的马化腾、阿里的马云等，更是成了家喻户晓的神话般的数字财富人物。

三、大数据究竟是什么

究竟什么是大数据？目前国内外都还没有统一的定义或认识。从狭义的字面来理解的话，它应该与小数据相对应，意指数据量特别巨大，超出了我们常规的处理能力，必须引入新的科学工具和技术手段才能够进行处理的数据集合。① 所谓的小数据指的是数据规模比较小，用我们的传统工具和方法足以进行处理的数据集合。比如牛顿时代的各门自然科学，其数据量都不大，第谷观测了 20 年的天文数据，开普勒很快用手工就处理完毕，并从中发现了开普勒定律。后来，随着科学的发展，数据量有了比较大的增加，为了处理这些当时看来的"大数据"，统计学家创造了抽样方法，由此解决了数据处理难题。现在的大数据却是所谓的海量数据，各种数据的差别又特别巨大，用抽样方法也难于处理，只能用现在的数据挖掘和云计算、云存储等新技术才能解决。从广义来说，大数据指的是一种新的数据世界观，它将世界上的一切事物都看作是由数据构成的，一切皆可"量化"，都可以用编码数据来表示。这就是舍恩伯格所说的："大数据是人们获得新认知、创

---

① Luciano Floridi，"Big Data and Their Epistemological Challenge"，*Philos. Technol.*，Vol.25，2012.

造新价值的源泉；大数据还是改变市场、组织机构，以及政府与公民关系的方法。"[1]

　　大数据一词来源于英文 Big Data，用来指称"那些大小已经超出了传统意义上的尺度，一般的软件工具难于捕捉、存储、管理和分析的数据"[2]。根据百度百科，"大数据"这个术语最早期的引用可追溯到 apache.org 的开源项目 Nutch。当时，大数据用来描述为更新网络搜索索引需要同时进行批量处理或分析的大量数据集。随着谷歌 MapReduce 和谷歌文件系统（GFS）的发布，大数据不再仅用来描述大量的数据，还涵盖了处理数据的速度。不过，大数据被广泛传播，主要是因为美国麦肯锡公司。2012年初，全球知名的咨询公司麦肯锡最早使用今天被大家理解的"大数据"概念，用来指称数据量特别巨大，超过 PE 级别（1015—1018 字节）并包括结构性、半结构性和非结构性的数据。[3] 因此，从字面来看，大数据就是指规模特别巨大的数据库，所以此前也被称为海量数据，这主要是从数据规模的大小来界定的。但究竟到达什么规模才算大数据？古人用学富五车、汗牛充栋来形容个人学识渊博、社会知识爆炸，但现在看来却是小儿科。如今数据诞生的速度基本上一两年就要翻番，美国国会图书馆的所有文献与现在爆炸的大数据相比只能望数兴叹。现在的数据量如此之大，以至于用传统的手段根本无法把握，所以大数据就是指超出了我们常规的处理能力，必须引入新的科学工具和技术手段才能够进行处理的数据集合。[4]与小数据相比，大数据不仅表现为规模浩大，而且在采集和处理速度、数据类型诸多方面都有本质的差别，因此美国 Gartner 公司将大数据表述为："大数据是指数量巨大、速度快捷、种类繁多的信息财富，这些数据需要新的技术手段来处理，以便提高决策制定、领悟发现以及过程优化

---

① ［英］维克托·舍恩伯格、肯尼斯·库克耶：《大数据时代》，盛杨燕、周涛译，浙江人民出版社 2013 年版，第 9 页。

② 涂子沛：《大数据——正在到来的数据革命》，广西师范大学出版社 2013 年版，第 57 页。

③ 李德伟等：《大数据改变世界》，电子工业出版社 2013 年版，第 7 页。

④ Judith Hurwitz et al., *Big Data*, New Jersey: John Wiley & Sons, Inc., 2013, pp.15–16.

等能力。"①

从某种程度上说，大数据主要是数据分析的前沿技术。简言之，从各种各样类型的数据中，快速获得有价值信息的能力，就是大数据技术。这也是大数据的概念一被提出，马上就一呼百应的原因：它属于技术，具有巨大的商业价值，这促使该技术走向众多企业的潜力。

大数据是一个总称性的概念，它还可以细分为大数据科学、大数据技术、大数据工程和大数据应用等领域。目前我们所说的大数据更多局限于大数据技术和大数据应用，而大数据科学和工程则还未被重视。大数据科学关注大数据网络发展和运营过程中发现和验证大数据的规律及其与自然和社会活动之间的关系，而大数据工程指大数据的规划、建设、运营、管理的系统工程。

大数据的特点被人总结为 4 个 "V"。② 第一，Volume（大量），即数据数量巨大。从 TB 级别，跃升到 PB 级别（1TB=1012bt，1PB=1015bt）。第二，Variety（多样），即数据类型繁多。除了标准化的结构化编码数据之外，还包括网络日志、视频、图片、地理位置信息等等非结构化或无结构数据。第三，Value（价值），即商业价值高，但价值密度低。在数据的海洋中不断寻找，才能淘出一些有价值的东西，可谓"沙里淘金"。第四，Velocity（高速），即处理速度快，实时在线。各种数据基本上都支持实时、在线，并能够进行快速的处理、传送和存储，以便全面反映对象的当下状况。

人类的发展史就是一部认识的进步史，也是一部科学发展史，而科学的发展历程就是对事物不断数据化的过程和数学化的历史。正因如此，马克思才认为，一门学科只有实现了数据化和数学化，才能称得上一门成熟的学科。我们说过，数据最早用于丈量土地、记录账目等日常生活，文艺复兴之后又被用于科学现象的观测与描述，并让自然科学各门学科逐渐走向了成熟。但是，在过去，只有客观世界才能被数据化，也就是说，数据被用于观

---

① Michael Wessler, *Big Data Analytics for Duminies*, New Jersey: John Wiley & Sons, Inc., 2013, p.6.

② 李德伟等：《大数据改变世界》，电子工业出版社 2013 年版，第 7 页。

测自然世界的各种现象，并发现和描述自然规律。对于人类世界，由于人具有主体性，可以自我决定，随时会根据环境做出适应性改变，也就是我们经常说的具有主观能动性，造成了很难被客观化，进而很难被数据化。因此，对自然世界、自然现象和自然规律，我们可以进行定量研究，进而可以数学化和公式化，而对人类世界、精神现象和社会规律，我们基本上停留在定性研究上，很难实现数据化，更不能进行数学化。定性研究虽然也是一种科学认识方法，但与定量研究相比，它的主观性更强，更难达到主体间的客观交流，因此可以说是认识的初级阶段，而定量研究则比定性研究更加深入了一步。

大数据技术与传统的小数据技术有着本质的差别，它是一场新的技术革命，是 20 世纪末所说的信息革命的真正来临，也是 20 世纪末复杂性科学革命的技术实现。科学革命更多地局限于思想界、学术界，而技术革命则更加深入和具体，影响范围几乎遍及社会的每个神经末梢。因此这次大数据技术革命比以前信息革命的鼓动宣传以及复杂性科学革命对我们的工作、生活和思维产生的影响会更广泛、更深入。

大数据正在改变我们的生产、生活、教育、思维等诸多领域以及认识、理解世界的方式，作为时代精神精华的哲学，应该及时对这场数据革命做出全面的回应和批判，深入分析大数据将对我们的世界观、认识论、方法论、价值观和伦理观带来的深刻变革。大数据是一场新的数据技术革命，它必然会对传统哲学理论提出新挑战，传统哲学也将随着大数据革命而产生革命性变革，并随着对问题的回应而获得哲学自身的丰富和发展。

第二节　大数据技术革命为什么会发生

正在进行的大数据技术革命之所以能够发生，是因为具备了如下条件：流行的思想潮流、核心的技术支持、坚实的科学基础、直接的哲学源流。从思想潮流来说，信息社会的提出、第三次浪潮的流行、信息高速公路的推动、虚拟世界的出现为大数据革命奠定了前期的思想基础；从技术前提来说，数字计算机、人工智能、互联网络和云计算等前沿技术为大数据革命奠定了核心的技术基础；从科学基础来说，数理逻辑、离散数学、系统科学和数据科学等学科的发展为大数据革命奠定了坚实的科学理论基础；从哲学源流来说，毕达哥拉斯的数本原说、马克思主义辩证法、后现代主义和复杂性哲学已经为大数据革命奠定了良好的哲学基础。

一场以大数据为代表的信息技术革命正在进行之中，但这场革命为什么会发生？归结起来，主要是流行的思想潮流、核心的技术支持、坚实的科学基础和直接的哲学源流这四个主要因素促成了这场大数据技术革命的发生。

一、大数据技术革命的思想潮流

大数据技术革命具有促成其发生的思想潮流，正是在这种思潮下，大数据技术在其中孕育、生成、演化，并迎来了大数据时代的来临。那么，最近的数十年里，国际社会究竟出现了哪些有利于大数据技术革命的思想潮流呢？归结起来，大致有信息社会、第三次浪潮、后工业社会、数字化生存、赛博空间、网络世界等。

信息社会的概念在 20 世纪 60 年代被提出。电子计算机诞生于第二次世界大战结束之时，但真正产生广泛的社会影响却是在 60 年代，此时信息论、系统论和控制论等系统科学也得到传播，信息的概念和思想得到了逐渐的普及，特别是自动机得到了一定程度的应用，于是有人提出了人类已经进入了信息社会。当时有人认为自动机即将取代人类，人类即将被边缘化，甚至将被机器统治，于是控制论的创始人诺伯特·维纳不得不写了一本名为《人有人的用处》的小册子来回应人们的担心。信息社会的提出宣告了人类即将发生重大的时代变迁，它初步描绘了信息社会的世界蓝图，让人们开始重视信息的概念、理论及其社会影响，为大数据时代的来临做了概念和思想的铺垫。

20 世纪七八十年代，有三个人值得提起，那就是阿尔文·托夫勒、丹尼尔·贝尔以及奈斯比特。托夫勒的两本畅销书《未来的冲击》、《第三次浪潮》在 70 年代末到 80 年代中期在全球产生了巨大影响，特别是《第三次浪潮》① 一书，更是畅销全球。读者通过托夫勒的书了解到信息文明的浪潮已经惊涛拍岸。贝尔的《后工业社会的来临》② 一书有点学术化，明显没有托夫勒的影响力，但他从学理上更有理有据地描述了西方发达国家已经从工业社会逐渐走向后工业社会，产业结构即将发生重大转型，传统工业即将逐渐衰落，信息业、服务业即将成为世界的朝阳产业和支柱产业。奈斯比特的《大趋势》一书也特别畅销，影响巨大，书中特别描绘了美国社会正在或即将发生的十大变革，正在改变社会的发展方向，美国等发达国家正在朝信息化社会迈进。托夫勒等人将信息社会描绘得更加清楚、形象，为大数据时代的来临绘出了更加清晰的蓝图，指明了未来的发展方向。

20 世纪 90 年代，网络技术逐渐兴起，电脑之间实现了通信和共享，人类迈入了网络时代。这期间，有三个人的思想曾经流行一时，形成了思想潮流，他们是比尔·盖茨、比尔·克林顿以及尼葛洛庞帝。在互联网刚刚兴起之时，比尔·盖茨就及时出版了其普及性的畅销书《未来之路》③，指出互联网是通向未来信息社会的必由之路，强调了互联网对构建信息社会的重要性。当时的美国总统比尔·克林顿则发布了其《信息高速公路计划》，从国家战略层面展望了互联网对未来信息社会的重要意义。他把互联网比作可见世界的高速公路，通过互联网将把世界上的所有电脑汇聚到一起，形成一个电脑世界，而网络就是这个电脑世界最快速、便捷的高速公路。尼葛洛庞帝则出版了《数字化生存》④ 一书，提出数字化、网络化、信息化将使人类的未来生活与生存方式发生巨大的变化，人们即将生活在数字化、数据化的虚拟世界里，数字化生存将是人们未来的主要生活方式。比尔·盖茨和比尔·克林顿强调了互联网在构建未来信息社会方面的极端重要性，并尝试性

---

① Alvin Toffler, *The Third Wave*，New York: Bantam Books，1980.

② Daniel Bell, *The Coming of Post-Industrial Society: A Venture in Social Forecasting*，New York: Basic Books，1973.

③ Bill Gates, *The Road Ahead*，New York: Viking Penguin，1995.

④ [美] 尼葛洛庞帝：《数字化生存》，胡泳、范海燕译，海南出版社 1997 年版。

地描述了未来的网络生活，而尼葛洛庞帝则直接描绘了未来的数字化生活方式，创造性地展望了人们将在未来的虚拟空间里怎么工作和生活。网络化、数字化是构成大数据时代的技术基础，90 年代的互联网络理念为大数据时代的来临准备了思想武器和技术武器。

21 世纪初，没有什么畅销书引领信息社会的构建和发展，但有几个词在社会上特别流行，这就是赛博空间、比特世界和虚拟现实。所谓赛博空间就是由电脑及其网络所构成的虚拟空间，人们可以在这个虚拟空间里模拟现实生活，甚至超越现实，实现理想。比特是电脑中由 0 和 1 构成的最小计量单位，我们输入和存储在电脑中的任何信息都必须转化为比特，因此所谓的比特世界就是由电脑空间所构成的世界，与赛博空间具有等价性。所谓虚拟现实则在虚拟的电脑世界里模拟现实的各类场景，甚至是现实中难以实现的场景，于是人们可以充分想象，并在虚拟的世界里实现。21 世纪初互联网络的迅猛发展，带来了丰富的网络生活，产生了不可估量的巨大数据，于是大数据就此应运而生，数据存储、传输与挖掘技术也因此随之迅速发展起来，出现了移动互联网、云存储、云计算、网络搜索等大数据时代必不可少的技术。

在数十年的信息社会思想潮流的呼唤和流行下，人们早已对信息社会充满期待，早已做好了随时进入信息社会的思想准备。近年来大数据革命迅速在全世界展开，这是数十年来所描绘、宣传的信息社会由理想走向现实，由思想潮流变成现实生活的结果。这是信息社会的初步实现，它让我们初步体会到在信息社会的学习、工作、生活的情景，感受到人类生活的巨大变革。因此，大数据时代的来临就是信息社会的现实化，是信息社会的初级阶段。

二、大数据技术革命的技术前提

大数据技术革命之所以发生，必须靠一系列核心的、革命性的技术来支撑，它应该是由一系列前沿技术共同推动的结果。这场技术革命当然有许多技术的参与，但最为核心的应该是数字计算机、智能感知、互联网以及云计算，它们直接带来大数据革命的前沿技术。数据的获取、存储、传输和计算等问题是数据技术的核心问题,但依靠传统技术,又是难以解决的四大关键技术问题。正是数字计算机、智能感知、移动互联和云计算这四大技术的突破性进展,围绕数据采集、存储、传输和计算的四大技术难题才迎刃而解,因此才有现在的大数据技术革命。

数字计算机起步于第二次世界大战后期,当时是为了实现自动火炮精准打击的快速计算而发明的。后来,数字计算机逐渐从科学计算走向数据处理和科学决策。数字计算机虽然经历了数十年的发展,元器件、体积和功能都发生了巨大的变化,但其程序设计的思维框架基本上仍然沿用冯·诺依曼的思想。电子数字计算机将模拟信息转化为以 0 和 1 为最终符号的数字信息,并用数字信息实现信息的存储、传输和处理,为大数据技术革命提供了物理世界的信息表征、处理所需的最基础的技术工具,并且与网络技术、通信技术一起共同奠定大数据技术革命的基础。没有数字计算机,随后的人工智能、网络技术和云存储、云计算等等,皆将失去技术基础。因此,计算机技术是大数据技术革命最基本的技术条件,也是最核心的技术前提。

智能感知技术是利用智能芯片来自动感知世界的存在及其状态变化的技术,它是人工智能技术与芯片技术共同发展的结果。数据采集一直是耗时费力的事情,特别是大型调查更是需要动用大量的人力物力,数据的自动采集就成为亟须解决的问题。当计算机刚刚出现之时,就有学者开始探索人工智能技术,但几十年来技术难有突破。近年来随着芯片的微型化和智能化,各种物件都被植入智能芯片,并自动感知、记录事物的存在状态及其变化。此外,人们在网络中的检索、查询、交流等等,也被智能记录与存储,形成了大量的网络数据。这样,千百年来困难的数据采集就彻底告别人工作坊模式,进入了自动、智能阶段,由此带来了海量数据的自动生成,彻底解决了数据的自动获取问题,为大数据时代的来临准备了最基础的海量数据资源。

互联网技术兴起于 20 世纪 90 年代,近年来通过智能终端相连而成的物联网以及移动终端相连的移动互联网,更是将互联技术推向高潮。物联网通过智能芯片将原本没有联系的万物通过网络联系在一起,共同构成泛在的网络世界。网络终端的移动化,让互联网摆脱了固定缆线的限制,实现了智能终端的跨时空链接。互联网特别是物联网、移动互联网将万物互联，形成一个互联、泛在的世界，将地球甚至是宇宙变成了一个地球村、宇宙村。互联网技术给大数据技术革命带来了便捷的数据流动，让分散在各智能感知终端的数据快速地聚集在一起，形成巨大的数据海洋，因此互联网是大数据聚集、传输的关键技术。

云技术是数据存储和处理的新技术，广义上应该包括云存储和云计算。智能自动感知和生成的数据通过互联网络大量汇聚在一起，形成海量数据或大数据。依靠传统的存储方法，需要大量的存储空间，云存储通过分布式存储将大数据存储各处，但又在线相连，让使用者感觉数据就在眼前，因而节省了大量的存储空间的重复建设。在海量的大数据中要找到需要的数据，发现其中的规律，需要进行难以估量的计算和其他数据处理工作，以往诸多部门都必须配备巨型计算机才能完成，而如今通过网络将大量分散的计算机联系在一起形成分布式计算，以执行以往巨型计算机才能完成的计算任务。云计算技术通过网络在线的分布式存储和计算能力智能化地解决了大数据的存储和计算问题，因此，大数据技术革命才最终得以实现。

三、大数据技术革命的科学基础

在历史上，科学与技术的关系从相互独立，到相互耦合，如今则基本上科学领先，技术紧随。大数据从本质上来说是一场技术革命，但是，它必须具有坚实的科学基础。大数据革命虽然近年来才爆发，但其科学的种子却早已被播下，只等待结下技术的硕果。究竟哪些科学种子为大数据打好了基础呢？最为相关的科学分支有数理逻辑、离散数学、系统科学与数据科学。

数理逻辑是逻辑学的符号化和数学化，是逻辑学发展史上的重大突破。传统的逻辑学主要用日常语言来表达概念、范畴之间的逻辑关系及其推理过程，因此难以进行符号化推理演算，更难实现自动推理。随着逻辑学研究引进数学符号，实现了传统逻辑学的形式化、数学化，为事物之间的逻辑表达提供了一套精准的符号语言。利用这套形式语言，实现了自然语言的符号逻辑表达和演算，为自然语言特别是万物描述的机械化、自动化的实现提供了数学表述工具。因此，数理逻辑是电子数字计算机的数学基础，它为日后的信息化，特别是如今的大数据提供了一套将自然语言描述转化为形式语言、再转化为数据语言描述的科学工具，为大数据技术革命打下了第一个坚实的逻辑基础。

离散数学作为数学的一个重要分支，虽然兴盛于计算机出现之后，但其理论基础却早已存在。离散数学包括集合论、抽象代数、布尔代数、图论、组合数学等内容，它主要研究离散量的结构及其相互关系。概言之，离散数学主要处理可数集合，任何连续量必须进行离散化之后，变成可数的、有限的离散数据，才能被离散数学表述与处理。离散数学是计算机的基础，它是程序设计语言、数据结构、操作系统、编译技术、人工智能、数据库、算法分析等必不可少的科学工具。微积分和近代数学的发展为近代第一次、第二次技术革命奠定了数学基础，离散数学的发展则为计算机和信息科学革命奠定了数学基础。在大数据技术革命中，离散数学用分立、有限的数据来描述和逼近真实的自然世界和人类社会，这不但为大数据提供了处理离散量的数学方法，更重要的是为大数据的出现提供了离散的数据世界观和数据方法论，以及怎样将连续量进行碎片化的大数据思维。

系统科学最早发端于20世纪30年代的贝塔朗菲的一般系统论。50年代，申农提出了信息论，维纳提出了控制论，并称为"老三论"。"老三论"最重要的贡献是系统思维、信息测度和反馈思想，为信息社会的提出提供了直接的理论依据，也为大数据的整体观、数据观做了直接的理论准备。70年代，系统演化问题逐渐被重视，接连出现了耗散结构理论、协同学和突变论，并称为"新三论"。"新三论"解决了系统的自组织与演化路径、动力问题，它们为大数据技术革命提供了数据系统演变的理论解释。20世纪八九十年代，又出现了复杂性科学，并在世纪之交得到了蓬勃发展。复杂性科学其实并不是一门新学科，而是一场科学思维方式的变革运动。传统科学把世界看作一个机械的世界，并且可通过还原方法将复杂现象还原为最基础的构成要件，因此世界是一个简单、确定、线性、有序的世界。复杂性科学则认为，世界是一个复杂的有机世界，具有整体性、多样性、关联性、涌现性等特征，由于非线性的存在而不能完全还原为构成要件，局部不能完全代表整体，因此必须实现从简单性到复杂性的科学范式转移。复杂性科学与大数据技术在精神实质上具有完全的相通性，为大数据提供了整体、多样、关联、涌现等新的世界观、认识论和方法论，为大数据技术的出现提供了新的科学理念和科学工具。①

数据科学是有关数据结构及其挖掘方法的一个学科分支，它的兴起最初与统计学相关，后与计算机直接关联。计算机是为了数据的处理而发明的，然而开始阶段人们主要关注计算机硬件问题，随后又重点关注计算机运行所需的软件问题。20 世纪 60 年代，部分学者意识到数据的重要性，提出了数据科学的概念，开始关注数据结构、数据库系统等问题。不过，一直到 21世纪初，数据的地位才更加凸显出来，成为继硬件、软件之后，计算机科学所关注的重点。数据科学对大数据革命的最大贡献是数据观念的普及、数据地位的显现以及数据处理的科学方法。通过数据科学，人们认识到，数据是事物状态的科学刻画，其中蕴含着极其丰富的信息，它是继自然资源之后由人类参与创造的新型资源，可被称为数据资源或信息资源。

四、大数据技术革命的哲学源流

大数据技术并不是一场简单的技术变革，而是一场深刻的技术革命。既然是革命，那么必在世界观、认识论和方法论等哲学理念上都会发生巨大的变革，因此大数据技术革命也是一场哲学思想的革命。② 与大数据技术革命相伴生的哲学理念被人称为大数据主义。③ 从大数据技术的特点和大数据主义的一些基本主张来看，大数据技术革命最直接的哲学渊源主要有毕达哥拉斯的数本原说、马克思主义的辩证法、西方后现代主义以及最新的复杂性哲

---

① 黄欣荣：《从复杂性科学到大数据技术》，载《长沙理工大学学报》（社会科学版）2014 年第 2 期。

② 黄欣荣：《大数据时代的哲学变革》，载《光明日报》（理论版）2014 年 12 月 3 日。

③ ［美］史蒂夫·洛尔：《大数据主义》，胡小锐、朱胜超译，中信出版集团 2015 年版，第13—17 页。

学，大数据主义的许多思想都继承或直接来源自这些哲学思想，并通过技术手段实现了这些哲学思想。当然，大数据主义除了继承这些哲学思想外，也在大数据技术革命的基础上有自己的超越并形成自己的特色主张。

大数据是毕达哥拉斯数原论思想的技术回响。早在古希腊时期，毕达哥拉斯就在世界的本原问题上提出了"数是万物本原"的思想，强调了数与事物本质之间的内在联系，以及数的哲学本质。这是可以与古希腊原子论媲美的数据论思想，可惜之后数在刻画、认识事物之时虽然越来越重要，但他这一数据本体论思想却一直等到 2000 多年后的大数据时代才得到科学技术的回响。大数据认为，万物皆数，数据是世界的本质属性，如果说物质还原论一直试图将物质世界还原为最基本的原子、夸克，那么大数据则认为世界的本质是信息，而信息最终都可以还原为由 0 和 1 构成的比特，比特才是世界最基本的本原。① 由此可见，大数据的哲学理念与毕达哥拉斯的数本原论在本质上是一致的。

大数据是马克思主义的辩证法思想的技术体现。马克思主义辩证法主张从整体看问题，强调事物之间的联系和发展，特别是其量变质变规律直接揭示了数量的变化将带来事物的质变。大数据的"全数据模式"反映了辩证法的整体观；全程记录的事物及其状态的数据，特别是通过泛在网的在线连接，反映了事物之间的普遍联系以及事物的生成演化历程；大数据的海量数据规模所产生的数据效应更是体现出量变带来的性质变化。因此，大数据从技术上反映了辩证法思想，是马克思主义辩证法的技术化体现。大数据是后现代主义的一种技术载体。后现代主义是 20 世纪 60 年代兴起的西方哲学流派，它一反西方哲学的传统，属于西方传统哲学的批判者和颠覆者。后现代主义的观点繁多，但归纳起来，其最重要的特点是碎片化、去中心、非理性。所谓碎片化是指后现代主义把世界解构为无限碎片，我们所生活的世界是一个碎片化的世界，解构主义是他们的基本主张；所谓

① James Gleick, *The Information: A History, a Theory, a Flood*, New York: Pantheon Books, 2011, pp.7–8.

去中心化就是后现代主义不再承认世界的秩序，不再承认组织及其核心作用，不再具有传统的层次结构，所有的人和物都具有同等的地位和作用；所谓非理性就是否定理性的地位和作用，否定因果性、规律和理论的存在，世界是一个没有确定性和规律性的世界，一切皆由因缘际会、随机而成，没有什么既定的目的。后现代主义的这些主张在大数据时代得到了很好的回应。在大数据时代，整个世界变成了一个由数据构成的碎片化世界，网络把世界的数据碎片连接起来，呈现出复杂的网络结构，不再具有金字塔式的结构和中心，数据碎片之间可以找出相关关系，却很难找到因果关系，理论在其中难有大的作为。[①] 由此可见，大数据技术与后现代主义具有很强的关联性，大数据技术是后现代主义的技术代言者，它本身就是一种后现代主义的技术。

大数据是复杂性思维的技术实现。复杂性哲学是随着复杂性科学的兴起而出现的新兴科学哲学前沿分支，它一方面继承了整体、联系、发展的辩证思维，另一方面又从新兴的复杂性科学中吸取科学前沿的养分，将辩证思维植入前沿科学之中，并将辩证思维科学化、具体化。当然，复杂性哲学也有自己的创新，例如强调整体与部分的融贯性、世界的多样性、结构的平权性，特别是相互作用的非线性。这些思想在大数据时代都得到了技术的实现，例如舍恩伯格所谓"更多、更杂、更好"的大数据思维，其实就是复杂性思维的体现。可以说，复杂性哲学已经为大数据技术革命提前准备好了直接的哲学基础。

第三节　从复杂性科学到大数据技术

复杂性科学与大数据技术是 21 世纪前后兴起的新科学与新技术，也是世纪之交发生的科学革命与技术革命，但从思想渊源、认识论与方法论特征

[①] David Chandler，"A World without Causation: Big Data and the Coming of Age of Posthumanism"，*Millennium: Journal of International Studies*，2015，Vol.43（3），pp.833–851.

来看，两者具有极大的关联性，均属于系统思想的范畴，分别是系统思想的科学表述与技术实现。从复杂性科学的兴起到大数据时代的来临是一种历史的必然，因为复杂性科学为大数据技术的诞生奠定了坚实的科学基础，而大数据技术是复杂性科学理念的延续与技术实现。

2013 年被称为大数据的元年。从这年开始，大数据像旋风一样吹遍世界，世界也快速地跨入了大数据时代。大数据究竟是怎么回事？它的精神实质和科学理念是什么？它与世纪之交的复杂性科学运动有什么关系？通过考察大数据技术的特点，我们很快会发现，大数据技术与复杂性科学有着千丝万缕的联系。因此，我们有必要通过回顾复杂性科学与大数据技术的发展历程与特点来看看复杂性科学与大数据技术之间的关系。

一、复杂性科学的发展

20 世纪末，科学发展史上的一个重大事件是复杂性科学的兴起。什么是复杂性？什么是复杂性科学？学术界一直没有一个统一的定义或意见，但比较一致的是，不少科学家认为近现代西方科学经过数百年的发展，取得了巨大的成就，但也出现了一些难以克服的困境，因此需要另辟蹊径来找到科学发展的新路径。[1]

世纪之交的时候为什么会突然兴起复杂性科学？也就是说复杂性科学的缘起是什么？这要从传统科学的方法论特点说起。西方科学从古希腊开始就致力于寻找科学生长的"本原"或"始基"，例如第一位哲学家、科学家泰勒斯就追问世界的本原问题，并认为水是万物的本原。后来的诸学派虽然在构成本原的具体物质究竟是什么这一问题上存在分歧，但在认为世界存在本原这一点上却是一致的。按照追寻本原这一方法论传统，古希腊学者们认为世间万物都可以分拆，而且可以一路分解、追寻下去，直到不能再分的"本原"，这就是科学方法论中的所谓还原论。原子论认为万事万物都是由最基

---

[1] 黄欣荣：《复杂性科学的方法论研究》，重庆大学出版社 2011 年版。

本的原子构成，这被视为古希腊还原论的最高成就，并且一直影响到近现代科学。

文艺复兴之后，牛顿利用隔离、分解、还原的方法把研究对象进行孤立、静止的力学研究，取得了巨大的成就，发现了牛顿力学三大定律和万有引力定律。根据牛顿这套科学方法，物理、化学、地学、医学、生物学等各门学科都取得了巨大成就，并纷纷从哲学母体中独立出来成为一门独立的自然科学，而工程技术人员则根据牛顿定律，制造出各种各样的高效机器。牛顿这套科学方法经过近代西方哲学家们的总结，成为大名鼎鼎的机械还原论，简称为还原论。所谓机械还原论，就是将研究对象假定为没有生命的机械，将对象与其他事物隔离开来单独进行分解、剖析，将宏观对象还原到微观要素，直到不能再分解为止，然后研究要素的结构、功能等，也就是说，还原论通过研究要素来达到认识对象的目的。① 近现代科学技术在机械自然观和还原方法论的指导下一路高歌，所向披靡，捷报频传，以至于哲学家们认为所谓科学方法论就是机械还原论。

随着现代科学的发展，机械还原论虽然仍然披荆斩棘，但暴露的问题也越来越多，特别是面对生物世界和生命现象。其实，早在19世纪，马克思、恩格斯就通过辩证法批判了机械还原论，把它称为形而上学，并将其总结为孤立、静止地看世界。②20世纪30年代，奥地利学者贝塔朗菲开始对机械还原论提出系统的清算，并于第二次世界大战之后提出一般系统论来对抗机械还原论。随后申农的信息论、维纳的控制论都是针对还原论的不足而提出的。70年代，学者们先后提出了耗散结构理论、协同学和突变论，对机械还原论进行了更深入的批判。80年代中期，深得还原论好处的三位诺贝尔奖获得者盖尔曼、安德森、阿罗深感还原论的局限，从而反戈一击，正式提出超越还原论的口号，并在美国新墨西哥州成立从事跨学科、跨领域的研究机构：圣菲研究所。这就是著名的"老帅倒戈"事件，由此也就掀起了90

---

① [法] 笛卡尔：《谈谈方法》，王太庆译，商务印书馆2000年版，第16页。

② 黄欣荣：《恩格斯的复杂性思想及其当代价值》，载《湘潭大学学报》（哲学社会科学版）2013年第4期。

年代的复杂性科学运动。复杂性科学要求超越还原论，并复兴被西方科学久已忘记的整体论。1999 年，美国著名的《科学》杂志推出复杂性科学专刊，这标志着复杂性科学得到了国际科学界的承认，获得了进入科学共同体的入场券。① 复杂性科学从深层的方法论上进行革命，试图打破将研究对象当作没有生命的机器，可以不断向下分解、还原的路径，提出应该将研究对象当作具有生命活力的整体系统，并且重视要素组合所带来的结构、功能的涌现，从而理解整体为什么不一定等于部分之和。复杂性科学试图打破传统学科的重重藩篱，找到不同学科之间相互联系、相互合作的机制，并力图打破自牛顿力学以来主宰世界的线性思维，抛弃还原论适用于一切科学的幻想。最重要的是，复杂性科学试图创立新的科学范式，用科学新范式和新思维来理解世界。

复杂性科学将以往的以还原论为方法论特征的科学统称为简单性科学，而从简单性科学发展到复杂性科学，首先带来了科学方法论的革命，继而引发了自然观、科学观、价值观和思维方式的变革，因此是科学范式的更替和革命。复杂性科学范式有着许多美好的愿景，在圣菲研究所科学家霍兰以及其他一些学者的共同努力下，复杂性科学快速兴起，并形成了一场复杂性运动。在复杂性运动的感召下，许多学科和领域都引入复杂性的科学理念和方法，并获得了初步的成功。然而，经过 20 多年的科学实践，复杂性科学并没有取得预想的革命性突破，反而被人讽刺为"混杂学"，复杂性科学运动的热潮似乎也在慢慢降温。

二、大数据技术的兴起

正当复杂性科学发展似乎停步不前、受人质疑之时，大数据技术却轰轰烈烈地来到我们面前。人们欣然发现，我们不知不觉已经步入了大数据时代。大数据是什么？大数据给我们带来了什么？大数据会引发什么样的思维变革和社会变革？这些问题都需要我们去回答。

---

① 黄欣荣：《复杂性科学的方法论研究》，重庆大学出版社 2011 年版，第 39—52 页。

　　究竟什么是大数据？目前没有一个统一的认识。总的说来，这跟以前我们并不特别重视的数据有关。从狭义上来说，所谓数据就是用阿拉伯数字表示的一些数字，但在计算机时代，凡是能够表达为 0 和 1，即能够被计算机识别的符号都被广义地当作数据。大数据（Big Data）并不是说数据的大小，而是涉及数据量的多少，它与小数据相对应。因此，所谓大数据是指数据量特别巨大，"超出了传统意义上的尺度，一般的软件工具难于捕捉、存储、管理和分析的数据"[①]。这些数据不仅数量大，而且异质、复杂、来源不同、分散各处。[②] 至于数据量究竟有多大才能称为大数据，不同的时代以及不同的处理能力对这个问题的答案也不同，因此没有普适的标准。目前来说，一般认为，数据量到达"太字节"（240），可能就被称为大数据。[③] 麦肯锡公司认为，我们不需要给出划分大小数据的分界标准，因为随着技术的进步以及处理能力的增强，这个分界线会不断变化，但不变的是，我们总会遇到当时难以处理的巨大数据量。从数据量大小来理解大数据只是一种狭义、字面的概念。从广义来说，大数据是一种世界观，因为从大数据的眼光来看，世界上的一切都可以表征为数据，或者说，世界的本质就是数据。

　　虽然大数据的概念刚被提出，但数据的观念以及大数据的思想却早已存在，因此大数据时代的来临也是经过了其发生、发展的历程，而不是突然降临的。数的概念及其使用极为久远，远至古埃及、巴比伦，但最著名的莫过于古希腊毕达哥拉斯提出的"数是万物的本原"的观点。在西方科学传统中，数量化、数学化是走向科学化、技术化的必然途径。在我国，以阴阳为标志的易经理论将万事万物都纳入二进制的符号中，这是最早的二进制数据系统。随着第二次世界大战后信息论的提出，信息、编码、解码等专业词汇逐渐被人们熟悉。特别是随着计算机技术的发展，人们逐渐认识到，构成计

---

① 涂子沛：《大数据：正在到来的数据革命》，广西师范大学出版社 2013 年版，第 57 页。

② Luciano Floridi,"Big data and their epistemological challenge", *Philos. Technol.*, 2012（25），pp.435–437.

③ 涂子沛：《大数据：正在到来的数据革命》，广西师范大学出版社 2013 年版，第 57 页。

算机技术的除了硬件、软件之外，还有特别重要的数据，因此数据被提高到前所未有的重要地位。

20世纪80年代，托夫勒在《第三次浪潮》一书中超前地指出了信息社会的来临，并直接提出了大数据的概念，贝尔也在其《后工业社会的来临》一书中宣告工业社会行将结束，信息社会即将来临。20世纪末，美国总统克林顿提出"信息高速公路计划"，将信息网络建设纳入国家计划中。比尔·盖茨则在其《未来之路》中描绘了未来网络世界的前景，而尼葛洛庞帝则在其《数字化生存》中直接憧憬了未来数字化生活的状态。这些信息革命的先行者们都在告诉我们：信息社会即将来临。如今大数据时代的到来可以看作是信息社会的真正降生，是信息社会预言的真正实现。

与以往的小数据相比，现在的大数据有如下四个特点，有人将其简称为4个"V"。第一，Volume（大量），即数据数量巨大。从TB级别，跃升到PB级别（1TB = 1012bt，1PB = 1015bt）。第二，Variety（多样），即数据类型繁多。除了标准化的结构化编码数据之外，还包括网络日志、视频、图片、地理位置信息等等非结构化或无结构数据。第三，Value（价值），即商业价值高，但价值密度低。在数据的海洋中不断寻找，才能淘出一些有价值的东西，被形象地称为"沙里淘金"。第四，Velocity（高速），即处理速度快，实时在线。各种数据基本上都支持实时、在线，并能够进行快速的处理、传送和存储，以便全面反映对象的当下状况。

随着大数据时代的来临，我们的工作、生活和思维方式都发生了巨大的改变。英国大数据权威维克托·迈尔-舍恩伯格在其畅销书《大数据时代》中预言："大数据开启了一次重大的时代转型。就像望远镜让我们能够感受宇宙，显微镜让我们能够观测微生物一样，大数据正在改变我们的生活以及理解世界的方式，成为新发明和新服务的源泉，而更多的改变正蓄势待发……"[1]

---

① ［英］维克托·迈尔-舍恩伯格、肯尼斯·库克耶：《大数据时代：生活、工作与思维的大变革》，盛杨燕、周涛译，浙江人民出版社2013年版，第1页。

三、复杂性科学与大数据技术的特征比较

复杂性科学的兴起与大数据时代的来临看似好像两件不相干的历史事件，但它们先后兴起并交替发展，应该存在一定的相关性，为此我们先看看它们的特点，然后进行比较并探索它们之间的关系。

复杂性科学刚刚兴起就被认为是一场科学革命，并代表着21世纪科学的方向。它为什么能获得如此高度的评价呢？这是因为复杂性科学在本体信念、认识趣向、价值观念、方法特色等诸多方面都与传统的简单性科学有着重大的差别，从简单性科学到复杂性科学是科学范式的革命，因此复杂性科学必然具有自身的特点。关于复杂性科学的特性，不同的学者有不同的看法，但它主要表现为以有机自然观为前提，以非线性为核心，并由此推演出复杂系统的整体性、自主性、关联性、涌现性和多样性等特性。①

复杂性科学不再像简单性科学那样把世间万物都看作没有生命力的机械，而是把万事万物都看作具有自身生命和活力的有机体，因此这个世界充满着勃勃生机，不像机械自然观描述的那样一个死寂的世界。由于每个生命体都有自己的独特个性，会按照自己的方式思维和行事，因此并不会完全按照刺激的大小成比例地做出响应，因此在生命世界里，非线性具有普遍性，而线性只是非线性的特例，而且复杂性的整体性、自主性、关联性、涌现性和多样性等特性都是由非线性引起的。

由于非线性的存在，复杂系统的任何局部信息都不可能代表全局。如果要对复杂对象进行真正的把握，就必须以整体、全局的观点来进行，因此面对复杂系统，我们必须树立全局视野，整体地把握对象，而不能像线性系统一样可以由解剖局部而知全局，析一发而知全身。复杂性科学认为，构成复杂系统的各种要素都有自己的目标和行为，具有自己的自主性和主动性，不像机械系统一样只会被动接受，所以复杂性科学权威霍兰将其称为"适应性主体"或"主体"，以强调其主动性与适应性。在复杂系统中，各要素之间

---

①　黄欣荣：《复杂性科学的方法论研究》，重庆大学出版社2011年版，第71页。

紧密相连，存在着各种各样的复杂联系，而且它们之间的联系不一定呈直接的比例关系，因此在复杂性科学视野看来，万事万物都是相互联系的，事物之间构成复杂的关联网络。由于各要素都具有自主性，并且存在非线性相互作用，从时间上来说不同的时刻具有不同的状态，从空间上来说不同的空间也具有不同的状态。因此，复杂系统在时间上呈现出系统的涌现性，即不断有新结构、功能或状态出现；在空间上呈现出系统的多样性，即在不同的空间，系统的结构、功能或状态也不一样。

大数据是一场数据技术的大变革，它刚来临就被认为是一场真正的技术革命，并被预言即将带来工作、生活和思维方式等全方位的影响。舍恩伯格用"更多、更杂、更好"简洁地描绘了大数据技术的思维变革。[1] 所谓"更多"，就是力求掌握与研究对象有关的更多数据，可谓多多益善。在小数据时代，由于是线性关系，只要有少量数据就能把握全局。如果数据太多，由于处理能力有限，我们必须采用抽样技术来进行抽样处理，将大量数据简化为少量数据。在大数据时代，由于网络和分布处理技术的进步，再大的数据量都有能力处理，因此要求尽其所能收集所有数据，以便更充分反映研究对象的各种微观细节。因此，大数据时代追求的"不是随机样本，而是全体数据"[2]，而这所有数据正好刻画了研究对象的整体，因此所谓"更多"其实就是复杂性科学中整体性的科学描述。

所谓"更杂"，就是允许各种各样的数据存在，并不要求整齐划一的格式。在小数据时代，所有数据都按标准格式进行收集和处理，但在大数据时代，收集数据和处理数据都特别便捷和容易，而且往往是泥沙俱下，因此相关数据复杂多样。在大数据时代，我们追求数据的"不是精确性，而是混杂性"[3]，

---

[1]　[英] 维克托·迈尔-舍恩伯格、肯尼斯·库克耶：《大数据时代：生活、工作与思维的大变革》，盛杨燕、周涛译，浙江人民出版社 2013 年版，第 17—21 页。

[2]　[英] 维克托·迈尔-舍恩伯格、肯尼斯·库克耶：《大数据时代：生活、工作与思维的大变革》，盛杨燕、周涛译，浙江人民出版社 2013 年版，第 27 页。

[3]　[英] 维克托·迈尔-舍恩伯格、肯尼斯·库克耶：《大数据时代：生活、工作与思维的大变革》，盛杨燕、周涛译，浙江人民出版社 2013 年版，第 45 页。

而这里所谓的混杂性就是复杂性科学中所谓的多样性的体现。

所谓"更好"，就是不像小数据时代那样，万事都追问"为什么"，总想弄清事物之间的微观因果关系，而是只要存在的就是合理的，只问"是什么"，不问"为什么"，对事物之间的关系不要求弄清因果细节，只追求那些宏观上会引起变化的数据之间的关联关系。因此，在大数据时代，我们追求的"不是因果关系，而是相关关系"①。这里的相关关系正好反映了复杂性科学中的所谓关联性和非线性特征。

由舍恩伯格所描述的大数据之三大变革可以看出，大数据技术所反映的特点与复杂性科学的特点几乎是一致的。我们只要略加推导，就可以证明两者之间的等价性，因此复杂性与大数据具有强相关关系。我们可以说，复杂性科学与大数据技术在世界观、认识论和方法论诸多方面都是相通的，皆属于同一科学范式之中，都是系统科学体系这个大家庭的成员。

四、大数据技术是复杂性科学的技术实现

虽然复杂性科学与大数据技术属于同一科学范式，但它们分属于不同的层次，复杂性科学属于科学的范畴，而大数据技术属于技术的范畴，它们有着本质的区别。

从科学技术史来说，科学与技术的发展并不完全平衡，而是往往表现为交错性。在近代科技革命以前，科学与技术基本上属于独立发展，相互之间很少有交错。第一次科技革命开始，科学与技术之间有了交集，不过往往是技术发展在先，而科学认识在后。从第二次科技革命开始，科学与技术就完全交错在一起，而且往往科学发展在先，然后科学思想慢慢技术化，从而实现科学推动技术发展。第二次世界大战以后，科学和技术很难分出先后，往往是相互激励，相互促进，并行发展。

复杂性研究虽然也有不同层次，从哲学到科学，然后是技术与工程，但

---

① ［英］维克托·迈尔-舍恩伯格、肯尼斯·库克耶：《大数据时代：生活、工作与思维的大变革》，盛杨燕、周涛译，浙江人民出版社 2013 年版，第 67 页。

世纪之交的复杂性研究更多地侧重于哲学与科学层面的研究，因此我们更多时候将其称为复杂性科学。大数据研究也有不同层次的研究，有大数据哲学、大数据科学、大数据技术和大数据工程等，但当前的大数据研究更多地侧重于技术与工程层次的研究，因此我们往往把大数据研究称为大数据技术。从本文第一部分与第二部分对复杂性科学与大数据技术的历史回顾中可以看出，复杂性科学与大数据技术虽然思维方式上基本一致，思想认识上有交叉，但科学家与工程师们分属于不同学科层次，因此并没有形成研究共同体。从发展历史来看，复杂性思想起源于系统思维，所以应该比大数据思想兴起更早，且不说追溯到马克思和恩格斯，就从贝塔朗菲来说，也起步于20世纪初期。随后经历过所谓的"老三论"、"新三论"等几个发展阶段，最后在圣菲研究所的催生下，复杂性科学研究于世纪之交蓬勃发展起来。大数据研究主要与第二次世界大战之后的计算机研究紧密相连。计算机发展早期，数据的地位并没有凸显出来，那时的数据只是计算机需要处理的对象。随着计算机技术的发展，软件、数据逐渐凸显并先后成为独立于计算机硬件的重要构件。特别是世纪之交计算机网络的彻底形成与智能设备的广泛应用，数据才被提高到前所未有的地位，并成为当前大数据研究的导火索。

复杂性研究与大数据研究的过程中，两者看似独立发展着，实际上通过计算机和网络技术早就难解难分，只是一个属于科学阵营，一个属于技术领域，并且有时还说着不同的行话，因此其交错性还没有完全凸显出来。从科学技术的关系来说，两者之间是难以分离的。技术脱离科学思维是瞎子，而科学脱离技术实现就是跛子，或者说，没有技术实现的科学是空洞的，而没有科学指导的技术是盲目的。

复杂性科学研究在世纪之交的20多年时间里曾经发展得轰轰烈烈，被很快称为21世纪科学发展的方向。但是由于复杂性研究主要集中在哲学与科学等思想、思维、认识层次，因此更多的是对科学家的思维方式产生了一定的影响，而对大众的工作、生活影响不大，对社会、经济和产业也还没有形成很大的冲击。换句话说，复杂性科学的兴起对哲学与科学思维产生了巨大的反响，但对大众的工作和生活改变不大。但是，大数据技术的兴起就完全不同。刚刚开始，人们就感觉到了大数据的冲击力，它甚至将彻底改变我们的日常工作方式和生活方式，当然由此也就改变我们的思维方式。由于没有技术的支持，复杂性难以对日常生活产生影响，因此复杂性运动近年来有了衰落之势，并被人嘲讽为混杂学。如今，大数据技术继承了复杂性科学的新思维，并将复杂性的思想物质化、技术化和工程化，从而让复杂性科学思想发扬光大，并对日常工作和生活方式产生革命性的改变。我们可以说，复杂性是大数据技术的科学基础，而大数据是复杂性科学的技术实现。

复杂性科学与大数据技术是 21 世纪的科学和技术革命，这两者之间看似不甚相干，但深入研究后发现，两种之间具有深刻的关联，两种在本体信念、认识趣向、价值观念和思维方法上都是一致的，都属于系统科学技术的范式之中。复杂性科学为大数据技术的发展奠定了科学的基础，而大数据技术让复杂性科学思想得到了技术的实现，从而对社会经济、日常工作、生活方式、思维方法都产生大变革。可以说，从复杂性科学到大数据技术的发展是一种历史的必然，是系统思想的逻辑发展。因此，如果将大数据研究与复杂性研究结合起来，形成一个协同的学科体系，必然会相互促进，共同发展，并对社会经济和工作生活产生更大的影响。

第四节　大数据哲学研究的背景、现状与路径

大数据是一场全新的数据技术革命。它将对人类的世界图景、知识发现、思维方式、价值观念以及伦理道德产生全方位的影响，因此必须从本体论、认识论、方法论、价值论和伦理学五条路径对大数据进行全方位的研究，以便构建一个比较完整的大数据哲学研究体系。

大数据正在掀起一场数据技术的革命，让我们进入真正的信息时代，带来生产、生活、教育、思维方式诸多大变革，并标志着人类在寻求量化和认识世界的道路上前进了一大步。面对大数据技术革命，作为时代精神精华的哲学及时做出了回应和批判，国内外哲学界开始追问：数据的本质是什

么？大数据是否将带来一种新的数据世界观？大数据思维将带来哪些思维方式变革和方法论革命？数据挖掘是否会带来认识新途径？大数据时代将引发哪些伦理危机和人性改变？目前，国内外哲学界已展开了大数据的哲学问题研究，而大数据哲学体系也正在形成之中。为此，我们有必要对大数据哲学的兴起背景、国内外研究现状以及未来研究的可能路径做一番回顾、梳理与展望。

一、大数据成为哲学研究的新对象

大数据哲学的兴起与大数据技术的迅猛发展相关联，而大数据技术的迅猛发展又与小数据迅速变为大数据密切相关。因为大数据浪潮的兴起，数据地位陡然上升，并迅速成为哲学关注的新对象，于是成就了大数据哲学。

数据与人类密切相关，它应该是与文字的发明相提并论的人类早期重大发明和创新之一。数据由两部分构成，即"数"和"据"。所谓数，就是计量事物大小、规模之类的数字，而所谓据，就是根据，或者说计量的单位或语境。将数字与具体的事物相结合，让数字具有特定的语境意义，从而形成有根据的数字，这就是字面意义上的数据。①

在漫长的发展史中，数据世界曾发生三次革命性的变革。第一次是从无数据到有数据，人类社会进入"生活数据"时代。人类在远古时期并没有测量大小、多少之类的数之概念，也没有数的表述符号，只是到了古埃及时期，人们为了丈量土地、计算财富等私有物品或公共财富的方便，才创造出数的概念和符号，并与实际物质财富相结合而形成了数据。有了数据，人们就可以准确区分日常生活中所遇到的各种现象并可随时测量、记录、查询、检验。第二次是从生活数据到科学数据，人类进入"科学数据"时代。文艺复兴之后，西方科学采纳实验和归纳方法这些新工具，特别是将数据方法引入科学系统中，精确测度和记录自然界的各种现象，并寻求现象之间的相互关系，建立稳定的数学模型，发现了自然界的各种规律。可以毫不夸张地

---

① 涂子沛:《大数据：正在到来的数据革命》，广西师范大学出版社 2013 年版，第 35 页。

说，近现代科学之所以取得突飞猛进的发展，最重要的原因就是对自然界及其现象的数据化，从数据中寻找规律，并可以用精确的观察、实验数据进行检验。由于数据的引入，自然现象及其规律就变得确定、明晰、可传递、可检验。然而，数据化的脚步只停留在日常生活和自然现象及其规律描述层次，面对复杂多变的人类及其社会，数据化的脚步却举步维艰。这是因为以往的数据都由人工观测或实验而来，数量极其有限，用少量的数据很难描述人的自由思想和复杂行为。第三次是从科学数据到人文数据，进入"大数据时代"。随着智能芯片的广泛使用，以及互联网的普及、云技术的实现，数据采集实现了自动化，数据传输实现了在线化，数据存储和处理实现了云端化，于是近年来数据量开始呈爆炸性增长，人类也随之进入了大数据时代。在大数据时代，人们的一切言行都被自动记录并存储云端，因此人类及其社会的复杂行为就开始可以用数据来描述和分析。因此大数据时代最重要的特征是数据化进程被推进到人类及其社会，人文社会科学开始迈入数据化时代。

在数据发展的历史长河中，似乎并没有引起哲学家们的多少关注。当然，我们可以找出古希腊数学家、哲学家毕达哥拉斯，他在古希腊早期就破天荒地提出了"数是万物的本原"的观点，将数提升到本体论的高度。数和数据虽然具有重大的差别，但尚且可以将毕达哥拉斯看作是数据哲学的鼻祖。在之后的 2000 多年的漫长历史中，数据的作用虽然从记录日常生活的工具变成了科学研究的重要工具，但哲学家们却几乎把它遗忘。哲学家们热烈讨论着经验、观察、实验和理论等，唯独没有人对其中起着重要作用的数据进行哲学的批判和反思。但是，大数据刚刚兴起就引发了哲学界的热烈响应，数据这个历史上被冷落的范畴很快进入哲学研究者的视野中，成为哲学特别是科学技术哲学研究的新对象，大数据哲学也成了科技哲学研究的最新分支和研究领域。①

所谓大数据，从字面来看，就是规模特别巨大的数据资源，但实际上，

---

① 刘红、胡新和：《数据哲学构建的初步探析》，载《哲学动态》2012 年第 12 期。

大数据不仅仅只是数据规模巨大，更重要的是数据数量的变化引起了质变，数据不仅仅是自然或社会现象的数量表征，而是引发了一系列的本质变化。人们简洁地用 4 个 V 来概括大数据的特征，即 1.Volume（量大）：数据规模巨大，超出一般技术手段的处理能力；2.Variety（多样）：数据类型杂多，除了传统的结构化数据外，还包括文档、图片、音频、视频等非结构化或半结构化数据；3.Velocity（迅捷）：数据采集、传输和处理都特别迅速，几乎都是在线响应；4.Value（有价）：数据成了新资源，只要找到合适途径，任何数据都可能变废为宝。①

　　大数据技术的迅速兴起与其科学基础、技术条件、产业实践密切相关。首先，现代技术的出现都具有坚实的科学基础，而如今的大数据是 20 世纪中叶信息科学以及世纪末复杂性科学发展的结果。随着计算机的出现，信息及其科学基础问题引起了科学家们的极大兴趣，信息科学及离散数学等在几十年中取得了长足的进展，事实上数据本来就是信息的载体。到 20 世纪 90 年代，复杂性科学兴起，它为我们提供了有机自然观，整体、联系、演化的复杂性思维方式以及全新的科学理论和方法。这些新兴科学的先行发展为大数据提供了理论基础。其次，诸多的新兴信息技术为大数据的出现提供了技术条件。人工智能是最近数十年的热点，如今的智能芯片已被广泛应用于各种设备和各种场合，成为传感器最重要的部件，特别是智能手机、智能穿戴设备等将智能技术推向了高潮。智能技术为信息的自动采集做好了准备。20 世纪 90 年代普及的互联网络为数据的在线快速传输提供了条件。云存储、云计算则为海量数据的存储和处理提供了可行的技术手段。最后，数据产业的快速发展为大数据提供了社会基础。进入 21 世纪后，谷歌、百度、Facebook、腾讯、亚马逊、阿里巴巴等新兴数据公司的巨大成功为大众迅速接受大数据技术提供了产业典范。由此，大数据技术在一两年的短暂时间里就迅速蹿红世界，我们也迅速被推入大数据时代。

---

① Paul C. Zikopoulos, Chris Eaton and Dirk de Roos, et al., *Understanding Big Data*[M]，Mc-Graw-Hill，2012，p.5.

在小数据时代，数据被哲学家忽视，而在大数据时代，数据迅速成为哲学的新热点，主要是因为大数据时代的数据与小数据时代的数据有着本质的差别。从采集手段来说，小数据是人工有意测量、采集的数据；而大数据基本上都是智能芯片自动采集或人们无意留下的数据，因为当时没有什么特别用途而被称为"数据垃圾"。从存储介质和方式来说，小数据存储于纸质或硬盘等当地媒质中，而大数据往往因数量过大而存放于云端。从处理方式来说，小数据只需要单机就基本可处理，而大数据则往往需要云计算平台。从数据性质来说，小数据因有意采集而成为主观数据，而大数据则因没有事先渗透主观意图而具有客观性，因此属于客观数据。小数据只是研究对象局部现象的主观反映，而大数据则全面、完整、客观地刻画了研究对象。传统科学的研究对象基本上都是简单、线性、无生命的自然系统，所以小数据基本上能够刻画研究对象，而人类及其社会则是具有主体性的非线性复杂生命系统，必须用大数据才能够完整刻画研究细节。英国学者、"大数据时代的预言家"维克托·迈尔-舍恩伯格在其畅销书《大数据时代》一书中开门见山地提出了大数据的哲学意义："大数据开启了一次重大的时代转型。就像望远镜让我们能够感受宇宙，显微镜让我们能够观测微生物一样，大数据正在改变我们的生活以及理解世界的方式，成为新发明和新服务的源泉，而更多的改变正蓄意待发。"[①] 由此可见，大数据成了哲学研究的新热点是时代的必然，也是人类进一步认识世界的迫切需要。

二、大数据哲学成为哲学研究的新热点

随着大数据技术的兴起，大数据技术的哲学问题研究，或者说大数据哲学研究也迅速成为国内外哲学研究的新热点，随之而来的就是大量论文的发表与相关专著的出版，大数据的哲学问题迅速成为学术会议的热门议题，成为国内外各级研究课题以及硕士、博士论文最热门的研究选题。

---

① ［英］维克托·迈尔-舍恩伯格、肯尼斯·库克耶：《大数据时代：生活、工作与思维的大变革》，盛杨燕、周涛译，浙江人民出版社 2013 年版，第 1 页。

（一）大数据时代来临前信息哲学家们的先行铺垫

大数据时代来临之前，信息哲学家曾就信息的本质、信息与认知等问题做过先期的研究，为大数据哲学研究做了一些铺垫。托夫勒在其《第三次浪潮》中就宣布人类已经进入了信息社会，信息将彻底改变人类的文明轨迹，在政治、经济、文化、工作、生活、教育等方面全方位地改变我们的社会。后来哲学家们对信息哲学进行了长期的探讨，例如国内学者邬焜、萧峰、刘刚等做了深入的研究。特别是邬焜教授，他 30 年来坚守在信息哲学领域，对信息的本体论、认识论和方法论等做了全方位的研究，取得了丰硕的成果。[1] 这些信息哲学研究工作为大数据哲学研究提供了基础和借鉴。

（二）数据科学的哲学问题成为最早的研究领域

由于计算机的普及，数据量越来越多，数据处理能力也越来越强，存储技术的进步和网络技术的发展让数据的存储和传输也发生了质变。地球与环境科学、生命与健康科学、数字信息基础设施和数字化学术信息交流等方面的科学家都越来越重视基于海量数据的科研活动、过程、方法，他们很早就注意到数据在科学技术研究中的巨大作用，因此越来越多地收集大量数据，并通过数据的处理和计算来发现科学规律，于是 20 世纪末就出现了数据挖掘这样一门学科。

美国学者、图灵奖获得者吉姆·格雷认识到，在海量数据和网络无处不在的年代，以数据挖掘为代表的数据科学与技术是科学发现的重要途径，是继科学实验、理论推演和计算机仿真这三种科研范式之后的科学研究第四范式——数据密集型科学发现。[2] 第四范式作为知识发现的又一条新通道和新范式，与前三种范式相辅相成，共同构成发现的认知和方法体系。

国内学者刘红也很早就敏锐地注意到了数据在科学研究中的重要性以及数据科学的快速兴起。她的博士论文以科学数据和数据科学为研究对象，对

---

[1] 邬焜：《信息哲学——理论、体系、方法》，商务印书馆出版社 2005 年版。

[2] T.Hey，etc.，*The Fourth Paradigm: Data-intensive Scientific Discovery*[C]，Microsoft Research，2009.中文版见 Tony Hey 等：《第四范式：数据密集型科学发现》，潘教峰、张晓林译，科学出版社 2012 年版。

其做了全面的哲学研究：考察了从数到大数据的历史，探讨了数据的本体论进路、数据的认识论基础、数据方法与数据范式，并论述了数据革命对科学范式变革和社会变革的重要意义和影响。在博士论文的基础上，她及时发表了《数据哲学构建的初步探析》①、《数据革命：从数到大数据的历史考察》②，提出了数据哲学研究的初步设想，认为应将数据纳入科技哲学研究范畴。

（三）大数据伦理问题引起了学者的高度关注

对大众来说，大数据带来的最现实问题是个人隐私的泄露与保护问题。2013 年的斯诺登事件更加剧了人们对大数据时代人们个人隐私保护的担心，因此大数据伦理问题引起了大众和学者们的共同关注，也成了大数据哲学的研究热点。

英国学者约翰·帕克曾形象地描述过互联网带来的全面监控与隐私困境，③ 而美国学者 Kord Davis 和 Doug Patterson 则在大数据刚刚兴起的 2012 年 9 月就出版了其《大数据伦理学》(*Ethics of Big Data*)，④ 这应该是国际上第一部有关大数据伦理问题的学术专著。作者详细讨论了大数据技术兴起之后我们将面临着怎样的伦理挑战，我们又该如何来面对这突然到来的挑战问题。他们认为，所有企业都应针对数据确立自身适用的道德规范，明确数据对自身的价值，重视数据中所涉及的身份（Identity）、隐私（Privacy）、归属（Ownership）以及名誉（Reputation），在技术创新与风险之间保持必要的平衡。

在国内，吕耀怀很早就对信息伦理做过比较全面的研究，而大数据兴起之后，邱仁宗立即发表论文《大数据技术的伦理问题》，探讨了与信息通信技术及大数据技术有关的数字身份、隐私、可及、安全、安保、数字鸿沟等

---

① 刘红、胡新和：《数据哲学构建的初步探析》，载《哲学动态》2012 年第 12 期。

② 刘红：《数据革命：从数到大数据的历史考察》，载《自然辩证法通讯》2013 年第 6 期。

③ 约翰·帕克于 2000 年出版了 *Total Surveillance* 一书，详细描绘了全民监控带来的安全与隐私困境。中文版见 ［英］约翰·帕克：《全民监控——大数据时代的安全与隐私困境》，关立深译，金城出版社 2015 年版。

④ K. Davis and Doug Patterson, *Ethics of Big Data*, O'Reilly Media，2013.

伦理问题，讨论了解决这些伦理问题的进路，并且建议引入伦理治理概念，为制定行为准则、管理和立法建立伦理学基础。①

因为个人或组织害怕自己的隐私信息因大数据被泄露并被他人非法利用，而大数据使用者则害怕不小心涉及个人隐私而缠上官司，所以大数据伦理研究更多地集中在大数据引发的隐私问题的讨论。段伟文在其论文《网络与大数据时代的隐私权》一文中比较集中地探讨了大数据将引发哪些个人隐私问题以及西方各国的个人隐私保护措施。②

2014 年 11 月在合肥工业大学举办的全国第 15 届技术哲学会议上，爆发性地出现了 9 篇有关大数据伦理问题的文章，其中讨论最多的是隐私保护问题。2015 年 1 月，湖南师范大学专门举办了"大数据伦理问题及其治理"专题研讨会，45 位学者就大数据伦理的方方面面，特别是隐私问题进行了热烈的研讨。此外，许多组织与个人都特别关心大数据的伦理问题，大众媒体、网站、杂志等更是发表大量的相关文章，大数据伦理问题俨然成了大众关心的热点问题。

（四）大数据哲学的全方位研究已经初步展开

还在大数据没有成为热潮之前，复杂网络研究权威 A-L.Barabasi 就在其著作《爆发》中提出了利用大数据对人类思想行为进行预测的问题，并认为基于大数据，人类 93% 的言行都可以被预测，因此他提出了大数据带来的思维变革问题，并用生动的事例刻画了大数据的新思维。③

大数据兴起之后，英国学者 Luciano Floridi 马上在其《大数据及其经验论挑战》④ 一文中提出了大数据对经验认识论的挑战问题，而奥地利学者 Werner Callebaut 则在其《科学透视主义：科学哲学对大数据生物学挑战的回

① 邱仁宗、黄雯、翟晓梅：《大数据技术的伦理问题》，载《科学与社会》2014 年第 1 期。

② 段伟文：《网络与大数据时代的隐私权》，载《科学与社会》2014 年第 2 期。

③ ［美］艾伯特-拉斯洛·巴拉巴西：《爆发：大数据时代预见未来的新思维》，马慧译，中国人民大学出版社 2012 年版。

④ Luciano Floridi," Big Data and Their Epistemological Challenge," *Philo. Technol*, 2012（25），pp.435–437.

应》① 提出了大数据对本体论、认识论与方法论的挑战问题，并提出以科学透视主义作为大数据哲学挑战的回应。

国外对大数据进行全面哲学反思的要数英国学者、"大数据时代的预言家"维克托·迈尔-舍恩伯格。他在其畅销书《大数据时代》一书中以通俗易懂的非哲学语言提出了大数据的哲学意义，并将大数据与当年的望远镜、显微镜相提并论，认为大数据必然将带来生活、工作和思维的大变革。他以"更多"（全体优于部分），"更杂"（杂多优于单一），"更好"（相关优于因果）简洁地概括了大数据时代的思维特征，并论述了"世界的本质就是数据"、"一切皆可量化"的大数据世界观，提出了大数据引发的个人隐私、数据独裁等伦理危机及其规制问题。②

在国内，最早涉及大数据哲学问题的可能是李德伟。他在大数据概念刚刚提出的 2012 年底就发表了《大数据的数理哲学原理》和《科技大数据，哲学新思维》等论文，并于 2013 年初出版了《大数据改变世界》一书，提出了大数据的哲学基础和认识论问题。③

全面展开大数据哲学研究的目前主要有黄欣荣。他从 2014 年初开始发表一系列论文，就大数据技术与复杂性科学的关系、大数据思维与大数据方法论、大数据对科学认识论的发展等问题进行了相关的哲学研究，并从本体论、认识论、方法论、价值观和伦理观 5 个维度对大数据引发的哲学变革展开了全方位的探讨。④

苗东升在论文《从科学转型演化看大数据》中，从科学转型的视角论述了大数据的革命性意义，并认为大数据的兴起将在哲学上引发本体论、认识

① Werner Callebaut, "Scientific Perspectivism: A Philosopher of Science's Response to the Challenge of Big Data Biology", *Studies in History and Philosophy of Biologic and Biomedical Sciences*, Vol.43, 2012, pp.69–80.
② [英] 维克托·迈尔-舍恩伯格、肯尼斯·库克耶：《大数据时代：生活、工作与思维的大变革》，盛杨燕、周涛译，浙江人民出版社 2013 年版，第 239—247 页。
③ 李德伟：《大数据的数理哲学原理》，载《光明日报》2012 年 12 月 25 日。
④ 黄欣荣：《大数据时代的哲学变革》，载《光明日报》（理论版）2014 年 12 月 3 日。

论、方法论和价值论的改变。① 苗东升与黄欣荣都从复杂性哲学转入大数据哲学研究，观点上也具有异曲同工之处。

在大数据方法论方面，张晓强、杨君游与曾国屏进行了比较系统的探讨。他们从界定大数据方法入手，比较了大数据方法与传统科学方法的区别，对大数据的方法论进行了功能、内涵、主体、逻辑等 4 个维度的考察，并探讨了大数据方法的核心特征及其意义。②

从 2012 年开始，国内的大数据哲学会议就在各地不断举行。2014 年 1 月，中国自然辩证法研究会就在黑龙江举办了"大数据时代的哲学问题"学术研讨会，来自哲学界的 40 多位学者就大数据时代的哲学问题发表了自己的看法。2014 年 6 月中国社会科学院哲学研究所举办了大数据哲学的相关学术会议。而其他会议中（例如 2014 年 8 月在内蒙古召开的"复杂性与系统科学哲学学术研讨会"），大数据的哲学问题也都是热门话题。从课题方面来看，2014 年的国家社科基金课题立项中，黄欣荣的重点课题"大数据技术革命的哲学问题研究"和张军的一般课题"大数据时代个人隐私保护问题研究"获得立项。在读硕士生、博士生也纷纷以大数据哲学相关问题作为学位论文的选题热点。

三、大数据哲学研究的五个大方向

正在兴起的这场轰轰烈烈的大数据技术革命即将引发一场彻底的哲学革命，必将带来世界观、认识论、方法论、价值观和伦理观诸多方面的深刻变革，因此正在兴起的大数据哲学研究必须从这五个角度或者说五条路径来对大数据的哲学问题进行全方位的哲学研究。

（一）本体论路径，主要探讨数据的本质以及大数据引发的世界观革命

在中外哲学史上，数据一般被看作刻画事物关系的参数，很少被看作是

---

① 苗东升：《从科学转型演化看大数据》，载《首都师范大学学报》2014 年第 5 期。
② 张晓强、杨君游、曾国屏：《大数据方法：科学方法的变革和哲学思考》，载《哲学动态》2014 年第 8 期。

世界的本质，唯有古希腊哲学家毕达哥拉斯提出"数是万物的始基"的思想。但随着大数据的兴起，数据被赋予世界本体的意义。大数据认为，世界的一切关系皆可用数据表征，一切活动都会留下数据足迹，万物皆由比特构成，因此皆可被数据化，世界就是一个数据化的世界，世界的本质就是数据，数据世界已经构成了一个独立的客观世界。因此，哲学史上的物质、意识的关系变成了物质、意识和数据的关系，大数据的兴起改变了人类认知和理解世界的方式，带来了全新的大数据世界观。大数据本体论的论题主要有：哲学史上的数据观；物质、意识与数据；数据的本质与数据本体论；世界的数据化与大数据世界观等。主要有如下问题需要我们从本体论层面加以回答：数据究竟是什么？数据的本质是什么？数据与物质、精神之间是什么关系？数据世界究竟是客观的还是主观的？世界能否被彻底数据化？量化一切的大数据目标能否实现？大数据怎么看世界？大数据世界观与传统世界观有什么本质区别？如此等等。

（二）认识论路径，主要探讨基于数据挖掘的知识发现及其对传统认识论的挑战

近现代科学最重要的特征是寻求事物的因果关系，而大数据技术最重要的特征却是重视相关关系。大数据通过海量数据来发现事物之间的相关关系，通过挖掘数据来寻找数据规律，并利用数据之间的相关关系来解释现象和预测未来。大数据通过"让数据发声"，提出"科学始于数据"，数据成为科学认识的基础，而云计算等数据挖掘手段将传统的经验归纳法发展为"大数据归纳法"，为科学发现提供了认知新途径。[①] 大数据通过理论和经验的数据化，实现了唯理论和经验论的数据化统一，并可能成为科学划界的新标准。大数据的相关性、模糊性和整体性解释将成为科学解释的新方向。因此，大数据认识论有主要论题：相关性对因果性的挑战；数据挖掘与科学发现的逻辑；数据规律与知识的真理性；大数据与科学划界，大数据与科学解释；传统认识论危机与大数据认识论。主要的认识论问题

---

① 黄欣荣：《大数据对科学认识论的发展》，载《自然辩证法研究》2014年第9期。

有：数据与经验的关系是什么？传统经验论是否将走向大数据经验论？大数据是否将成为科学研究的新对象？数据化能否作为科学划界的新标准？科学究竟始于经验、问题还是数据？数据挖掘能否成为科学发现的新模式？相关性与因果性是什么关系？相关性能否超越因果性？大数据解释能否成为科学解释新方式？数据挖掘本质上是否仍属于归纳法？大数据对传统归纳法有哪些超越？通过数据挖掘而来的数据规律是否具有真理性？如此等等。

（三）方法论路径，主要探讨大数据思维及其对科学方法论的变革

大数据技术革命首先表现为思维方式的革命，大数据对传统的机械还原论进行了深入批判，提出了整体、多样、关联、动态、开放、平等的大数据思维，这些新思维具有复杂性思维特征，并得到了技术实现。① 大数据提出了数据化的整体论，实现了还原论与整体论的融贯；承认复杂的多样性，突出了科学知识的语境性和地方性；强调事物的关联性，认为事实的存在比因果关系更重要；通过事物的数据化，实现了定性定量的综合集成。因此，数据挖掘成了新时代的科学新工具，大数据技术带来了大数据思维与大数据方法论。② 该路径的主要论题有：大数据时代的思维变革；大数据思维的复杂性特征；数据挖掘的科学方法意蕴；大数据对科学方法论的革命。大数据方法论的主要问题有：大数据思维是一种怎样的思维新方式？大数据思维的特征是什么？大数据方法的本质是什么？大数据方法是继演绎法、归纳法之后的科学新工具吗？大数据方法与整体论方法、还原论方法是什么关系？大数据方法与复杂性方法是什么关系？大数据方法与定性、定量研究方法有什么样的区别与联系？传统的数据化与大数据的数据化有什么区别？怎么利用大数据方法进行自然科学、社会科学与人文学科的数据化与数据挖掘？大数据的基本方法、基本原则、基本步骤是什么？等等。

---

① 黄欣荣：《大数据时代的思维变革》，载《重庆理工大学学报》2014年第5期。
② 黄欣荣：《大数据技术对科学方法论的革命》，载《江南大学学报》2014年第2期。

（四）价值论路径，主要讨论数据的财富价值及其对传统价值观的转变

大数据时代的来临让数据从记录符号变成了有价的资源，数据从符号价值逐渐延伸到具有认知、经济、政治等诸多价值的财富。在传统价值观看来，土地、材料、能源、资金等被看作财富的象征，而在大数据时代，数据就像一种神奇的钻石矿，成了一种新财富，而且它与传统财富易被消耗不同，数据财富可以交叉复用，取之不尽，用之不竭，是真正的可持续利用的资源。挖掘海量数据可以发现规律、预测未来，数据成为科学研究的重要来源。此外，大数据技术能够从文档、图片、音频、视频等非结构化数据中挖掘重要数据，大数据成为人文社会科学研究重要工具，更成为政府、企业等管理者不可或缺的管理手段。因此，大数据时代让数据从原来只是事物关系的表征符号变成了具有重要价值的数据财富，从而带来了传统价值观的变革，并形成了新的大数据价值观。该路径的主要议题有：从数据符号到数据财富；数据财富与传统财富的比较；数据财富的本质；大数据时代的价值观变革。大数据价值论的主要问题有：数据的价值为什么到大数据时代才凸显出来？大数据时代的数据有哪些价值？数据财富的本质是什么？数据财富与传统的财富有什么本质差别？如何挖掘数据财富？数据产业会给传统产业带来哪些变革？数据产业与传统产业有什么本质差别？数据产业链有哪些基本构成？数据财富与传统财富怎样保持平衡？什么是大数据财富观？数据财富观会给传统价值观带来哪些冲击和变革？如此等等。

（五）伦理学路径，主要讨论由于数据滥用所引发的传统伦理观的危机

大数据技术要求实现数据的自由、开放和共享，我们由此进入了数据共享的时代。但由此我们也时刻被暴露在"第三只眼"的监视之下：淘宝、亚马逊监视着我们的购物习惯，百度、Google监视着我们的网页浏览习惯，移动、联通和电信掌握着我们所有通话和短信记录，微信、QQ则储存着我们的交往秘密，而随处可见的各种监控则让人无处藏身。因此大数据技术带来了个人隐私保护的隐忧，也带来了对个别组织的数据滥用或垄断的担心，

甚至可能侵犯人类神圣的自由意志，由此产生了大数据时代人类的自由与责任问题并对传统伦理观带来了新挑战。该路径的主要论题有：大数据时代与信息共享；"第三只眼"与隐私保护；数据预测与个人意志；大数据时代人类的自由与责任。大数据伦理的基本问题有：大数据的共享精神有什么利弊？大数据将带来哪些伦理问题？数据权的本质是什么？大数据时代的个人隐私将可能出现哪些问题？大数据时代如何保护隐私？在数据开放与隐私保护之间如何保持张力？怎样防止数据滥用？大数据伦理问题是否可以通过立法来规制？怎样用伦理道德规范来治理大数据伦理危机？大数据时代如何保护人的自由？大数据时代的政府、企业和个人有哪些法律责任和伦理责任？大数据时代如何平衡人的自由与责任？我们要做哪些伦理观改变来适应这个大数据时代？大数据伦理有哪些基本内容？大数据会给传统伦理学带来哪些机遇与挑战？等等。

大数据哲学已经成为哲学研究的新热点，国内外学者已经初步展开了大数据技术所涉及的各个方面的哲学问题研究。大数据作为一场新的数据技术革命，它必然会对传统哲学提出新挑战，从本体论、认识论、方法论、价值观、伦理观诸多方面对传统哲学产生全方位的影响，传统哲学也将随着大数据革命而产生哲学范式的革命性变革，并随着对新问题的回应而获得哲学自身的不断丰富和向前发展。大数据的哲学研究已经在国内外全面展开，可能成为一个全新的哲学研究前沿领域，我们正在走向新兴的大数据哲学。

第五节　舍恩伯格大数据哲学思想研究

作为"大数据时代的预言家"，舍恩伯格在《大数据时代》这本书中系统阐述了大数据哲学的基本内容，建构了大数据哲学的基本框架，系统地提出了大数据思维对思维方式的三大变革，讨论了数据的资源价值及其引发的价值观变革，并系统论述了大数据时代的伦理危机及其治理方法。

维克托·迈尔-舍恩伯格（Viktor Mayer-Schonberger）在大数据时代即

将来临之际，与肯尼斯·库克耶（Kenneth Cukier）一起，撰写了《大数据时代》这一世界性畅销书，为大数据革命与大数据时代的到来鼓与呼，因此被誉为"大数据时代的预言家"。从表面上看，《大数据时代》这本著作只是宣传大数据革命的一本畅销书，它预言了大数据时代的来临，但深入内部并反复阅读，就会发现其中蕴含着深刻的哲学思想。它不但正式宣告了大数据时代的来临，同时也系统地建构了大数据哲学的研究纲领，并对大数据带来思维方式的三大变革进行了全面的论述，洞见了大数据带来的价值观变革，反思了大数据技术引发的伦理危机并提出了治理对策，因此《大数据时代》也是一本大数据哲学奠基性论著，舍恩伯格也因此成为大数据哲学的最早探索者。

一、大数据时代的三大思维变革

在《大数据时代》的引言中，舍恩伯格开宗明义地指出："大数据开启了一次重大的时代转型。就像望远镜让我们能够感受宇宙，显微镜让我们能够观察微生物一样，大数据正在改变我们的生活以及理解世界的方式，成为新发明和新服务的源泉，而更多的改变正蓄势待发。"[①] 大数据对哲学带来的最大挑战是思维方式的大变革，它带来了全新的大数据思维方式。舍恩伯格认为，大数据技术革命将带来思维方式的三大变革："首先，要分析与某事物相关的所有数据，而不是依靠分析少量的数据样本。其次，我们乐于接受数据的纷繁复杂，而不再追求精确性。最后，我们的思想发生了转变，不再探求难以捉摸的因果关系，转而关注事物的相关关系。"[②] 总之，概括起来，这三种大数据思维就是全数据思维、混杂性思维和相关性思维。

（一）全数据思维

所谓全数据思维就是将与某个问题相关的全部数据一网打尽，收集齐

[①]　[英] 维克托·迈尔-舍恩伯格、肯尼斯·库克耶：《大数据时代：生活、工作与思维的大变革》，盛杨燕、周涛译，浙江人民出版社 2013 年版，第 1 页。

[②]　[英] 维克托·迈尔-舍恩伯格、肯尼斯·库克耶：《大数据时代：生活、工作与思维的大变革》，盛杨燕、周涛译，浙江人民出版社 2013 年版，第 29 页。

全，以便对问题进行全面的精细刻画与分析。"在大数据时代，我们可以分析更多的数据，有时候甚至可以处理和某个特别现象相关的所有数据，而不再依赖于随机采样。"① 简单说来，就是"利用所有的数据，而不再仅仅依靠一小部分数据"②。

数据是科学认识的基础，因此数据的采集、存储、分析是科学认识过程的重要步骤。不同时代，具有完全不同的数据采集、存储和分析方法。在原始社会，由于工具的限制，数据采集、存储和分析都十分困难，因此丈量土地、人口统计、营收税赋、天文观测等等都只有官方才有可能进行。随着土地、人口、税赋等规模的不断扩大，数据采集、存储、分析和处理都变得十分困难，人们于是发明了随机采样统计方法，以便从最少的数据中获取最多的信息。不过随机采样虽然取得了巨大成功，但它毕竟忽略了大量的细节，难以对复杂、多样的对象进行详细的精准、细节性的刻画和分析。

随着智能技术、网络技术与云技术的发展，自然和人类社会的状态及其变化都可以自动采集、存储，并实现数据的自动传输和处理，这样，数据采集、存储、传输和处理从手工操作转变为全程智能化和自动化，于是数据规模出现了暴增，并由此宣告了大数据时代的来临。舍恩伯格认为，大数据时代的来临，宣告了数据稀缺时代的结束，而随着数据暴增时代的来临，我们没有必要再像稀缺时代那样尽量从少量数据中挖掘出最大的信息，于是他提出了一种全新的数据模式，即全数据模式。

全数据模式是大数据给我们带来的思维方式的第一个变革，它让我们可以充分利用数据的全部信息，因此，舍恩伯格说："与局限在小数据范围相比，使用一切数据为我们带来了更高的精确性，也让我们看到了一些以前无法发现的细节——大数据让我们更清楚地看到了样本无法揭示的细节信

① ［英］维克托·迈尔-舍恩伯格、肯尼斯·库克耶：《大数据时代：生活、工作与思维的大变革》，盛杨燕、周涛译，浙江人民出版社2013年版，第17页。
② ［英］维克托·迈尔-舍恩伯格、肯尼斯·库克耶：《大数据时代：生活、工作与思维的大变革》，盛杨燕、周涛译，浙江人民出版社2013年版，第29页。

息"①。更为关键的是，全数据模式用数据实现了整体论思维和还原论思维的辩证统一，一切现象都被还原到数据，而全部数据正好构成了整体，因此，全数据思维是思维方式的重大变革，是对传统还原论与整体论的超越。

（二）混杂性思维

所谓混杂性思维就是允许数据的多样性、不精确性，不再需要满足数据单一、精准的严格要求。在小数据时代，数据采集不易，研究工作也主要依赖这不多的数据，因此任何一个数据的不精确都会导致结果的巨大差异。因此，在小数据时代，对数据具有严格的要求，必须纯净、单一、精确，以便得到精准的结果。但是，舍恩伯格认为大数据时代要求我们重新审视精确性的优劣，因为"执迷于精确性是信息缺乏时代和模拟时代的产物"②。

随着大数据时代的来临，数据来源广，数据类型多，打破了单一的人工采集的结构化数据的局限，数据的内涵得到了极大的拓展，因此这些数据不再可能像小数据时代那样精准、单一。从另一方面来说，由于来源广、类型多，数据规模暴增，这海量的数据从不同层面、不同角度刻画了事物或行为的状态，即使有个别数据不太准确也不会影响大局。换句话说，大数据内部的数据之间具有一定的容错能力，对于少数不精准的数据具有一定的判断、排除能力，因此没必要要求大数据中的每一个数据都精准一致。

大数据的混杂性思维让我们更具有包容性，多样性。"传统的样本分析师很难容忍错误数据的存在"，但舍恩伯格告诫我们："大数据时代要求我们重新审视精确性的优劣。如果将传统的思维模式运用于数据化、网络化的21世纪，就会错过重要的信息"。③ 大数据的混杂性思维反映了世界的真实

---

① ［英］维克托·迈尔-舍恩伯格、肯尼斯·库克耶：《大数据时代：生活、工作与思维的大变革》，盛杨燕、周涛译，浙江人民出版社 2013 年版，第 17 页。

② ［英］维克托·迈尔-舍恩伯格、肯尼斯·库克耶：《大数据时代：生活、工作与思维的大变革》，盛杨燕、周涛译，浙江人民出版社 2013 年版，第 55 页。

③ ［英］维克托·迈尔-舍恩伯格、肯尼斯·库克耶：《大数据时代：生活、工作与思维的大变革》，盛杨燕、周涛译，浙江人民出版社 2013 年版，第 55 页。

性和复杂性，"接受数据的不精确、不完美，我们反而能够更好地进行预测，也能够更好地理解这个世界"①。混杂性思维让我们更加接近世界的真实，帮助我们进一步接近事实的真相。

（三）相关性思维

所谓相关性思维就是不再拘泥于事物的因果关系来分析、预测事物的状态及其变化，只从数据之间的相互关系中来寻找事物表象的规律，并通过表象关联来预测事物未来的状态变化走势。用舍恩伯格的话来说，"就是知道是什么就够了，没必要知道为什么。在大数据时代，我们不必非得知道现象背后的原因，而是要让数据自己发声"②。

虽然哲学家休谟对因果性进行了怀疑和批判，但因为因果性往往与科学规律联系在一起，因此传统科学从没放弃对因果性的追求。当我们遇到某一现象之时，追问其背后的"为什么"，即因果关系就成了传统科学最重要的目标。然而，随着大数据时代的来临，舍恩伯格对这种追求进行了深刻批判，甚至是进行了思维方式的颠覆。他认为，过分追求因果性是小数据时代留下的思维定式，在大数据时代，我们往往只需知道"是什么"，即只要把握现象就够了，通过现象之间的数据相关性就能认识过去，预测未来。他对相关性思维在大数据时代的地位和作用做了充分的肯定，认为相关性这套"新的分析工具和思路为我们提供了一系列新的视野和有用的预测，我们看到了很多以前不曾注意到的联系，还掌握了以前无法理解的复杂技术和社会动态"③。他坚持认为，能够揭示世界本质的是"是什么"而不是"为什么"，也就是说"相关关系帮助我们更好地了解了这个世界"。④

---

① ［英］维克托·迈尔-舍恩伯格、肯尼斯·库克耶：《大数据时代：生活、工作与思维的大变革》，盛杨燕、周涛译，浙江人民出版社2013年版，第56页。

② ［英］维克托·迈尔-舍恩伯格、肯尼斯·库克耶：《大数据时代：生活、工作与思维的大变革》，盛杨燕、周涛译，浙江人民出版社2013年版，第67页。

③ ［英］维克托·迈尔-舍恩伯格、肯尼斯·库克耶：《大数据时代：生活、工作与思维的大变革》，盛杨燕、周涛译，浙江人民出版社2013年版，第83页。

④ ［英］维克托·迈尔-舍恩伯格、肯尼斯·库克耶：《大数据时代：生活、工作与思维的大变革》，盛杨燕、周涛译，浙江人民出版社2013年版，第83页。

不过，舍恩伯格并没有从本体论上否定因果性，只是从思维方式上认为应该做出变革，面对描述事物及其状态的大数据，应更多地关注相关性并将其作为解决问题的入门，而不必过分执着于因果性。当克里斯·安德森用相关性彻底否定因果性和科学理论的时候，舍恩伯格明确地回应："大数据时代绝对不是一个理论消亡的时代，相反地，理论贯穿于大数据分析的方方面面"；"大数据绝不会叫嚣理论已死，但它毫无疑问会从根本上改变我们理解世界的方式。很多旧有的习惯将被颠覆，很多旧有的制度将面临挑战"。①

二、大数据时代的价值观重塑

大数据不但带来了思维方式的重大变革，而且在不断地重塑人们的价值观，给人们带来价值观的重大转变。舍恩伯格从大数据新技术对世界带来的全面量化开始，提出了万物皆可数据化，由此形成了数据世界；然后他将数据比喻为一座神奇的钻石矿，并由此重点描绘了大数据的商业价值；最后他通过数据价值链分析，强调了在大数据时代数据所呈现出来的巨大价值。

（一）世界的数据化

数据是认识世界的重要参数，数据化是认识世界的重要手段。所谓数据就是有根据的数字，而数据化就是一种把现象转变为可计算、制表和制图分析的量化过程。考察科技史之后，我们可以发现，科学技术进步的过程与数据化的脚步是一致的，科学技术随着数据化手段的发展而进步。舍恩伯格认为，计量和记录一起促成了数据的诞生，它们是数据化最早的根基。

"大数据发展的核心动力来自人类测量、记录和分析世界的渴望。"② 正

---

① ［英］维克托·迈尔-舍恩伯格、肯尼斯·库克耶:《大数据时代:生活、工作与思维的大变革》，盛杨燕、周涛译，浙江人民出版社 2013 年版，第 94 页。
② ［英］维克托·迈尔-舍恩伯格、肯尼斯·库克耶:《大数据时代:生活、工作与思维的大变革》，盛杨燕、周涛译，浙江人民出版社 2013 年版，第 104 页。

是这种渴望，激发人们发明了计算机、人工智能、互联网、云计算等各种数据采集、存储、传输、处理的新技术，而这些新技术让测量、记录手段发生了翻天覆地的变化，以往难以被数据化的人类思想、心理、行为，以及社会的一切状态都可以被记录、测量，并最终数据化。舍恩伯格列举了文字、方位、社交等曾经难以被数据化而如今却被智能感知以及社交图谱等技术轻易数据化的例子。他于是得出结论说："只要一点想象，万千事物就能转化为数据形式"，世间万物皆可被数据化。①

正是由于计算机、人工智能、互联网、物联网等信息技术的突破性发展，数据的采集、存储等实现了自动化和智能化，数据量因此激增从而迎来了大数据时代的来临，更带来了不同于物质世界、意识世界的数据世界。因此，舍恩伯格上升到本体论的高度，得出结论说："有了大数据的帮助，我们不会再将世界看作是一连串我们认为或是自然或是社会现象的事件，我们会意识到本质上世界是由信息构成的。"②数据世界的出现带来了一种全新的世界观，即数据世界观，即"将世界看作信息，看作可以理解的数据的海洋，为我们提供了一个从未有过的审视现实的视角"③。更为重要的是，在数据世界观看来，数据成了重要认知方法，以及经济发展的重要资源。"通过数据化，在很多情况下我们能全面采集和计算有形物质和无形物质的存在，并对其进行处理。"④

（二）大数据的商业价值

随着大数据时代的来临，数据成了重要的价值，彻底改变了人们的价值观。舍恩伯格把数据比喻成神奇的钻石矿，"在大数据时代，所有数据都是

---

① ［英］维克托·迈尔-舍恩伯格、肯尼斯·库克耶：《大数据时代：生活、工作与思维的大变革》，盛杨燕、周涛译，浙江人民出版社 2013 年版，第 123 页。

② ［英］维克托·迈尔-舍恩伯格、肯尼斯·库克耶：《大数据时代：生活、工作与思维的大变革》，盛杨燕、周涛译，浙江人民出版社 2013 年版，第 125 页。

③ ［英］维克托·迈尔-舍恩伯格、肯尼斯·库克耶：《大数据时代：生活、工作与思维的大变革》，盛杨燕、周涛译，浙江人民出版社 2013 年版，第 126 页。

④ ［英］维克托·迈尔-舍恩伯格、肯尼斯·库克耶：《大数据时代：生活、工作与思维的大变革》，盛杨燕、周涛译，浙江人民出版社 2013 年版，第 125 页。

有价值的"①。过去，数据只是记录财富的工具，其本身并不是财富。传统经济学仅仅把土地、劳动力和资本列入生产要素中，而数据只是测度、记录这些生产要素的计量工具而已。但是，舍恩伯格认为，随着大数据时代的来临，数据不但是记录财富的工具，而且它本身就已经成为一种新的生产要素，具有使用价值。

舍恩伯格通过案例阐述了数据这种新生产要素具有以下特点：潜在性、分享性、再生性。所谓潜在性，就是任何数据都具有多种多样的价值，采集之初只开发了其中一两种价值，而更多的价值还潜藏着，等待着再利用。"数据的真实价值就像漂浮在海洋中的冰山，第一眼只能看到冰山一角，而绝大部分则隐藏在表面之下。"②所谓分享性是指数据可以被多方共同分享，可以各取所需，不因一人使用而影响他人的再使用。"不同于物质的东西，数据的价值不会随着它的使用而减少，而是可以不断被处理。"③所谓再生性就是已经被使用过的数据可以通过重组、扩展被无限再利用。虽然数据也可能折旧，甚至没发现其价值时被当作数据垃圾，但这些"无用"数据随时有可能被发现新用处。"数据的价值并不仅局限于特定的用途，它可以未来同一目的而多次使用，也可以用于其他目的。"④舍恩伯格认识到，数据这种无形资产很难进行正确的估价，数据是一种真正的可持续利用的资源。

（三）大数据的价值链

数据虽然在过去也一直被重视，但只有在大数据时代，其独特价值才充分显现出来，舍恩伯格主要从价值链的构成来进行分析。他认为，大数据价

---

① ［英］维克托·迈尔-舍恩伯格、肯尼斯·库克耶：《大数据时代：生活、工作与思维的大变革》，盛杨燕、周涛译，浙江人民出版社2013年版，第131页。

② ［英］维克托·迈尔-舍恩伯格、肯尼斯·库克耶：《大数据时代：生活、工作与思维的大变革》，盛杨燕、周涛译，浙江人民出版社2013年版，第134页。

③ ［英］维克托·迈尔-舍恩伯格、肯尼斯·库克耶：《大数据时代：生活、工作与思维的大变革》，盛杨燕、周涛译，浙江人民出版社2013年版，第132页。

④ ［英］维克托·迈尔-舍恩伯格、肯尼斯·库克耶：《大数据时代：生活、工作与思维的大变革》，盛杨燕、周涛译，浙江人民出版社2013年版，第132页。

值链由数据、技术和思维三要素构成，共同形成三足鼎立的关系。大数据价值链上的三要素具有不同的价值表现，分别扮演着数据拥有者、数据挖掘者和数据使用者的不同角色。

数据拥有者是价值链的最前端，采集并存储大量的数据，是大数据价值链的价值源。Twitter、Facebook、腾讯、亚马逊、阿里巴巴、移动公司等企业在业务开展过程中采集、存储了海量的数据。数据拥有者虽然拥有了大量数据，但没有完全挖掘出其价值。比如航空公司掌控了大量的航空、飞行等数据，移动公司存储了大量电话、短信、方位等信息，但仅仅当作一种历史记录，并没有发掘出这些数据的价值。

数据挖掘者是大数据价值链的中介，他们掌握着"掘数成金"的数据挖掘技术，能够根据客户的要求从海量的数据垃圾中挖掘出客户所需要的数据。他们通常是咨询公司、技术供应商或者分析公司。例如，IBM 公司就从售卖电脑硬件业务，彻底变成了一家数据挖掘公司，专门为客户提供数据挖掘与分析。数据挖掘者掌握着挖掘技术，但他们一般不拥有数据，也不知道数据的最终价值。

数据使用者是大数据价值链的终端，能够让数据发挥出其价值。舍恩伯格认为，作为数据使用者，最关键的并不是数据和技能，而是其创新思维，需要具有挖掘数据新价值的独特想法，能够先人一步发现机遇。数据运用者虽然可能对数据及其挖掘技术是外行，但"他们思考的只有可能，而不考虑所谓的可行"[①]，也就是说，他们具有大数据思维。

舍恩伯格论述了大数据价值链中三大要素的关系，分析了三者的历史演变。在过去，数据的地位并不占据主导，往往是技术为王，数据挖掘者显得最为重要。之后，具有大数据思维的数据运用者后来居上，成为价值链的主导。但随着大数据时代的逐渐展开，数据的地位逐渐提升，人们终于认识到，在大数据价值链中技术和思维虽然重要，但数据才是价值链的基础和

---

① ［英］维克托·迈尔-舍恩伯格、肯尼斯·库克耶：《大数据时代：生活、工作与思维的大变革》，盛杨燕、周涛译，浙江人民出版社 2013 年版，第 126 页。

源泉，数据的价值逐渐转移到数据拥有者手上，因此他认为数据本身才是根本。

三、大数据时代的伦理危机及其治理

大数据时代的来临，除了带来思维方式和价值观念的重大变革之外，更为重要的是即将引发重大的伦理危机，因此舍恩伯格在《大数据时代》中，比较详细地讨论了大数据即将带来的伦理道德危机问题，并进一步分析了产生伦理危机的原因，而且提出了责任与自由并举的大数据伦理治理的应对之策。

（一）大数据带来了哪些伦理危机

大数据时代是一个世界将被彻底数据化的时代，而且这些数据将在网络中开放与共享，因此也就带来了一个很难保护隐私的时代。大数据将给我们带来什么样的伦理危机？舍恩伯格认为会带来以下四种伦理危机：数据监狱、二次利用、事前惩罚、数据独裁。

所谓数据监狱是指在大数据时代，世界万物包括我们的所思、所想、所为，都将被数据化，万事万物的后面都会跟着数据的尾巴，我们被各种数据化网络终端盯梢和跟踪着，"第三只眼"无处不在。舍恩伯格说："亚马逊监视着我们的购物习惯，谷歌监视着我们的网页浏览习惯，Twitter 窃听到了我们心中的'TA'，Face-book 似乎什么都知道，包括我们的社交关系网。"[①]因此，在大数据时代，我们每个人都被无数的数据化眼睛盯梢着，时刻生活在数据监狱里，因此自然谈不上隐私和自由。

所谓二次利用是指当初为特定目的而收集的数据随时都可能被再次挖掘和使用，因而脱离当初收集数据的目的而难以估计被用于何处。"大数据的价值不再单纯来源于它的基本用途，而更多源于它的二次利用。"大数据时代，很多数据在收集的时候并无意用作其他用途，而最终却产生了很多创新

---

① ［英］维克托·迈尔-舍恩伯格、肯尼斯·库克耶：《大数据时代：生活、工作与思维的大变革》，盛杨燕、周涛译，浙江人民出版社 2013 年版，第 195 页。

性的用途。"① 问题是，所有数据一旦上传到网络中，基本上很难彻底删除，总会留下蛛丝马迹并被反复利用。②

所谓事前惩戒是指根据大数据不但能够精准把握我们过去的一切，而且可以精准预测我们未来的思想和行为，因此在未行动之前就被有关部门掌握并采取惩罚性措施。舍恩伯格描述电影《少数派报告》的场景后说："人们不是因为所做而受到惩罚，而是因为将做，即使他们事实上并没有犯罪。……罪责的判定是基于对个人未来行为的预测。"③ 过去以行为事实为依据的罪责追究变成了未来行为的预测，事前惩戒有可能彻底颠覆无罪推定的法律原则。

所谓数据独裁是指在大数据时代，数据成了测度和判定一切的标准，凡事皆以数据为据，过于依赖数据，从而形成了数据独裁局面。舍恩伯格描述了商业、政府、教育等各领域对数据的过分依赖后说："随着越来越多的事物被数据化，决策者和商人所做的第一件事就是得到更多的数据。"④ 他批判性地指出大数据主义者忽视人类的直觉、情感和经验，夸大数据的地位和作用，甚至将数据的地位推至极端，大数据主义者甚至宣称："我们相信上帝，除了上帝，其他任何人都必须用数据说话。"⑤

（二）大数据为什么会引发伦理危机

大数据时代就是一个监控无处不在、隐私无处可藏的时代，这是这个时代的基本特征。大数据为什么会让我们失去隐私呢？舍恩伯格对此做了比较

---

① ［英］维克托·迈尔-舍恩伯格、肯尼斯·库克耶：《大数据时代：生活、工作与思维的大变革》，盛杨燕、周涛译，浙江人民出版社 2013 年版，第 197 页。

② ［英］维克托·迈尔-舍恩伯格、肯尼斯·库克耶：《大数据时代：生活、工作与思维的大变革》，盛杨燕、周涛译，浙江人民出版社 2013 年版，第 6 页。

③ ［英］维克托·迈尔-舍恩伯格、肯尼斯·库克耶：《大数据时代：生活、工作与思维的大变革》，盛杨燕、周涛译，浙江人民出版社 2013 年版，第 202 页。

④ ［英］维克托·迈尔-舍恩伯格、肯尼斯·库克耶：《大数据时代：生活、工作与思维的大变革》，盛杨燕、周涛译，浙江人民出版社 2013 年版，第 210 页。

⑤ ［英］维克托·迈尔-舍恩伯格、肯尼斯·库克耶：《大数据时代：生活、工作与思维的大变革》，盛杨燕、周涛译，浙江人民出版社 2013 年版，第 210 页。

详细的分析。

他认为，传统社会的隐私保护主要是依靠三种手段实现的，即告知与许可、模糊化和匿名化。告知与许可说的是在采集和使用具有隐私问题的数据时首先告知对方并得到对方的许可，在对方授权后再使用隐私数据，无授权则不用；模糊化是指将涉及隐私的数据进行预先的模糊处理，以便让他人看不出隐私内容；匿名化是指让所有能揭示个人情况的信息都不出现在数据集里，比如姓名、生日、住址、信用卡号等等。通过这三种隐私保护手段，采集、分析和共享数据时就避免了个人隐私的泄露。但是，舍恩伯格认为，这三种隐私保护手段在大数据面前不堪一击。第一，大数据的海量性就决定了不可能所有数据都能够告知并得到许可，因为绝大多数数据都是智能采集、自动生成而来，当初并不具有某种目的。第二，通过大数据的汇聚和关联分析，被模糊、匿名的数据很快被填补并清晰地显现出来，模糊化和匿名化在大数据面前完全失效。因此，舍恩伯格得出结论说："在大数据时代，不管是告知与许可、模糊化还是匿名化，这三大隐私保护策略都失效了。如今很多用户都觉得自己的隐私已经受到了威胁，当大数据变得更为普遍的时候，情况将更加不堪设想。"①

舍恩伯格说，大数据的核心是预测。② 大数据不但可以精细地刻画过去，更重要的是可以根据过去的状态精准地预测未来趋向。因此，大数据让我们每个人都成为一个透明人，根据我们过去的所思、所想、所为留下来的数据进行分析，我们下一步要想什么、做什么就比较清楚地显现出来。问题是当公安等部门利用大数据分析知道某人下一步有可能犯罪的时候，公安机关是否应该采取强制措施呢？如果不采取措施而一旦实施犯罪，那么公安是否有责任？如果采取措施，公安是否违背了无罪推定原则，特别是违反了人性自由原则？正因为大数据具有预测能力，才带来了技术对人的自由意志的干

---

① [英] 维克托·迈尔-舍恩伯格、肯尼斯·库克耶：《大数据时代：生活、工作与思维的大变革》，盛杨燕、周涛译，浙江人民出版社 2013 年版，第 200 页。

② [英] 维克托·迈尔-舍恩伯格、肯尼斯·库克耶：《大数据时代：生活、工作与思维的大变革》，盛杨燕、周涛译，浙江人民出版社 2013 年版，第 16 页。

涉。"我们将生活在一个没有独立选择和自由意志的社会，……大数据将我们禁锢在可能性之中。"①

（三）怎样治理大数据的伦理危机

舍恩伯格认为，大数据技术既引发危机，同时也准备了应对之策。"在改变我们许多基本的生活将思考方式的同时，大数据早已在推动我们去重新考虑最基本的准则，包括怎样鼓励其增长以及怎样遏制其威胁。"②

首先，个人隐私保护应该从个人自我保护转变为数据使用者承担责任。舍恩伯格认为必须改变小数据时代的隐私保护模式，让数据挖掘与使用者为其行为承担相应责任，即谁使用数据，谁承担责任。③ 任何一个数据使用者在使用数据的过程中都必须评估所用数据的隐私风险与责任，在挖掘数据价值的同时切实保护个人隐私。

其次，重新定义公正概念，坚持个人为自己行为负责，维护个人意志的自由尊严。舍恩伯格认为，通过保证个人动因，可以确保政府等部门不会单纯利用大数据分析心理动机，必须依据已发生的证实行为来判定某人是否犯罪。为此，舍恩伯格提出公开、公正、可反驳等三原则，以防范唯数据主义。④

再次，培养大数据算法师，打碎数据黑箱，切实保护个人权益。对一般民众来说，大数据技术是一个看不见的黑箱，很难看见黑箱的内部及其蕴藏的危险。为此，舍恩伯格提出必须培养能够打开数据黑箱的大数据算法师，就像审计师、律师一样，他们将作为数据保护代表，或数据安全和隐私顾

---

① ［英］维克托·迈尔-舍恩伯格、肯尼斯·库克耶：《大数据时代：生活、工作与思维的大变革》，盛杨燕、周涛译，浙江人民出版社 2013 年版，第 207 页。

② ［英］维克托·迈尔-舍恩伯格、肯尼斯·库克耶：《大数据时代：生活、工作与思维的大变革》，盛杨燕、周涛译，浙江人民出版社 2013 年版，第 219 页。

③ ［英］维克托·迈尔-舍恩伯格、肯尼斯·库克耶：《大数据时代：生活、工作与思维的大变革》，盛杨燕、周涛译，浙江人民出版社 2013 年版，第 220 页。

④ ［英］维克托·迈尔-舍恩伯格、肯尼斯·库克耶：《大数据时代：生活、工作与思维的大变革》，盛杨燕、周涛译，浙江人民出版社 2013 年版，第 224 页。

问，为一般民众打开数据黑箱，维护个人数据权益。①

最后，反对数据垄断，缩小数据鸿沟，确保数据权的公平公正。一般民众由于缺乏数据能力，更缺乏数据权力，根本无法接触或掌握数据，成了大数据时代的弱者。数据垄断带来了数据鸿沟，并带来了数据权的不平等。因此，舍恩伯格认为必须及时立法，遏制数据垄断，缩小数据鸿沟，让人们在大数据面前具有平等的数据权益。②

舍恩伯格一般都被认为是一位网络治理专家和大数据技术专家，"大数据时代的预言家"，他与肯尼斯·库克耶合著的《大数据时代》被看作是大数据时代来临的宣言书，或者说是大数据革命的科普读物，很少有人从哲学视角来看待舍恩伯格及其《大数据时代》。从上面的分析中，我们可以看出，舍恩伯格全面揭示了大数据革命的哲学意义，系统建构了大数据哲学的研究体系，重点探索了大数据引发的思维方式变革，提出了切实可行的大数据伦理危机治理对策，因此也是一位真正的大数据哲学家。

自 2012 年在全世界迅速普及以来，大数据一般都仅仅被看作一种新的数据技术，最多被看作一场信息技术革命，当时很少有人从哲学的层面来探讨大数据对哲学的意义。舍恩伯格是最早从哲学视角解读大数据革命的学者之一，他比较全面地揭示出大数据不仅是一场技术革命，特别是信息技术或数据技术革命，从哲学的视野看，它更是一场世界观、思维方式、认识论、方法论、价值观和伦理观的全方位哲学革命。其他的大数据专家基本上都只是从技术层面来解读大数据，停留在形而下的层面，而舍恩伯格是最早从形而上的层次揭示大数据革命的哲学本质的学者。

在大数据迅速普及的 2012 年、2013 年，也有个别学者注意到了大数据的哲学意义，甚至有些学者更早就已经有所关注。例如图灵奖得主、美国计算机专家吉姆·格雷在 2008 年就提出了数据密集型科学研究

---

① [英] 维克托·迈尔-舍恩伯格、肯尼斯·库克耶:《大数据时代:生活、工作与思维的大变革》，盛杨燕、周涛译，浙江人民出版社 2013 年版，第 228 页。

② [英] 维克托·迈尔-舍恩伯格、肯尼斯·库克耶:《大数据时代:生活、工作与思维的大变革》，盛杨燕、周涛译，浙江人民出版社 2013 年版，第 231 页。

范式；① 美国学者戴维斯和帕特森在 2012 年 9 月就出版了其《大数据伦理学》的电子版；②2012 年，舍恩伯格的同事弗洛里迪就发表了论文《大数据及其认识论挑战》；③ 我国学者李德伟在《光明日报》发表了论文《大数据的数理哲学原理》④ 等。但是，只有舍恩伯格从本体论、认识论、方法论、价值论和伦理观等诸多视角全方位地揭示其哲学意义，可以说，《大数据时代》一书比较完整地提出了大数据哲学的研究纲领。

---

① T.Hey，etc，*The Fourth Paradigm: Data-intensive Scientific Discovery*[C]，Microsoft Re-
search，2009.中文版见 Tony Hey 等：《第四范式：数据密集型科学发现》，潘教峰、张晓林
译，科学出版社 2012 年版。

② Davis K and Doug Patterson，*Ethics of Big Data*[M]，O'Reilly Media，2013.

③ Luciano Floridi，"Big Data and Their Epistemological Challenge"[J]，*Philo*. *Technol*.，2012
（25），pp.435–437.

④ 李德伟：《大数据的数理哲学原理》，载《光明日报》2012 年 12 月 25 日。

第二章
大数据的本体论研究

大数据革命首先将涉及数据本质的问题。所谓数据就是有根据的数字编码，它与人类关系十分密切。早在古埃及，人们就知道用数据来计量财富和记录日常生活。文艺复兴之后，数据又被用于描述物理现象和自然规律。不过，在中外哲学史上，数据一般被看作刻画事物关系的参数，很少被看作是世界的本质，唯有古希腊哲学家毕达哥拉斯提出了"数是万物的本原"的思想，将数据提高到本体论高度。但随着大数据时代的来临，数据从作为事物及其关系的表征走向了主体地位，即数据被赋予了世界本体的意义，成为一个独立的客观数据世界。继记录日常生活、描述自然科学世界之后，数据被用于刻画人类精神世界，这是数据观的第三次革命。大数据认为，世界的一切关系皆可用数据来表征，一切活动都会留下数据足迹，万物皆可被数据化，世界就是一个数据化的世界，世界的本质就是数据。因此，哲学史上的物质、精神的关系变成了物质、精神和数据的关系。过去只有物质世界才能用数据描述，实现定量分析的目标，而现在，大数据给人类精神、社会行为等主观世界带来了描述工具，从而能够实现人文社会科学的定量研究。总之，大数据通过"量化一切"而实现世界的数据化，这将彻底改变人类认知和理解世界的方式，带来全新的大数据世界观。但人类的精神世界能完全被数据化吗？精神世界的数据化是否会降低人的主体地位？这也是我们在大数据时代必须回应的哲学问题。

第一节　大数据的语义、特征与本质

大数据是一个热门词汇，但大数据究竟是什么？目前学术界和产业界都比较模糊。从混乱的语义中做出语义分析，并从基本特征、哲学本质中进一步揭示大数据的含义，这些工作对大数据技术的发展以及大众对大数据的理解都具有重要的意义。

随着大数据时代的来临，大数据（Big Data）这个词近年来成了关注度极高和使用极频繁的一个热词。然而，与这种热度不太对称的是，大众只是跟随使用，对大数据究竟是什么并没有真正了解。学术界对大数据的含义也莫衷一是，很难有一个规范的定义。虽然说大数据时代刚刚来临，对大数据的含义有着不同的理解完全是正常的，但对哲学工作者来说，我们还是有必要对其做一个比较系统的比较和梳理，以便大众更好地把握大数据的内涵和本质。

一、大数据的语义分析

早在 20 世纪 80 年代，著名未来学家阿尔文·托夫勒在其《第三次浪潮》一书中就描绘过未来信息社会的前景并强调了数据在信息社会中的作用。随着信息技术特别是智能信息采集技术、互联网技术的迅速发展，各类数据都呈现出急剧爆发之势，计算机界因此提出了"海量数据"的概念，并突出了数据挖掘的概念和技术，从海量的数据中挖掘出需要的数据成了一种专门的技术和学科，为大数据的提出和发展做好了技术的准备。2008 年 9 月，《自然》杂志推出了"大数据"特刊，并在封面中特别突出了"大数据专题"。自 2009 年开始，在互联网领域，"大数据"一词已经成了一个热门的词汇。不过，这个时候的"大数据"概念与现在的"大数据"概念虽然名字相同，但内涵和本质有着巨大的差别，而且主要局限于计算机行业。

2011 年 6 月，麦肯锡咨询公司发表了一份《大数据：下一个创新、竞争和生产力的前沿》的研究报告。在这份报告中，麦肯锡公司不但重新提出了大数据的概念，而且全面阐述了大数据在未来经济、社会发展中的重要意义，并宣告大数据时代的来临。由此，大数据一词很快超出学术界范畴而成为社会大众的热门词汇，麦肯锡公司也成为大数据革命的先驱者。

2012 年的美国大选中，奥巴马团队成功运用大数据技术战胜对手，并且还将发展大数据上升为国家战略，以政府之名发布了《大数据研究与发展计划》，让专业的大数据概念变为家喻户晓的词汇。美国的谷歌、Facebook、亚马逊以及中国的百度、腾讯和阿里巴巴，这些数据时代的造富神话更让大众知晓了大数据所蕴藏的巨大商机和财富，成为世界各国政府和公司追逐的对象。2012 年 2 月 11 日，《纽约时报》发表了头版文章，宣布大数据时代已经降临。[1]2012 年 6 月，联合国专门发布了大数据发展战略，这是联合国第一次就某一技术问题发布报告。英国学者维克托·迈尔-舍恩伯格的《大数据时代》一书则对大数据技术及其对工作、生活和思维方式的影响进行了全面的普及，大数据及其思维模式在全世界得到了迅速的传播。[2] 从国内来说，涂子沛的《大数据：正在到来的数据革命》让国人及时了解到国际兴起的大数据热，让我们与国际同行保持了同步。[3]

大数据究竟是什么意思呢？从字面来说，所谓大数据就是指规模特别巨大的数据集合，因此从本质上来说，它仍然是属于数据库或数据集合，不过是规模变得特别巨大而已，因此麦肯锡公司在上述的咨询报告中将大数据定义为："大小超出常规的数据库工具获取、存储、管理和分析能力的数据集。"[4]

维基百科对大数据这样定义：Big Data is an all-encompassing term for any collection of data sets so large or complex that it becomes difficult to process

---

① Steve Lohr, "The Age of Big Data[N]", *The New York Times*, 2012-02-11.

② Viktor M-S, KennethC, *Big Data* [M], London: John Murray, 2013.

③ 涂子沛：《大数据：正在到来的数据革命》，广西师范大学出版社 2013 年版。

④ 赵国栋、易欢欢、糜万军等：《大数据时代的历史机遇——产业变革与数据科学》，清华大学出版社 2013 年版，第 21 页。

using traditional data processing applications。中文维基百科则说："大数据，或称巨量资料，指的是所涉及的数据量规模巨大到无法通过人工在合理时间内截取、管理、处理，并整理成为人类所能解读的信息。"

世界著名的研究机构 Gartner 对大数据给出了这样的定义："大数据是需要新处理模式才能具有更强的决策力、洞察发现力和流程优化能力的海量、高增长率和多样化的信息资源。"①百度百科则基本引用 Gartner 对大数据的定义，认为大数据，或称巨量资料，指的是需要新处理模式才能具有更强的决策力、洞察发现力和流程优化能力的海量、高增长率和多样化的信息资产。

英国大数据权威维克托·迈尔-舍恩伯格则在其《大数据时代》一书中这样定义："大数据并非一个确切的概念。最初，这个概念是指需要处理的信息量过大，已经超出了一般电脑在数据处理时所能使用的内存量，因此工程师们必须改进处理数据的工具。"②"大数据是人们获得新认知、创造新的价值的源泉；大数据还是改变市场、组织机构，以及政府与公民关系的方法。"③

John Wiley 图书公司出版的《大数据傻瓜书》对大数据概念是这样解释的："大数据并不是一项单独的技术，而是新、旧技术的一种组合，它能够帮助公司获取更可行的洞察力。因此，大数据是管理巨大规模独立数据的能力，以便以合适的速度、在合适的时间范围内完成实时分析和响应。"④

大数据技术引入国内之后，我国学者对大数据的理解也一样五花八门，不过跟国外学者的理解比较类似。最早介入并对大数据进行了比较深入研究的 3 位院士的观点应该具有一定的代表性和权威性。

邬贺铨院士认为："大数据泛指巨量的数据集，因可从中挖掘出有价值的

① Michael Wessler, *Big Data Analytics for Dummies*[M], New Jersey: John Wiley & Sons, Inc., 2013, p.6.

② [英]维克托·迈尔-舍恩伯格、肯尼斯·库克耶：《大数据时代：生活、工作与思维的大变革》，盛杨燕、周涛译，浙江人民出版社 2013 年版，第 8 页。

③ [英]维克托·迈尔-舍恩伯格、肯尼斯·库克耶：《大数据时代：生活、工作与思维的大变革》，盛杨燕、周涛译，浙江人民出版社 2013 年版，第 9 页。

④ Judith Hurwitz, Alan Nugent and Fern Halper, et al., *Big Data for Dummies*[M], New Jersey: John Wiley & Sons, Inc., 2013, pp.15–16.

信息而受到重视。"① 李德毅院士则说:"大数据本身既不是科学,也不是技术,我个人认为,它反映的是网络时代的一种客观存在,各行各业的大数据,规模从 TB 到 PB 到 EB 到 ZB,都是以三个数量级的阶梯迅速增长,是用传统工具难以认知的,具有更大挑战的数据。"② 而李国杰院士则引用维基百科定义:"大数据是指无法在一定时间内用常规软件工具对其内容进行抓取、管理和处理的数据集合",认为"大数据具有数据量大、种类多和速度快等特点,涉及互联网、经济、生物、医学、天文、气象、物理等众多领域"。③

我国最早介入大数据普及的学者涂子沛在其《大数据:正在到来的数据革命》中,将大数据定义为:"大数据是指那些大小已经超出了传统意义上的尺度,一般的软件工具难以捕捉、存储、管理和分析的数据。"④ 由于涂子沛的著作发行量比较大,因此他对大数据的这个界定也具有一定的影响力。

从国内外学者对大数据的界定来看,虽然目前没有统一的定义,但基本上都从数据规模、处理工具、利用价值 3 个方面来进行界定:一是大数据属于数据的集合,其规模特别巨大;二是用一般数据工具难以处理因而必须引入数据挖掘新工具;三是大数据具有重大的经济、社会价值。

二、大数据的 4V 特征

我们从大数据的概念中很难把握大数据的属性和本质,因此国内外学者都在大数据概念的基础上继续深入探讨大数据的基本特征,其中最有代表性的是大数据的 3V 特征或 4V 特征。所谓大数据的 3V 或 4V 特征是指大数据所具有的 3 个或 4 个以英文字母 V 打头的基本特征。所谓的 3V 是指 Volume(体量)、Variety(多样)、Velocity(速度),这 3 个 V 是比较公认的,基本上没有争议。⑤

---

① 邬贺铨:《大数据时代的机遇与挑战》,载《求是》2013 年第 4 期。

② 李德毅:《聚类成大数据认知的突破口》,载《中国信息化周报》2015 年 4 月 20 日。

③ 李国杰:《大数据成为信息科技新关注点》,载《硅谷》2012 年第 13 期。

④ 涂子沛:《大数据:正在到来的数据革命》,广西师范大学出版社 2013 年版,第 57 页。

⑤ Paul C. Zikopoulos, Chris Eaton and Dirk de Roos, et al., *Understanding Big Data*[M], New York: McGraw Hill, 2012, p.5.

而 4V 是在 3V 的基础上再加上一个 V，而这个 V 究竟是什么，目前有比较大的争议。有人将 Value（价值）作为第四个 V，而有人将 Veracity（真实）当作第四个 V。① 笔者曾经将 Value 当作第四个 V，② 但现在则认为 Veracity 似乎更能代表大数据的第四个基本特征。③

（一）Volume（数据规模巨大）

大数据给人印象最深的是数据规模巨大，以前也被称为海量，因此大数据的所有定义中必然会涉及大数据的数据规模，而且特别指出其数据规模巨大，这就是大数据的第一个基本特征：数据规模巨大。

从古埃及开始，人们就学会了丈量土地、记录财产，数据由此产生。古埃及、巴比伦、古希腊都用纸草、陶片作为数据记录的工具，数据规模极其有限。古代中国也很早就有丈量土地和记录财富的历史，先是用陶片、竹片、绢布等做记录工具，后来有了纸张、印刷术等，各种数据更容易被记录，于是就有了"学富五车"的知识人，以及"汗牛充栋"的图书收藏机构。不过古人引以为豪的事情如今看来只是"小儿科"。如今大数据的规模究竟有多大呢？虽然没有一个确切的统计数字，但我们可以举例描述其规模。现在一天内在 Twitter 上发表的微博就达到 2 亿条，7 个 TB 的容量，50 亿个单词量，相当于《纽约时报》出版 60 年的单词量。阿里巴巴通过其交易平台积累了巨大的数据，截至 2014 年 3 月，阿里已经处理的数据就达到 100PB，等于 104857600 个 GB 的数据量，相当于 4 万个西雅图中央图书馆，580 亿本藏书的数据。④ 腾讯 QQ 目前拥有 8 亿用户，4 亿移动用户，在数据仓库存储的单机群数量已达到 4400 台，总存储数据量经压缩处理以后在 100PB 左右，并且这一数据还在以日新增 200TB 到 300TB，月增加 10% 的

① Michael Wessler, *Big Data Analytics for Dummies* [M]，New Jersey: John Wiley & Sons, Inc., 2013, p.16.

② 黄欣荣：《从复杂性科学到大数据技术》，载《长沙理工大学学报》（社会科学版）2014 年第 2 期。

③ 本书中，关于大数据的第 4 个 V 究竟是什么，在不同的场合、语境下用了不同的说法，有时是 Value，而有时是 Veracity，没有做强行的统一。

④ 邬贺铨：《大数据时代的机遇与挑战》，载《求是》2013 年第 4 期。

数据量增长，腾讯的数据平台部门正在为 1000 个 PB 做准备。

随着大数据时代的来临，各种数据呈爆炸性增长。从人均每月互联网流量的变化就可以窥见一斑。1998 年网民人均月流量才 1MB，到 2000 年达到 10MB，到 2008 年平均一个网民是 1000MB，到 2014 年是 10000MB。在芯片发展方面，有一个著名的摩尔定律，说的是每 18 个月，芯片体积要减小一半，价格降一半，而其性能却要翻一倍。在数据的增长速度上，有人也引用摩尔定律，认为大概 18 个月或 2 年，世界的数据量就要翻一倍。2000年，全世界的数据存储总量大约为 800000PB，而预计到 2020 年，世界的数据存储量将达到 35ZB。① 以前曾有人提出知识爆炸论而备受争议，而如今的数据暴增已是摆在我们面前的现实。

（二）Variety（数据类型多样）

大数据并不仅仅表现在数据量的暴增及数据总规模的庞大无比，最为关键的是，在大数据时代，数据的性质发生了重大变化。在小数据时代，数据的含义和范围是狭义的。所谓数据，其原意是指"数 + 据"，即由表示大小、多少的数字，加上表示事物性质的属性，即所谓的计量单位。狭义的数据指的是用某种测量工具对某事物进行测量的结果，而且一定是以数字和测量单位联合表征。但在大数据时代，数据的含义和属性发生了重大变化，数据的范围几乎无所不包，除了传统的"数 + 据"之外，似乎能被 0 和 1 符号表述，能被计算机处理的都被称为数据。② 也可以说，大数据时代就是信息时代的延续与深入，是信息时代的新阶段。在大数据时代，数据与信息基本上是同义词，任何信息都可以用数据表述，任何数据都是信息。这样数据的范围得到了巨大的扩展，即从狭义的数字扩展到广义的信息。

传统的数据属于具有结构的关系型数据，也就是说数据与数据之间具有某种相关关系，数据之间形成某种结构，因此被称为结构型数据。例如，我们的身份证都是按照 19 位的结构模式进行采集和填写数据，手机号码都

---

① Paul C. Zikopoulos, Chris Eaton and Dirk de Roos, et al., *Understanding Big Data*[M], New York: McGraw Hill, 2012, p.5.

② 黄欣荣：《大数据哲学研究的背景、现状与路径》，载《哲学动态》2015 年第 7 期。

是 11 位的数据结构，而人口普查、工业普查或社会调查等数据采集都是事先设计好固定项目的调查表格，按照固定结构填写，否则因无法做出数据处理而被归入无效数据。在大数据时代，除了这种具有预定结构的关系数据之外，更多的是属于半结构和无结构数据。所谓半结构就是有些数据有固定结构，有些数据没有固定结构，而无结构数据则没有任何的固定结构。结构数据是有限的，而半结构和无结构数据却几乎是无限的。例如，文档资料、网络日志、音频、视频、图片、地理位置、社交网络数据、网络搜索点击记录、各种购物记录等等，一切信息都被纳入数据的范围而带来了大数据的数据类型多样的特征，也因此带来了所谓的海量数据规模。

（三）Velocity（数据快捷高效）

大数据的第三个特征是数据的快捷性，指的是数据采集、存储、处理和传输速度快、时效高。小数据时代的数据主要是依靠人工采集而来，例如天文观测数据、科学实验数据、抽样调查数据以及日常测量数据等。这些数据因为依靠人工测量，所以测量速度、频次和数据量都受到一定的限制。此外，这些数据的处理往往也是费钱费力的事情，比如人口普查数据，因为涉及面广，数据量大，每个国家往往只能 10 年做一次人口普查，而且每次人口普查数据要经过诸多部门和人员多年的统计、处理才能得到所需的数据。人口普查数据公布之时，人口情况早已发生了巨大的变化。

在大数据时代，数据的采集、存储、处理和传输等各个环节都实现了智能化、网络化。由于智能芯片的广泛应用，数据的采集实现了完全智能化和自动化，数据的来源从人工采集走向了自动生成。例如上网自动产生的各种浏览记录，社交软件产生的各种聊天、视频等记录，摄像头自动记录的各种影像，商品交易平台产生的交易记录，天文望远镜的自动观测记录等等。由于数据采集设备的智能化和自动化，自然界和人类社会的各种现象、思想和行为都被全程记录下来，因此形成了所谓的"全数据模式"，这也是大数据形成的重要原因。此外，数据的存储实现了云存储，数据的处理实现了云计算，数据的传输实现了网络化。因此，所有数据都从原来的静态数据变为动态数据，从离线数据变为在线数据，通过快速的数据采集、传输和计算，系统可以做出快速反馈和及时响应，从而达到即时性。

（四）Veracity（数据客观真实）

大数据的第四个特征是数据的真实性。① 数据是事物及其状态的记录，但这种记录也因是否真实记录事物及其状态而产生了数据真实性问题。由于小数据时代的数据都是人工观察、实验或调查而来的数据，人的主观性难免被渗透到数据之中，这就是科学哲学中著名的"观察渗透理论"。我们在观察、实验或问卷调查的时候，首先就要设置我们采集数据的目的，然后根据目的设计我们的观察、实验手段，或者设计我们的问卷以及选择调查的对象，这些环节中都强烈渗透着我们的主观意志。也就是说，小数据时代，我们先有目的后有数据，因此，这些数据难免被数据采集者污染，很难保持其客观真实性。

但在大数据时代，除了人是智能设备的设计和制造者之外，我们人类并没有全程参与数据的采集，所有的数据都是由智能终端自动采集、记录下来的。这些数据在采集、记录之时，我们并不知道这些数据能用于什么目的。采集、记录数据只是智能终端的一种基本功能，是顺便采集、记录下来的，并没有什么目的。有时候甚至认为这些数据属于数据垃圾或数据尘埃，先记录下来，究竟有什么用，以后再说。也就是说，在大数据时代，我们是先有数据，后有目的。这样，由于数据采集、记录过程中没有了数据采集者的主观意图，这些数据就没有被主体污染，也就是说，大数据中的原始数据并没有渗透理论，因此确保了其客观真实性，真实反映了事物及其状态、行为。

三、大数据的哲学本质

大数据究竟是什么这个问题，仅仅从语义和特征来回答，似乎并没有完全揭示出大数据的本质。大数据时代的来临，最重要的是给我们带来了数据观的变革，只有从哲学世界观的视角分析大数据的世界观或数据观，才能真

---

① Michael Wessler, *Big Data Analytics for Dummies* [M]，New Jersey: John Wiley & Sons, Inc., 2013, p.16.

正回答大数据究竟是什么。① 简单说来，大数据作为一场数据革命，除了带来海量数据，并且这些数据具有 4V 特征之外，更重要的是大数据带来的数据世界观。在大数据看来，万物皆数据，万物皆可被数据化，大数据刻画了世界的真实环境，并且带来了信息的完全透明化，我们的世界变成了一个透明的世界。

（一）在大数据看来，万物皆由数据构成，世界的本质是数据

世界究竟是什么？这是哲学家长期关注的重大问题。从古希腊哲学家泰勒斯开始，哲学家们就开始探索世界的本原，并从 beginning（起源）和 element（要素）两个维度进行了回答。② 早期自然哲学家曾经把水、火、土、气、原子分别作为本原，而后期的人文哲学家则基本上将人类精神作为本原。马克思主义哲学正是从 beginning 的维度将历史上的所有哲学分为唯物主义和唯心主义，在这一维度，物质和精神是对立的，只能二者选一。从element 的维度看，物质和精神都是构成世界的要素，而且以往的哲学家和科学家基本都认为也只有这两者才是构成世界的终极要素。但刚刚兴起的大数据则认为，除了以往认为的物质和精神之外，数据是构成世界的终极要素之一，即构成世界的三大终极要素是物质、精神和数据。英国大数据权威维克托·迈尔-舍恩伯格甚至认为，世界万物皆由数据构成，数据是世界的本质。③

万物皆数据，数据是世界的本质，世界上的一切，无论是物质还是意识，最终都可以表述为数据，这样数据就成了物质、意识的表征，甚至将物质和意识关联统一起来。古希腊哲学家毕达哥拉斯从音乐与数字、几何图形与数字的关系中发现了数据的重要性，提出了"数是万物本原"的思想，强调了数据对世界构成的意义以及对世界认知的影响。无独有偶，老子在数千

① 黎德扬：《信息时代的大数据现象值得哲学关注》，载《长沙理工大学学报》（社会科学版）2014 年第 2 期。

② 赵林：《西方哲学史讲演录》，高等教育出版社 2009 年版，第 37 页。

③ ［英］维克托·迈尔-舍恩伯格、肯尼斯·库克耶：《大数据时代：生活、工作与思维的大变革》，盛杨燕、周涛译，浙江人民出版社 2013 年版，第 125 页。

年前就认识到数据的世界终极本质，在《周易》中就提出了"道生一，一生二，二生三，三生万物"的思想，把世界的生成与数据联系起来。特别是在《易传》中的阴阳八卦图中，从阴阳两极相反相成，从阴阳两仪，到八卦、六十四卦象等，由此不断演化，最后生成整个世界。两千多年以前的毕达哥拉斯和《周易》都不约而同地揭示了数据与万物的关系，以及世界的数据本质，充分强调了数据在世界构成中的重要地位。但是，在随后的两千多年的历史长河中，数据在人类生活和科学认知中虽然越来越重要，而且也有莱布尼茨、康德、马克思等哲学家关注过数据的重要性，不过总体来说，哲学家们对数据基本上是忽视的。随着大数据时代的来临，数据才获得了应有的地位，哲学家们才又想起毕达哥拉斯和《周易》的数据世界观。可以说，大数据时代的来临是毕达哥拉斯和《周易》所提出的数据世界观的当代回响。

（二）在大数据视角，世界万物皆可被数据化，大数据可实现量化一切的目标

数据是对世界的精确测度和量化，是认知世界的科学工具。自从发明了数字和测量工具，人类就不断地试图对世界的一切进行数据测量、精确记录。古埃及时期，由于尼罗河泛滥，人们每年需要重新丈量土地，于是发现了数据的秘密，并发明了测量技术。于是，数据成了测量、记录财富的工具，人们日常生活所接触的大量物品、财产都可以用数据来表征，这个时期的数据可被称为"财富数据"。文艺复兴之后，人们逐渐发明了望远镜、显微镜、钟表等科学测量器具。随着测量技术的进步，测量与数据被广泛应用于科学研究之中。例如天文学家第谷对天文现象进行了大量的观察记录，并积累了大量的天文数据。随后，力学、化学、电磁学、光学、地学、生物学等，各门学科都通过测量走上了数据化、精确化的道路。各门科学积累大量的科学数据，并借助数据，使各种自然现象都实现了可测量、可计算的精确化、数据化的目标，自然科学各学科也完成了其科学化的历程。这个时期可被称为"科学数据"时期。

由于人类意识的复杂性，人类及其社会的测量和数据化成为量化一切的拦路虎。社会科学虽然引进自然科学方法，但其数据的客观性往往招致质

疑，而人文学科更是停留在思辨的道路上。在传统方法遇到困难的地方，大数据却可以大显身手。大数据用海量数据来测量、描述复杂的人类思想及其行为，让人类及其社会也彻底被数据化，这些数据可被称为"人文数据"。所以，大数据时代将数据化的脚步向前迈进了一大步，在财富数据化、科学数据化的基础上，实现了人文社会行为的数据化。因此，从大数据来看，数据是物质的根本属性，世界万物皆可被数据化，其一切状态和行为都可以用数据来表征，量化一切是大数据的终极目标。

（三）大数据全面刻画了世界的真实状态，科学研究不必再做理想化处理

真实、全面地认知世界是人类的一种理想，同时也是摆在人类面前的一道难题。真实的世界，无论是自然界还是人类社会，都极为复杂，需要极其繁多的参数才能准确、全面地对其进行描述。但是，由于过去没有先进的数据采集、存储和处理技术，于是不得不对复杂的研究对象进行"孤立、静止、还原"的简单化处理。所谓孤立就是把对象与环境的所有联系都切断，让其成为一个孤立的研究对象，免得受外界的侵扰。所谓静止，就是将本来运动变化的对象做一时间截面，然后就以这一时点的状态代表所有时点的状态。所谓还原是指将复杂的现象逐渐返回到几个简单的要素或原点，然后从要素的性质和状态推演出系统的性质和状态。复杂对象经过简单化处理之后，虽然我们能够认识和把握对象的某些性质和状态，但毕竟经过了简单、粗暴的理想化处理，它已经不能真正反映真实对象和真实世界。

大数据技术使用无处不在的智能终端来自动采集海量的数据，并用智能系统处理、存储海量数据，不再需要对研究对象做孤立、静止和还原的简单化处理，而是将对象完全置于真实环境之中，有关对象的大数据全面反映了复杂系统各个要素、环节、时态的真实、全面状态。这样，在大数据时代，我们可以在真实、自然的状态下研究复杂的对象。大数据记录了真实环境下研究对象的真实状态，因此我们可以利用大数据去真实、完整、全面地刻画复杂的研究对象。这就是说，大数据是真实世界的全面记录，一切状态尽在数据之中，大数据真正客观地反映了对象的真实状态。

（四）万物的数据化带来了世界的透明化，未来的世界是一个透明世界

宇宙万物复杂多变，人们面对复杂多变的世界往往感到漆黑一片，难怪哲学家康德会认为，现象世界背后存在着一个物自体，而这个物自体就像一个黑箱，永远无法被人类认知，那是上帝留下的自留地，科学无法涉足其中。这就是说，真实的世界就像一个大黑箱，我们永远无法打开。我们人类就像那个剥洋葱的小男孩，剥到最后也不知道里边究竟是什么。

但是，大数据技术彻底改变了人类对世界的认知。由于无处不在的智能芯片，整个世界变成了一个智能的世界、数据的世界，或者叫智慧世界。通过赋予世界以智慧，就像一切事物都被安装了充满智慧的大脑。无所不知的智能系统可以感知出世界的一切，而且将一切状态都以数据的形式记录、储存下来。通过数据挖掘，我们人类就可以知道世界的一切秘密。康德所设置的科学禁区被大数据所打破，透过大数据，世界变成了一个完全透明的世界，一切都可以被人类所感知、把握和预知。大数据让我们的世界从一个附魅的世界变成了祛魅的世界，数据的阳光把原本黑暗、神秘的世界深处照得通彻透亮。在大数据面前，无论是自然物质世界还是人类精神世界，都从黑天鹅变成了白天鹅甚至是透明的天鹅，大数据成了无所不能的上帝。套用赞美牛顿的一首英格兰儿歌来说，宇宙万物及其秘密都隐藏在黑暗之中，上帝说，让大数据去吧，于是一切都变成了光明！

大数据究竟是什么？这个问题虽然难以用一句话回答，但从大数据的语义中我们知道了大数据意味着数据规模特别巨大，以至于传统的技术手段难以处理。从大数据的4V特征中，我们进一步了解到大数据时代的所谓数据已经从狭义的数字符号走向了广义的信息表征，一切信息都是数据。从大数据的哲学本质中，我们更深入地发掘出大数据现象背后所蕴藏的哲学本质：大数据代表着一种新的世界观，万物皆数据，数据是万物的本质属性，而且随着大数据的发展，我们的世界将变成一个完全被数据化的透明世界。

第二节　大数据与微时代

我们的时代被称为大数据时代，但与此同时却流行着以微信、微博为代表的各种"微"文化，大数据与微时代并行不悖，成为时代的双螺旋。大数据与微时代通过碎片化而相互连接、贯通，微时代是对宏大叙事的解构，是世界的碎片化，而大数据又将海量的事件碎片重新聚集起来，它是碎片世界的整合与重构。因此，大数据和微时代是事物的一体两面，它们共同构成我们时代的二重奏，从技术上实现了"致广大而尽微"的儒家理想。

由于数据采集、存储、传输和处理的智能化、自动化，数据规模迅速暴增，每两年数据量翻番，因此我们迅速地进入了所谓"大数据时代"。①②但与此同时，以微博、微信为代表的各种微文化渗入社会生活的方方面面，于是我们的时代又被称为"微时代"。③④大数据的特征是巨大，而微时代的特征是微小，"大"与"微"同时存在、相反相成，它们之间究竟是什么关系呢？我们该怎样来理解这个看似矛盾的时代？处于两个极端的"大"与"微"是怎样实现辩证统一的？面对这些困扰我们的问题，我们有必要从哲学层面进行一些解析。

一、大数据与微时代：相反相成的时代标志

所谓大数据是指这样一种数据现象，即由于各种智能设备的使用而随时随地记录万物的各种状态数据，这些数据汇聚一起而形成了海量数据，并且在一定的时间里难以用常规的技术手段进行有效处理，因此必须采用非常规

---

① S. Lohr，"The Age of Big Data[N]"，*The New York Times*，Feb.11，2012.
② ［英］维克托·迈尔-舍恩伯格、肯尼斯·库克耶：《大数据时代：生活、工作与思维的大变革》，盛杨燕、周涛译，浙江人民出版社 2013 年版。
③ https://zhidao.baidu.com/question/1514005727546583660.html[Z]．
④ https://zhidao.baidu.com/question/1514005727546583660.html[Z]．

的数据挖掘手段才能发现数据的秘密。

人们对数据并不陌生，在遥远的古埃及、巴比伦时代人类就发明了数据，并用数据来丈量土地、计算财富等。随后又用数据来描述自然现象，发现自然规律。在漫长的历史中，人类也曾经遇到过难以处理的天文数据、人口普查数据等，但总体来说，人们都可以用常规手段对遇到的数据进行处理。但是，随着芯片技术、人工智能以及网络技术的发展，数据的采集、存储、处理和传输都实现了智能化和自动化，数据从人工采集变成了自动生成，于是数据量连续翻番，一下子暴增到难以想象的数据规模。正是在这样的背景下，人类社会从一般性的信息社会迅速进入以大数据为特征的数据信息社会。

"大数据"这个词在 1998 年就曾有人使用，2008 年 9 月英国《自然》杂志出版了"大数据"专刊，但是真正让"大数据"席卷全球的是美国麦肯锡管理咨询公司。2011 年 5 月，麦肯锡研究院发布了其研究报告 *Big data: The next frontier for innovation, competition, and production*（《大数据：下一个创新、竞争与生产力前沿》），该报告探讨了大数据的定义、关键技术、价值以及大数据带来的企业、政府与社会变革等问题。报告发布后，立即引起了企业、政府和学界对大数据的空前重视，世界各国迅速响应并纷纷采取相关举措，由此"大数据"一词在全世界迅速蹿红。世界主要国家纷纷制定国家大数据发展战略，各种原来难以定位的企业，例如美国的谷歌、Facebook，我国的 BAT（百度、阿里、腾讯）等，迅速将自己归类为大数据公司。各种大数据公司像雨后春笋般迅速崛起，并成为风险投资公司追逐投资的对象，各级政府都把发展大数据产业当作新经济的发展方向。因此，2012 年被称为大数据元年，因为从这年起大数据的旋风开始刮遍世界，大数据的思维及其技术得到了迅速普及，大数据革命迅速爆发，大数据产业迅速崛起，世界主要的发达国家或发展中国家（其中包括我们国家）纷纷宣布进入了大数据时代。于是，大数据时代就这样以迅雷不及掩耳之势来到了我们身边，我们的生活、工作和思维各个方面都迅速发生着巨大的变化。

随着智能终端的普及以及生活节奏的加快，世界正掀起一场与大数据的规模巨"大"并驾齐驱的所谓"微"革命：微博、微信、微课、微商、微店、微电影、微直播、微访谈、微小说、微音乐、微领地等等，各种带"微"标识的事物如雨后春笋般层出不穷地冒出来，我们迅速过上了"微生活"，我们的生活也随之步入了"微时代"。所谓"微"时代是指我们的时代越来越重视原来微不足道的微小个体和微小事件，越来越将聚光灯投向"微小"的、不起眼的小角色，小角色慢慢占据了主角的地位，同时，"微"还代表着简洁、浓缩、快速和高效。例如流行的微博，用户可以通过 WEB、WAP 等各种客户端组建个人社区，以 140 字左右的文字更新信息，并实现即时分享；而时下最流行的社交工具微信，则通过智能手机和账号建立熟人社交圈，可用文字、音频、视频、图片等作为交流工具，一个账号几乎是一家功能齐全的多媒体。微时代的特征是利用现代科学技术，特别是智能技术、网络技术为依托，以微博、微信作为传播媒介代表，以短小精炼作为文化传播的特征，微时代信息的传播速度更快、传播的内容更具冲击力和震撼力。人们恍然发现，原来传播交流信息乃至进行情感沟通，仅仅通过百余字就完全可以实现。

从时间来说，微时代应该比大数据时代来得更早，最起码名称更早，对普通百姓的影响也好像更深刻。在"大数据"一词流行之前，人们就开始了各种智能设备的使用，特别是互联网时代的来临让渺小的个人也可以借助网络发出自己的声音，微小的个体借助于网络得以凸显和放大。Twitter、Facebook、微博、微信等作为微时代的代表都是在大数据时代来临之前就已经流行。2006 年 7 月 Twitter 面向大众开放，用户数每年以几何级数增加，2010 年 2 月用户每天平均发送短信 5000 多万条。新浪微博脱胎于其新浪博客，2009 年 8 月开始推出，2010 年明星、名人纷纷开通微博，并通过一些社会热点话题迅速蹿红，于是 2010 年被称为中国的"微博元年"。[①] 2012 年年底，新浪微博用户数量已经突破 5 亿。随着智能手机的普及，腾讯公司于 2011 年 1 月 21 日推出了微信服务，用户可通过网络快速发送免费语音、文

① 汪民安：《身体机器：微时代的物质根基和文化逻辑》，载《探索与争鸣》2014 年第 7 期。

字、视频、图片等。微博、微信等微技术开始将中国与世界连接在一起，并由此打开了一个"微世界"。在微博、微信的推动下，各种微现象层出不穷，微电影、微课、微商、微支付等等，可以无穷无尽地列举下去，过去的一切事物、状态在微时代面前都存在与之对应的微形态。

微时代虽然比大数据时代似乎早来了几年，但是大数据时代来临之后，微时代并没有结束，相反地，微时代的走向更加深入，继续前行。这样，我们的时代就出现了一种有趣的现象：一方面被称为大数据时代，另一方面又被称为微时代。大数据无所不包，至大无边；而微时代解构万物，关注细微。大数据与微时代并行不悖，成为我们时代的二重奏，成为描述我们时代的主旋律。

二、"微"是世界的碎片化

微时代的来临究竟意味着什么？它的本质是什么？将会给我们带来什么？我们还是从现代主义及其宏大叙事说起。所谓现代主义或现代性是指文艺复兴特别是科技革命、启蒙运动以来，人类及其社会的方方面面都受到现代科学及其理性主义的浸润和影响，并按照机械、线性、还原等科学思维和方法来认识、解释世界。过去由于技术手段的限制，数据的采集、存储、处理和传输都比较困难，通过受控实验或抽样调查方法获取的数据规模偏小，因此被称为小数据时代。在小数据时代，人们观测、记录事物都局限在宏观的框架内，这与当时的科学技术发展以及社会体制相一致。从科学技术发展状况来看，作为近代科学代表的牛顿力学，描述的主要是事物的宏观现象及其规律。虽然相对论与量子力学补充了牛顿力学在宇观和微观层面的不足，但在社会历史层面，主要还是受牛顿力学的影响，因此我们重视宏观，侧重宏大叙事。从社会结构来说，无论是农业社会还是工业社会都是等级社会，侧重具有重大影响力的上层阶级，而对下层广大民众则视而不见。在传统社会中，我们无法对所有对象的数据进行采集、存储和记录，因此只能从宏观层面，特别是选取所谓具有代表性的对象进行采样、处理和记录，这就是后现代主义所批判的现代性及其宏大叙事方式。历史上的宏大叙事，虽然有时其数据也很大，但只有单调的量大，没有多样性和差异性，忽视了个体和众生。例如，传统的历史只是帝王将相的历史，民众由于微乎其微而被彻底忽视，在历史档案中根本没有大众百姓的历史记载。

由于智能技术、互联网、物联网、云计算等信息技术的发展，数据的采集、存储、传输、处理等各个环节都实现了智能化、自动化，因此原来被官方或机构垄断的信息逐渐被新技术所打破，芸芸众生也可以记录自己的一举一动，并通过网络迅速传播，于是我们不知不觉进入了所谓的微时代。进入"微时代"后，各类移动便携的终端将大行其道，其体积将大大缩小，屏幕等信息展示框的面积将相应变小。一台笔记本电脑的平均显示屏为 13 英寸，而一部手机的平均尺寸为 100mm×40mm×20mm。在这种情况下，原有的传播内容已经不合时宜，迷你的传播内容将备受青睐。不仅如此，信息接收或发送设备的体积将在一定程度上重新塑造受众的时空观。移动终端使得信息的传播更加流动，也将人们的传播时间分割得更加琐碎，人们会选择无聊与零散的时间来进行信息的传播或接收活动。时间的琐碎决定了人们不可能有大量时间来接受大篇幅的电影、电视剧、漫画或是小说。不仅如此，移动的信息终端也在无形中改变着人们进行传播活动的心态，人们更青睐一种"快餐式"的文化消费内容，没有耐心和精力接受冗长沉重的内容。数字技术使传播者与接受者位置互换、重叠并且逐渐变得模糊；传播活动逐渐"去中心化"，甚至出现"无限中心化"的趋势。在 Web2.0 的技术平台上，信息传播交互的每一个节点上都可能是一个传送或接收的中心，传播活动早已不再是自上而下的单向式传播，而是呈现信息传播的网状结构、双向结构。在微时代，传播的扁平化趋势更加明显：每一个手持移动终端的个体都是一个传播节点，相比之前，人们进行传播活动更加便捷、高效、平民化。微时代使得人人在对话中实现决策参与，成为传播活动的主体，使得传播的长尾效果更加明显。①

对于接受者而言，消化信息的时间非常有限，而信息内容与数量却异常

---

① https://zhidao.baidu.com/question/1514005727546583660.html[Z].

丰富，这就要求信息生产者提供具有高黏度、冲击力巨大、可以在极短时间内吸引受众并提高受众阅读兴趣的内容。140 字微博的流行，促使阅读进入"微时代"，人们在身体力行地写微博、读微博之后，恍然发现，原来传播交流信息乃至进行情感沟通，仅仅通过百余字就完全可以实现。① 因此，从本质上来说，"微"是对宏大叙事的解构，它可以产生数量巨大的碎片，从宏大叙事走向微小碎片，重视芸芸众生的个体、群众，重视草根，消解英雄。② 原来被认为微不足道、不能载入史册的每一个微小事件都可以被智能手机等新技术记录在案。由于社会大众并没有受过专业训练，而且事件本身也谈不上具有什么重大意义而值得大描大写，于是众人采取了随手记录或智能记录的方式记录下生活中的点点滴滴，形成生活的记忆碎片。社会大众通过智能系统，将触角伸向在传统社会被忽视的领域和事件，让细微事件被记录、存储和传播，出现了不同于主流媒体的叙事视角。

除了作为宏大叙事的解构手段之外，"微"也是测度世界的工具与尺度。观察和研究物理世界需要合适的科学工具和测量尺度，使用不同的工具和尺度，所得结果也大不相同，就像渔民的鱼网，网格大小不同，所捕获鱼的大小也不相同。例如牛顿力学使用宏观的工具和尺度来观察、研究物理世界，其所得到的现象和规律也是宏观层面的，更加微小的微观现象和规律就成了漏网之鱼。直到 20 世纪初量子力学的创立，我们才能观测、记录微观现象，并得到微观世界的规律。但是，由于社会历史现象比自然现象更加复杂多变，我们研究社会历史现象的科学工具和尺度一直还停留在宏观层面。我们没法观察、记录海量的微观社会历史现象，这样传统方法只好把海量的微观历史事件作为漏网之鱼，留下的只是宏大叙事或者帝王将相、英雄伟人的重大事件。

"微"时代里的微工具将社会历史之网的网眼缩小到微观尺度，就像物理学从宏观的牛顿力学发展到微观的量子力学一样。通过微工具，原来被认

---

① https://zhidao.baidu.com/question/1514005727546583660.html［Z］.

② 汪民安：《身体机器：微时代的物质根基和文化逻辑》，载《探索与争鸣》2014 年第 7 期。

为极其微小甚至可以忽略不计的微小事件也可以被观察、记录下来，云存储有足够的空间来存储记录，而云计算有足够的能力处理这些微小事件，网络则为微小事件提供了免费的传播途径。因此，微时代是社会历史研究的量子时代，"微"技术让我们有了观察、记录、处理和传播微小事件的测量尺度，有了研究社会历史微观规律的科学工具，从技术上实现了"尽精微"的理想。

三、"大"是碎片世界的整合与重构

说起大数据，人们总是要说起它的 4V 特征：规模巨大（Volume）、类型杂多（Variety）、处理迅捷（Velocity）、富含价值（Value）。[①] 所谓规模巨大是指规模超出了人们的想象，最为关键的是其规模还在以每两年翻番的速度暴增。人类在数千年间所累积的数据，被如今两三年所产生的数据量超越，因此我们迅速跨入了所谓 PB（250bt）、EB（260bt）或 ZB（270bt）级别数据规模的大数据时代。所谓类型杂多是指数据类型从传统的纯粹数字变成了如今一切能被计算机处理的皆可称为数据，其中包括数字、文档、图片、音频、视频、位置等等，而且从结构化数据转变为以非结构化数据为主。所谓处理迅捷是指数据处理速度快，实现了在线响应，彻底改变了以往数据以历史数据为主的面貌，现在除了历史数据，还有在线的当下数据，数据处理和信息反馈迅速，数据的作用得到了最大的发挥。所谓富含价值是指在大数据条件下数据不但是测量财富的工具手段，它本身就成了富含各种有用信息的财富，数据成了继土地、能源、资金、技术之后的重要生产要素，是未来世界经济的"原油"，因此出现了"数中自有黄金屋"的说法。

大数据由海量的各类数据构成，这些数据其实就是由微技术解构而来的碎片数据，因此，微时代的无数碎片正是构成大数据的基本要素。"微"技术将宏观对象解构为无数的碎片，形成了由海量碎片构成的微世界，这些海量的碎片如果不经过重新整合和重构，那无非就像海边沙滩上的沙子，因缺

---

① Paul C. Zikopoulos，Chris Eaton and Dirk de Roos，et al，*Understanding Big Data*[M]，New York: McGraw Hill，2012，pp.5–6.

少有效组织而作用有限。与微时代同时到来的大数据将碎片化的数据重新聚集、整理和重构，并从碎片化的数据世界中发掘价值、寻找规律。大数据之所以能够大，首先是由于微技术将宏观事物微化为海量碎片，由此形成了大数据的数据基础；其次是微时代重视各种微小的事物和行为，因此从组成成分来说特别复杂多样，不再像工业时代的千篇一律、单调乏味因而可以被忽略不计；最后，由于数据采集、传输、存储和处理技术的飞速发展，才有可能将海量的碎片采集、存储起来，并做出相关的处理。社会历史是极其复杂的系统，必须采集各类数据，并用大量数据才能刻画其复杂状态和行为。由此可见，微时代的"微"是大数据之"大"的构成要素，"微"是社会历史画卷的精细数据，无数的"微"全面、细致地刻画了社会历史的复杂行为。

微时代的各种各样的碎片散落于各个领域、各个角落，点点滴滴，就像宇宙大爆炸之后的宇宙碎片洒落于太空一样，大数据是微时代的海量碎片重新聚集的结果。如果不能将碎片重新聚集起来，那么这些碎片真是微不足道，但如果将海量碎片重新聚集起来，就有可能相互作用而产生质变。大数据正是通过碎片的重新聚集而构成的海量数据集合。大数据对数据碎片主要通过纵向和横向两个维度来进行聚集。从纵向来看，以往由于没有合适的数据采集、存储技术，我们无法将过去的事物及其状态详细记录、存储下来，因而失去了历史的细节，我们的数据往往停留在当下的在场状态。大数据通过海量数据将过去、现在、将来打通，将在场与不在场的瞬间碎片串联起来而形成以时间为轴向的数据链。从横向来看，大数据将场内与场外的数据聚集一起，将空间的在场与不在场的数据聚集一起而形成以空间为轴向的数据链。这样，通过纵横两个轴向在场、不在场数据的聚集，将碎片聚集一起而形成大数据。微不足道的碎片通过纵横汇聚而构成多样性的大数据，即通过网络聚"微"成大，涓涓细流汇成江河湖海。

大数据是碎片的价值重连和逻辑重构。构成大数据的数据碎片的价值密度低，单个数据可以说是微不足道，正因如此芸芸众生才被看作盲流。海量碎片中虽然蕴藏着丰富的宝藏，但只有通过碎片的价值重连和逻辑重构才能显现出群众的力量和价值。后现代主义者将宏观整体砸成碎片后一扔了之，但大数据则将微时代的碎片数据按价值和逻辑重新聚集起来，通过清洗、分类、关联、聚类等数据挖掘手段来实现"数"里淘金，发现碎片数据之间的关联，以及隐藏于海量数据背后的价值和规律，这样，碎片的价值才能够显现出来，真正体现出人民群众是历史的创造者的不可或缺地位。由此可见，大数据是微时代的宝藏挖掘机。

爱因斯坦的相对论打破了牛顿力学的局限，将科学的视野从地球延伸到宇宙太空，大大拓展了科学观察研究的尺度。但是，在人文社科领域，我们仍然被局限在问卷调查、抽样统计的小数据时代以减少数据采集、处理工作的困难。大数据将微时代快速产生的海量数据碎片快速聚集起来而形成规模巨大的数据量，其规模从小数据暴增到从未有过的 PB、EB、ZB 级别。这种数据规模已经可以与巨大无边的宇宙太空之大相媲美，更重要的是我们有能力从这规模巨大的数据中挖掘出所需的价值。大数据革命让我们的数据观从牛顿力学时代迅速跃升到爱因斯坦的相对论时代，这就是说，大数据让社会历史研究进入了用相对论尺度来刻画的宇观时代，用技术实现了儒家"致广大"的理想。

四、"大"与"微"是信息时代的一体两面

大数据与微时代构成了我们时代的双螺旋，它们相反相成，共同成为信息时代的一体两面，两者都是对以强调结构、中心和理性为特征的现代性的批判和超越。微时代将我们对世界的认识，特别是对社会历史的认识从宏大叙事中微化、深入微观时代，实现了数据观的微观化、量子化；而大数据则将我们对世界的认识，特别是对社会历史的认识从宏观层面中巨化、延伸到宇观时代，实现了数据观的整体化、海量化。就像 20 世纪初的物理学从牛顿的宏观研究走向了微观和宇观两个维度一样，21 世纪的数据信息也从宏观研究走向了微时代的微观研究和大数据的宇观研究两个新维度。

由于采集、处理的困难，宏观时代的自然以及人文社会科学研究都停留在小数据状态。由于数据的缺乏，当我们描述认识对象时，不得不停留在宏

观维度，并且用线性、平均、抽象、局部的方法获取更多的信息。但是，微时代的微观研究使人类的视野从宏大叙事中摆脱出来，走向了更加精准的细节刻画，极大地提高了分辨率和还原性。微时代的各种微技术解构原来的宏大叙事，打开了宏观的黑箱，深入内部细节，刻画每个微小组分的动态变化。前面说过，过去的历史往往都是帝王将相或英雄名人的历史，普通百姓只在家谱中留下一个名字或在荒野中留下一块墓碑，但在微时代，每个人都有自己的历史。历史记录不再被官方垄断，我们可以方便地随时留下影像、声音、图片、文字等等，在微博、微信中三言两语记录下我们每个人自己的历史细节。所以，在微时代，每一个微不足道的微民或微事都有可能被记录下来，用海量的细节事实刻画着万事万物。正因为有了极其微观的记录，我们才可以实现对某一事物的放大，通过精细的分辨率来还原事件的细节。因此，就像量子力学一样，微时代从"微"的一面、纵深的维度深入刻画事物及其状态的微观结构，使其具有了更高的分辨率和还原性，着重于事物的细节信息的刻画。

为什么说大数据是数据的宇观维度呢？我们先来看看目前大数据究竟有多大。有人用"一天之间互联网要发生多少事"来大致描述了大数据的数据规模之大。目前互联网每天产生的流量信息可以装满 1.68 亿张光碟；每天发送 2940 亿封邮件，如果这些是实体信件，则美国要花费 2 年时间来处理；每天各社区论坛上发出 200 亿个帖子，相当于美国《时代》杂志 770 年的文字量；每天世界各地有 1.72 亿人访问 Facebook，上传图片 2.5 亿张，如此等等。1 分钟之内，新浪发送 2 万条微博；淘宝卖出 6 万件商品；百度发生 30 万次搜索查询……美国 IDC 发布的《2020 年的数字宇宙》研究报告指出，全球产生的数据量，2005 年为 130EB（260B），2008 年为 0.49ZB（270B），2009 年为 0.8ZB，2010 年为 1.2ZB，2011 年为 1.82ZB，2012 年为 2.8ZB，2015 年为 8ZB，2020 年可能将达到 40ZB。迄今为止，人类生产的所有印刷材料的数据量为 200PB（250B），全人类历史上说过的所有话语的数据量大约为 5EB。整个人类文明所获得的全部数据中，90%都是过去两年内产生的，数字宇宙的规模从 2006 至 2011 年这 5 年间膨胀了约 10 倍，每 2 年世界数据规模就将翻番。①从大数据的数据规模来看，大数据的数据量在不断暴增，正在向着宇观规模方向发展，只能用宇观思维才能理解大数据。从大数据的本质来看，大数据用丰富的微观数据描述了事物及其状态的细节，从而用数据刻画了事物的整体状态。当我们的数据朝着更大规模发展的时候，我们对万事万物的细节及其整体就有了更好的把握。因此，就像相对论一样，大数据从"大"的一面和更加宏大的维度刻画了事物及其状态的宇观结构，使人类在微观细节的基础上具有了更加宏大的视野，从而能够更加整体地认识和把握事物及其状态。

是什么把微时代与大数据这构成信息时代的两面连成一体的呢？是碎片化。无论是微时代还是大数据，微观的细节或者说碎片都是它们的构成基础。微时代之所以能够到来，就是因为我们可以通过诸多微技术将宏大叙事打碎成碎片，把宏观事物碎裂成微观碎片，用碎片来表征微观细节，才成就了千千万万的微民、微事。大数据时代之所以能够来临，也是因为有了海量的数据聚集，而这海量的数据正是事物碎片的记录或表征，海量数据的聚集构成了大数据的基础。芯片技术、智能技术、网络技术以及云技术的发展，使得采集、存储、传输和处理海量数据有了可能，推动了宏观整体的碎片化，让人们可以打开黑箱，分解成碎片，更为重要的是还能够将碎片重聚、整理，从中寻找规律、发现意义和发掘价值。

大数据与微时代充分展现了巨大与细微的辩证统一。分形理论通过海岸线长度问题研究发现，海岸线的长度与测量海岸的尺度密切相关，尺度越大，海岸线越短；尺度越小，则海岸线越长。在认识世界的过程中，我们所使用的尺度越微小，则解构而来的碎片数据越多，这样构成大数据的数据要素也越多，数据规模就越巨大，这样大数据的巨大与微时代的细微之间密切相关，它们构成了相反相成的辩证关系。正因如此，我们的时代才会出现大数据与微时代并驾齐驱的现象。

大数据与微时代通过数据碎片而辩证统一于信息时代，这就要求我们把

---

① 郎为民：《漫话大数据》，人民邮电出版社 2014 年版，第 11—14 页。

握好它们之间的辩证关系。微时代的微化要求我们用越来越细微的量子尺度观察、测度我们的世界，尺度越细微，我们的认识就越精致，越深入，由此解构出更多的碎片，形成海量数据。大数据要求我们用越来越巨大的海量尺度观察、测度我们的世界，将碎片数据整合、重构，打破数据壁垒，实现数据共享。数据规模越大，我们的认识就越全面、完整。大数据与微时代从宇观和微观两个相反相成的维度拓展了我们的观察视野，它们与宏观维度一起共同构成我们认知世界的三维结构，让我们的认识更加深入、广阔和全面，并共同演奏出我们时代的乐章。

　　大数据与微时代都是信息时代在现阶段的表现，是信息时代的初步实现，同时也是后现代来临的标志。它们两者有共同的哲学理念和技术基础，反映了信息社会的微观和宇观两个层面，都是宏观事物及其状态碎片化之后的结果。微时代是碎片状态的客观描述，而大数据是碎片化聚集和重整之后整体状态的反映。大数据和微时代都基于后现代式的碎片化，但它们分别从"大"和"微"两个不同层面对碎片化之后的世界进行了刻画，形成了信息时代的二重奏，实现了碎片化、数据化基础上的整体论与还原论的融贯统一，更是从技术上实现了"致广大而尽精微"的儒家理想。

第三节　大数据的本体假设及其客观本质

　　随着大数据的兴起，数据的本质发生了巨大的变化。大数据认为，"万物皆数"，世界万物最终都可以还原为数据，数据因此成为世界的本质；万物皆可用数据表达，"量化一切"是大数据的终极目标；数据是信息的普适表征方式和新的实在形式，它是物质世界的映射，具有波普尔世界3的客观实在性。大数据让世界变成了一个数据化的世界，而数据挖掘让我们可以完全认知这个数据世界，由此世界变成了透明世界。

　　大数据是近年来迅速发展起来的一种数据新技术，这场数据技术革命不但给我们带来了新的认知方式、思维方式、价值观念和伦理道德，而且可能彻底改变我们的世界观，带来全新的世界本体假设。① 数据从事物的表征符号逐渐成为世界的本质特征，大千世界也可能变成一个由数据构成并为人类所认知和掌控的透明世界。目前，学术界更多关注大数据带来的产业变革和伦理危机，而对大数据带来的哲学本体论的影响则关注较少。② 本文试图对大数据的本体假设及其终极目标进行初步的描绘，并通过对数据与信息、数据与物质以及数据与客观知识之间关系的辨析对数据本质进行探讨。

一、万物皆数：大数据的本体假设

世界究竟是什么？这是哲学家们一直特别关注的重大问题，也是我们通常所说的本体论问题。大数据革命带来了一场认识论和方法论的新变革，我们自然就有必要关注大数据的本体论主张。

早在古希腊时期，毕达哥拉斯就认识到"数"的本体论地位。作为一位数学家，他关注事物之间的数量关系，并且由于酷爱音乐而特别关注事物之间的和谐比例关系，因此他认为世界的本原或始基并不是具体的物质，而是表征物质之间关系的"数"。毕达哥拉斯由此提出了"万物皆数"这样一个看似异类的观点，从而将表征事物及其关系的数据符号上升为具有本体论意义的万物始基。③

无独有偶，在古老的中国，"数"很早就被当作揭示和解释宇宙秘密的工具，甚至被当作世界的本质。据说中国的上古先民就根据龟壳烧烤后的裂纹，然后又进化为蓍草组合的占卜来解释吉凶祸福，由此发展出由阳爻（——）和阴爻（– –）符号组合而成的易经。易经由相互对立的两个东西（例如正和负）经三组排列成八卦，八卦再组合成六十四卦，由此类推以至无

---

① Luciano Floridi，"Big Data and Their Epistemological Challenge[J]"，*Philo. Technol*，2012（25），pp.435–437.

② Rob Kitchin，"Big Data，New Epistemologies and Paradigm Shifts[J]"，*Big Data & Society*，April-June，2014，pp.1–12.

③ ［英］罗素：《西方哲学史》上卷，何兆武、李约瑟译，商务印书馆1963年版，第62页。

穷。中国古代哲学家老子将易经发展为代表其基本主张的哲学体系，认为由阴阳出发的五行、八卦等描述了世界的基本规律，阴阳是万物最基本的构成要素，阴阳存在于万物之中，是世界的本体。"道生一，一生二，二生三，三生万物。万物负阴而抱阳，冲气以为和。"① 按照这个模式，世界从无到有，阴阳交互而生万物。后来的儒家、道家、阴阳家将易经发展为一整套哲学体系，特别是河图洛书更是将宇宙万物与1、2、3等几个简单的数字联系在一起，并生成一个复杂的宇宙世界。

在中世纪，数据的哲学地位不是特别突出，但《圣经》中依然提到语言的巨大作用，甚至将其提升到与神同在的地步。《新约·约翰福音》里说，太初有道（word），道与神同在，这是将世界的根源归结为"道"（语言）。② 用现在的眼光来看，语言表述就是一种信息，而信息可以转化为数据，因此语言也是一种数据。由此可见，圣经对"道"的强调其实也就是对数据的强调。

文艺复兴之后，近代科学发展迅速，特别是经验主义重视受控实验、数据收集与处理，这极大地促进了科学的发展，数据的地位也得到了极大重视。例如，牛顿把数据、数学作为科学研究的重要工具，莱布尼茨则提出了其著名的"单子论"，而康德则将"量""质"当作科学认识的四大类基本范畴之首。不过，此时的西方近代哲学发生了重大转向，兴趣重心从本体论转向了认识论。这就是说，西方近代哲学不再像古代哲学那样重点关注世界是什么的问题，而是关心我们怎样去认识这个世界，怎样才能获得对世界的认知。因此，数据在近代哲学的认识论中虽然获得了特殊地位，但它仅仅被当作科学认识的工具，其本体地位并没有什么突破，甚至从古代的本体地位下降到了工具理性的地位。

数据本体地位的突破发生在现代信息论诞生之后。20世纪40年代中期，美国科学家诺伯特·维纳和克劳德·香农同时提出了信息论思想。在信息论

---

① 老子：《道德经》，华夏出版社2000版，第43页。

② [美] 詹姆斯·格雷克：《信息简史》，高博译，人民邮电出版社2013年版，第8页。

刚刚创立之时，维纳和香农都没有给出信息的明确定义，维纳只是说："信息就是信息，它既不是物质，也不是能量。"① 他在这里将物质、能量、信息三者相提并论，信息的独立地位就由此凸显了出来。由于信息论的诞生，信息从科学上获得了独立的本体地位，它成为构成世界的三剑客之一。从此，人们开始认识到，信息是宇宙固有的组成部分，就像物质、能量一样。正如詹姆斯·格雷克所说："信息是我们这个世界所依赖的食物和生命力。"② 信息是对事物状态差异度的一种刻画，而"数据代表着对某件事物的描述"③。由此可见，信息和数据具有一定的等价性，因此，信息论对信息独立本体地位的论述，也就间接论证了数据的独立本体地位。

20 世纪下半叶，随着计算机技术、人工智能和其他智能设备的发展以及互联网络的建立，数据的地位一下子凸显出来。21 世纪的智能手机、移动网络、智能终端、物联网的广泛使用，使数据的规模一下子呈暴增之势，而云存储、云计算等技术又为数据存储和挖掘提供了可行的技术手段，于是，我们从小数据时代迅速步入了大数据时代。在大数据时代，数据成了时代的核心，成为一种与土地、矿产、石油等自然资源一样重要的新型资源，数据的本体地位更加凸显出来。

大数据作为一场数据技术革命，数据被提高到前所未有的高度，成为一种形而上学的信念和本体论的基本假设。大数据认为，数据已经不再仅仅是一种事物及其关系的表征符号，而是世界的本质。英国大数据权威维克托·迈尔-舍恩伯格认为世界的本质就是数据。"有了大数据的帮助，我们不会再将世界看作是一连串我们认为或是自然或是社会现象的事件，我们会意识到本质上世界是由信息构成的。"④ 他还引用物理学家约翰·阿奇博尔

---

① ［美］诺伯特·维纳：《控制论》，郝季仁译，科学出版社 1962 年版，第 133 页。

② ［美］詹姆斯·格雷克：《信息简史》，高博译，人民邮电出版社 2013 年版，第 5 页。

③ ［英］维克托·迈尔-舍恩伯格、肯尼斯·库克耶：《大数据时代：生活、工作与思维的大变革》，盛杨燕、周涛译，浙江人民出版社 2013 年版，第 104 页。

④ ［英］维克托·迈尔-舍恩伯格、肯尼斯·库克耶：《大数据时代：生活、工作与思维的大变革》，盛杨燕、周涛译，浙江人民出版社 2013 年版，第 125 页。

德·惠勒的话说："并非原子而是信息才是一切的本原。"① 惠勒用了一句颇具神谕意味的话语："万物源于比特（It from Bit）。"② 比特生存在，是圣经说法的新版本。"比特是另一种类型的基本粒子：它不仅微小，而且抽象———它存在于一个个二进制数字、一个个触发器、一个个'是'或'否'的判断里。它看不见摸不着，但科学家最终开始理解信息时，他们好奇信息是否才是真正基本的东西，甚至比物质本身更基本。"③ 大数据认为，世界上的万事万物及其关系都可以用数据来表征，用更简洁的话来说："万物皆数据。"这就是舍恩伯格所说的"世界的本质是数据"的含义，也是大数据的本体论假设。因此，大数据时代来临的标志并不仅仅是数据规模变得特别巨大（因为数据规模的大小并没有一个绝对标准），其真正的标志，或者说真正的革命表现在数据观的革命，也就是本体论假设的变革，"万物皆数"成为大数据时代本体论的基本假设。

二、量化一切：大数据的终极追求

在大数据时代，数据的本体地位得到了张扬，从描述事物的符号变成了世界万物的本质属性之一。在大数据看来，物质的世界同时也是一个数据的世界，因此对世界万物的数据化成为大数据的终极性追求。换句话来说，大数据试图"量化一切"，把万物变成数据，并通过数据来认识和把握万物。

粗略划分，人类数据化的历史大概可分为财富量化、自然量化和人文量化三个阶段。为了更精准地描述、记录和理解事物，人们很早就开始了对事物数据化的历程。财富的记录和计算，是人们最早迫切需要精确计量和计算的领域，因此人类最早的量化工作，或者说数据化工作，就是从财富的量化开始的。后来广泛进行的人口统计、财产登记、会计核算等国家统计行为，都是人类早期的数据化工作。

---

① ［英］维克托·迈尔-舍恩伯格、肯尼斯·库克耶：《大数据时代：生活、工作与思维的大变革》，盛杨燕、周涛译，浙江人民出版社 2013 年版，第 125 页。

② ［美］詹姆斯·格雷克：《信息简史》，高博译，人民邮电出版社 2013 年版，第 7 页。

③ ［美］詹姆斯·格雷克：《信息简史》，高博译，人民邮电出版社 2013 年版，第 7 页。

"计量和记录一起促成了数据的诞生，它们是数据化最早的根基。"① 所以，财富的数字化和计量化，促成了人类对事物认识的精确化和数据化。难怪格雷克会说，普罗米修斯赠予人类的最宝贵的礼物，并不是人们常说的火种，而是数字和字母："我（普罗米修斯）为人类发明了数，这是所有科学中最最重要的，还有排列字母的技术，这是缪斯诸艺的创造之母，借此可以把一切牢牢记住。"②

自文艺复兴开始，科学技术获得了突飞猛进的发展，而其推动力主要就是对自然的数据化，或者说叫量化自然。在文艺复兴以前，人类的量化或数据化的工作主要还停留在财富的数据化，而文艺复兴后，人类就开始了对自然界及其各种现象的数据化。近代科学的兴起，跟受控实验和归纳法的兴起有着极大的关系。以前的科学主要靠开放性的自然观察以及人类的理性思维为主，不是建立在比较可靠的实验数据的基础上。近代科学主要依靠实验室的受控实验以获取实验数据，并通过数据的归纳、推理以便得出比较可靠的科学规律。随着各种测量设备和技术的发明，人类对自然的测量和量化范围越来越宽，基本上实现了对自然界各种现象的测量和量化。现在的地球变成了数字地球，宇宙变成了数字宇宙，因此，自然界变成了一个完全被数据化的自然界。正因如此，自然科学和技术具备了普遍必然性，也获得了更加深入的理性认知，成为人文、社会科学各学科学习的榜样。

人类以及由人类构成的社会，具有主动性、自由性、非线性、涌现性等复杂性特征，其行为具有不确定性，因为我们不可能像对待自然界一样，通过受控实验，获取少量的数据就能够把握思想和行为规律，因此需要海量的数据才能刻画人类的复杂思想和行为。然而，在大数据之前，人们无法获取海量的数据，也无法存储、传输和处理这海量的数据。大数据技术的出现为人类及其社会的数据化提供了可行的技术和难得的机遇。大数据解决了人类及其社会的数据化问题，实现了量化人类及其社会的目标，我们进入了"量

① ［英］维克托·迈尔-舍恩伯格、肯尼斯·库克耶：《大数据时代：生活、工作与思维的大变革》，盛杨燕、周涛译，浙江人民出版社2013年版，第105页。
② ［美］詹姆斯·格雷克：《信息简史》，高博译，人民邮电出版社2013年版，第8页。

化人文"的阶段。由于智能技术的发展，人们有了智能手机、可穿戴设备、传感器、网络浏览记录以及摄像头等各种智能数据采集系统，因此各种数据能够源源不断地被自动采集，汇聚起来并快速地形成海量数据。这些数据全面记录和反映了人类思想、行为，通过数据挖掘，我们就能够找出人类思想、行为的历史轨迹，并能够根据历史轨迹预测其未来的思想和行为，因此依靠大数据，我们既可以精准描述人类的历史行为，又可以预测其未来的行为走向。像当年的望远镜和显微镜一样，大数据已经成为万能的"社会之镜"，通过它可以全方位地观察生活的各种复杂性。[1] 通过大数据，人类及其社会也像自然界一样，能够被全面数据化和计量化，实现人文社会科学的量化工作，并让人文社会科学成为真正的硬科学。

　　"大数据发展的核心动力来源于人类测量、记录和分析世界的渴望。"[2]利用智能设备，我们的行为、位置甚至身体生理数据等每一种变化都成了可被记录和分析的数据。以往只有完全数字化的数据才能够进行计算、处理等操作，而如今智能设备记录的数据本身就是数字化的。以前被认为无法数据化的文字、图片、视频、音频、个人感觉等信息，都可以通过信息转换，最终还原为由 0 和 1 构成的数字信息，将模拟信息自动转换为数字信息，从而实现海量信息的智能传输、存储、挖掘和利用。当文字、图片、音频、视频、方位等信息自动变成数据，人类的关系、经历、情感、意志、偏好、兴趣、情绪、习惯等以往认为极其个性化的信息自动变成数据之时，人类思想及其社会行为就有可能被彻底数据化。"大数据通过人与人之间的海量交换网络为我们提供了洞悉社会各种复杂性的机会。"[3]通过智能芯片将万物联系起来的物联网使早已被初步数据化的自然世界更加彻底地数据化，加上早已

---

① ［美］阿莱克斯·彭特兰：《智慧社会：大数据与物理学》，汪小帆、汪蓉译，浙江人民出版社 2015 年版，第 12 页。

② ［英］维克托·迈尔-舍恩伯格、肯尼斯·库克耶：《大数据时代：生活、工作与思维的大变革》，盛杨燕、周涛译，浙江人民出版社 2013 年版，第 104 页。

③ ［美］阿莱克斯·彭特兰：《智慧社会：大数据与物理学》，汪小帆、汪蓉译，浙江人民出版社 2015 年版，第 13 页。

实现了的个人与社会财富的数据化，以及如今的人类及其社会或人文的数据化，于是，世间万物真正彻底实现了数据化的目标。大数据成了人类洞察世界万物的"上帝之眼"①，"只要一点想象，万千事物就能转化为数据形式"②。

正如舍恩伯格所说："大数据标志着人类在寻求量化和认识世界的道路上前进了一大步。过去不可计量、存储、分析和共享的很多东西都被数据化了。拥有大量的数据和更多不那么精确的数据为我们理解世界打开了一扇新的大门。"③ 世界上几乎任何事物都可以用数据的方式量化，或者说"万物皆数据"。"量化一切"成为大数据的终极目标，而且已经得到了初步实现。"一旦世界被数据化，就只有你想不到，而没有信息做不到的事情了。"④ 有了大数据的帮助，我们不会再将世界看作是一连串我们认为或是自然或是社会现象的事件，我们将认识到世界是由数据构成的。⑤

三、数据实在：大数据的客观本质

自从大数据革命以来，数据被推到前所未有的历史高度。数据的本质究竟是什么？我们将从数据与信息、数据与物质、数据与客观知识之间的关系入手来回答这个问题。我们认为，数据是信息的一种表征方式，它是物质的根本属性之一，也是一种新型的客观实在，可以称之为"数据实在"。

（一）数据是信息的普适表征方式，数据的本质是信息

"'数据'（data）这个词在拉丁文里是'已知'的意思，也可以理解为'事

① ［美］阿莱克斯·彭特兰：《智慧社会：大数据与物理学》，汪小帆、汪蓉译，浙江人民出版社 2015 年版，第 12 页。
② ［英］维克托·迈尔-舍恩伯格、肯尼斯·库克耶：《大数据时代：生活、工作与思维的大变革》，盛杨燕、周涛译，浙江人民出版社 2013 年版，第 123 页。
③ ［英］维克托·迈尔-舍恩伯格、肯尼斯·库克耶：《大数据时代：生活、工作与思维的大变革》，盛杨燕、周涛译，浙江人民出版社 2013 年版，第 23 页。
④ ［英］维克托·迈尔-舍恩伯格、肯尼斯·库克耶：《大数据时代：生活、工作与思维的大变革》，盛杨燕、周涛译，浙江人民出版社 2013 年版，第 125 页。
⑤ ［英］维克托·迈尔-舍恩伯格、肯尼斯·库克耶：《大数据时代：生活、工作与思维的大变革》，盛杨燕、周涛译，浙江人民出版社 2013 年版，第 125 页。

实'。"① 数据是我们主体对客体的描述，而且最终可以还原为最基本的二进制数字 0 和 1，因此可以被计算机等智能设备所识别和处理。信息与数据到底是什么关系？一般认为，数据比信息更加基础，数据加上背景或语境就成为信息，在信息中找出规律就成为知识，因此数据、信息、知识三者之间形成一个金字塔结构。② 但事实上，数据是数和据的结合，本身就带有背景或语境，因此数据与信息事实上具有等价关系。我们目前的大数据革命其实也就是信息革命的延续，或者说是信息革命的新阶段。

信息论之父香农在其原始文献《通信的数学理论》中，虽然没有定义信息的概念，但他把信息与描述混乱度的熵等同起来，并用熵增来作为信息的测度：$H=-\sum P_i log_2 P_i$，这个测度公式其实是意外程度的量度，其中 P 是可能信息的出现概率。③ 初看起来，香农似乎解决了信息的测度问题，但从技术层面来说，这个公式只适用于某些通信工程计算，没有普适性，因为我们一般情况下根本没法获得 P_i，所以也就没法计算信息量 H。

但是，通过数据来测度信息却具有普适性，因为任何数据都是某种信息的反映，也就是信息的数据表征方式。在大数据时代，数据的挖掘和测度已经实现了智能化和自动化，因此通过数据来测度信息，是信息表征和测度的一种普适方法。

我们从维纳的论述中已经知道，构成自然世界最基本的要素有三种：物质、能量和信息。我们已论证了数据其实就是信息的一种表征，所以，数据是构成世界的三大客观要素之一，它是我们认识物质、计算能量的一种普适测度工具，也是构成世界的一种客观实在。

（二）数据是物质的一种根本属性，是物质与意识共同作用的结果

数据本体地位的提升让毕达哥拉斯当年的论断"万物皆数"，又产生了时代的回响。数据成为世界的本质，或者说数据成了世界的始基，这样是不

---

① ［英］维克托·迈尔-舍恩伯格、肯尼斯·库克耶：《大数据时代：生活、工作与思维的大变革》，盛杨燕、周涛译，浙江人民出版社 2013 年版，第 104 页。

② 涂子沛：《大数据：正在到来的数据革命》，广西师范大学出版社 2013 年版，第 88 页。

③ ［美］詹姆斯·格雷克：《信息简史》，高博译，人民邮电出版社 2013 年版，第 222 页。

是就否定了辩证唯物主义的物质第一性的论断呢？物质第一性是不是要变成数据第一性呢？这就涉及物质、意识与数据三者之间的关系。

仔细分析之后，我们会发现，无论是能量还是信息（数据），都需要物质作为载体才能存在。例如，无论是石油、煤炭还是太阳能，这些能量都寄居于物质载体之中。数据也是这样，任何数据都必须有其背景载体，都反映了物质及其关系的具体状态，或者说，数据是物质及其关系的反映，因此物质、能量与数据（信息）三者虽然都是客观存在，但能量和数据都是以物质作为载体基础。

从物质、意识与数据三者的关系来看，根据马克思主义哲学，意识是物质世界在人们头脑中的反映，它具有从属性，但数据该处于什么样的地位呢？从上述论述中，我们已经知道了数据作为信息，必须以物质为载体。数据从本质上来说应该是主体对物质客体世界的一种主观建构，是我们人类利用自己的主观能动的意识对客观物质及其关系的一种数量描述。就像康德所说，我们要认识和把握现象世界，就要用量、质、关系、模态等四大类十二个范畴才能对现象世界进行比较精致的刻画。[1] 数据其实就是康德这四大类十二个范畴的综合描述和反映，即数据集中反映了物质现象的量、质、关系和模态等参数。"通过数据化，在很多情况下我们就能全面采集和计算有形物质和无形物质的存在，并对其进行处理。"[2]

数据虽然具有客观实在性，但是它依赖物质，它是主体意识对客观物质的一种主观建构，因此数据对物质具有一种依随、主从关系。没有脱离物质及其关系的数据，数据都是物质及其关系的反映，当然任何物质以及关系都可以用数据来描述。数据是物质的一种根本属性，是物质与意识共同作用的结果。惠勒有点隐晦地说道："我们所谓的实在（reality），是在对一系列'是'或'否'的追问综合分析后才在我们脑中成形的。所有实在之物，在起源上

---

① [德] 伊曼努尔·康德：《纯粹理性批判》，邓晓芒译，人民出版社 2004 年版，第 71—72 页。

② [英] 维克托·迈尔-舍恩伯格、肯尼斯·库克耶：《大数据时代：生活、工作与思维的大变革》，盛杨燕、周涛译，浙江人民出版社 2013 年版，第 125 页。

都是信息理论意义上的，而这个宇宙是个观察者参与其中的宇宙。"①

（三）数据是一种属于波普尔世界3的客观实在

数据的实在性是一种怎样的实在性？柏拉图在他那著名的洞喻中，囚徒在洞内墙上所看到的影子，是洞外实物在墙上的映射，虽然影子不是实物，但它们同样也具有某种实在性。当然这种实在性起初依赖洞外的实物，而且如果这些影子没有被图画记录下来，它们有可能消失，但一旦被记录下来，这些记录又成了另一种客观实在。数据就类似于囚徒墙上的影子，它依赖物质实在，但它本身也成了一种新的实在。随着数据技术的发展，万事万物的所有状态都将留下数据足迹，这些数据足迹将永远被记录下来，成为一种数据实在。数据这种新实在，已经成为刻画万物特征的DNA，成了万物存在的新方式。

波普尔在其三个世界的划分中，将世界划分为三种，即物质世界（世界1）、精神世界（世界2）和客观知识世界（世界3）。② 世界1指的是一切客观物质及其现象，例如物质、能量、一切有机物和无机物等等；世界2是指一切主观精神活动，他认为主观精神世界也是客观存在的；世界3是指客观知识世界，它是人类精神的产物，既包括抽象的精神产品，如思想观念、语言、文字、书画、哲学社会科学理论和自然科学理论等，也包括物化的人类精神产品，如技术装备、房屋建筑、计算机、汽车、飞机等。数据是客观物质与主观意识共同作用的产物，是人类对客观物质的主观描述，它属于精神产物，这种精神产品在某种尺度下也具有可重复性和客观性。因此，用波普尔三个世界的划分理论，数据应该属于世界3中的人类精神产品，归属于客观知识世界。

就像主观知识脱离主体之后就变成了客观知识一样，数据脱离采集者之后也变成了客观知识。大数据是海量规模的数据聚集在一起而形成的庞大数据集合。这些数据被智能终端自动采集或人类手工采集下来之后，就脱离了

① ［美］詹姆斯·格雷克:《信息简史》，高博译，人民邮电出版社2013年版，第7页。
② ［英］卡尔·波普尔:《客观知识》，舒炜光等译，上海译文出版社1987年版，第164—165页。

数据采集者而成为数据尘埃，并不断积淀为一个数据世界，成为一种人工化的客观存在，这种存在我们可称之为数据实在。由大数据形成了数据实在，这种新实在引起了客观世界构成成分的变化，更增加了世界 3 的新内容。数据实在的形成带来了许多需要进行哲学研究的新问题，给哲学本体论研究带来了新课题。

古希腊哲学家德谟克利特提出了"原子是万物的本原"的哲学猜想，近代科学证明了其原子论猜想的正确性，并让人们认识到世界就是一个原子的世界。然而，同样是古希腊哲学家的毕达哥拉斯所提出的"数是万物的本原"的哲学猜想，却一直没有得到科学证据的支持。大数据时代的来临，数据的地位陡然上升，它从对事物的表述符号，走向了物质的本质属性，甚至成为世界的本质，因此毕达哥拉斯的数据论猜想终于得到了科学的回应和证实。大数据让我们知道了世界不但是一个原子的世界，同时也是一个数据的世界。不可再分的核心和基点是比特而不是原子，因此数据是万事万物存在的本质。① 大数据革命将给人类带来崭新的大数据世界观，并带来数据化的世界图景。通过数据挖掘，我们可以将原来的黑箱世界逐渐变成灰箱世界，最后变成一个透明世界。② 在这个透明世界里，一切事物和行为都将被人类量化和把握，人类于是变成了近乎上帝的全知全能者。

第四节　大数据、透明世界与人的自由

通过分析论证，我们发现，大数据技术将万物数据化，于是万物皆被留下自己的数据足迹，这些数据足迹聚集到一起形成一个映射万物的数据世界。通过对数据世界的挖掘，世界的一切皆可被计算和认知，于是原来的黑箱世界逐渐被打开，变成一个透明的世界。在透明世界里，人们的一切皆可

---

① ［美］詹姆斯·格雷克：《信息简史》，高博译，人民邮电出版社 2013 年版，第 7 页。
② Nick Couldry and Alison Powell, "Big Data from the Bottom up[J]", *Big Data & Society*, July-December 2014, pp.1–5.

以被认知和把握，并且可预知其未来。虽然大数据可能暴露人类的隐私，甚至威胁人类自由，但是，通过大数据的精准刻画和分析，人类将逐渐认识隐藏于黑箱中的自然、社会以及人类自身的科学规律，逐渐从必然王国走向自由王国，因此大数据在给人类带来约束的同时也带来一个自由的新世界。

随着智能感知、移动互联以及云计算等技术的革命性突破，人类所积累的数据规模也发生了革命性的变化，我们快速地迎来了大数据时代。大数据将万物数据化，形成一个与物质世界相映射的数据世界，由此能够被计算机等智能终端计算和处理。数据挖掘不但可以认知过去，而且能够预测未来，使整个世界变成了一个透明的世界，人类社会也变成了一个透明社会，世界的透明化给习惯于黑箱生活的人类带来了自由的威胁。但是，大数据给人类带来的仅仅是自由的威胁吗？世界的透明化会不会给人类带来新的自由呢？即将生活在透明世界的人们会不会比过去更加自由？我们先看看大数据为什么会让世界透明化，然后分析透明世界将会给人类自由带来什么样的影响。

一、大数据与数据世界的形成

大数据对人类自由的影响，主要是因其形成的数据世界而来的，数据世界是大数据挑战人类自由的本体基础。那么，大数据及其数据世界是怎样形成的呢？让我们先从数据说起。

所谓数据是人类对事物的数和据的测度，是用数量关系及其属性来对事物的内在本质的描述，是事物内在信息的普适表征手段。[①] 人类对事物数据化的历史已经十分漫长，古埃及时期就已经知道用数据来丈量土地、计算财富，我们中国人也很早就已经知道用数量和计量单位来描述事物的属性。近代科学革命最显著的特征是对自然世界的数据化，并通过外在参数的数量关系来认识事物内部的规律。然而，由于当时数据化技术的局限，数据的采

---

① 黄欣荣：《大数据的本体假设及其客观本质》，载《科学技术哲学研究》2016年第2期。

集、存储、传输、处理都存在诸多的困难。就数据的采集来说，面对自然界，人类只能通过观察或实验来获取自然界少量数据，大量未被数据化的空白区域只能通过已有数据及其所表现出来的规律来进行推测。对复杂的人类及其社会，只能采用问卷、抽样等方法来获取少量的数据，而这少量数据很难以刻画复杂多变的人类思想与行为。由于数据规模小，过去的时代也被称为小数据时代。在小数据时代，真实世界与数据世界之间缺少充足的映射关系，我们很难完全依靠数据来认识真实世界。我们只能像盲人摸象一样，用极为稀少的局部数据来刻画全部，用某个时间节点的数据来代替整个历史数据，因此小数据时代的数据失真度较大，我们很难用数据来认识真实世界的过去与未来。所以，虽然数据是事物内部本质的数量刻画，但小数据时代因数据量太小而难以全面反映事物的本质。

随着信息技术的发展，特别是智能感知、互联网、云存储、云计算等技术的发展，数据的采集、存储、传输、处理都发生了翻天覆地的变化。智能感知让事物的微小变化都能够通过微芯片感知出来，并转换为可以被人类认知的数字形式。互联网特别是移动互联网技术让过去被孤立、分割的数据单元联系在一起，聚集起来，形成海量数据的大聚集。也就是说互联网技术解决了数据的传输与聚集的问题，使得孤立数据的聚集成为可能。云存储技术则让智能采集的各类数据能够及时得到储存，并以分布式的布局存储于云端，让海量数据有了永久存储的可能。海量数据的处理、计算则依靠云计算技术来完成。云计算技术通过分布式计算方式让分布于不同地方的计算能力能够形成一种集体的力量来共同完成大数据的计算处理。云计算让过去被认为无法处理的各种垃圾数据变废为宝，从中能够挖掘出大数据中所蕴含的各种有用信息。在这一系列新技术的推动下，数据规模迅速爆发，出现了所谓的大数据，人类由此迎来了大数据时代。①

所谓大数据就是数据规模发生了突变，它通过数据化的技术将事物及其

①　[英] 维克托·迈尔-舍恩伯格、肯尼斯·库克耶：《大数据时代：生活、工作与思维的大变革》，盛杨燕、周涛译，浙江人民出版社 2013 年版，第 9—15 页。

状态表征为可以计算的数据，从而用数据来全面、精准地刻画物质世界。大数据的基础仍然是数据，只是数据规模更庞大，到达难以计量的海量，这样我们就能够把事物及其状态表征得更加真实、精细、完整。大数据认为"万物皆数"，即整个世界是一个数据化的世界。这正好应验了两千多年前古希腊哲学家毕达哥拉斯的预言：数是万物的本原。虽然这个世界从终极和本原来说，是马克思所说的物质的世界，但任何物质都携带了能量和信息，因此控制论创始人维纳认为，物质、能量、信息是构成世界的三要素。物质、能量和信息之间具有映射和对应的关系。虽然从物质层面来说，世界是否可以还原为基本粒子目前还没有一个确定的说法，但从信息来说，万事万物都可以最终用 0 和 1 这两个最基本的数据来表征。大数据还有一个终极追求："量化一切"，即要把万物最终都转换为人类可以认识和计算的数据，因此舍恩伯格乐观地说："只要一点想象，万千事物就能够转化为数据形式，并一直带给我们惊喜。"①

大数据技术让数据采集摆脱了手工生产方式，实现了数据的自动生成，走上了智能化、自动化的数据生产方式。从目前来说，数据的自动生成主要有如下途径：1. 感知数据：将各种智能传感器安装于万事万物之中，万物的状态及其变化就自动采样为离散数据，例如桥梁的应力数据、车辆的定位数据、摄像头的记录数据等等；2. 网络数据：人们在互联网的一举一动，例如网页浏览、搜索数据等等，都被自动记录下来，形成了庞大的网络数据；3. 社交数据：人们已经习惯于网络生活和社交，QQ、微信、微博、贴吧等，还包括电话、短信等一切通信工具，都是通过数据化来实现的，因此也留下了海量的社交数据；4. 商业数据：商家的生产、流通、销售等业务往来，客户的购买行为等等一切商业行为都被数据化并被永久记录。数据采集的自动化、智能化是发生大数据革命的技术基础。

自然世界与人类社会的一切状态及其变化被自动生成为数据，这些数据

---

① ［英］维克托·迈尔-舍恩伯格、肯尼斯·库克耶：《大数据时代：生活、工作与思维的大变革》，盛杨燕、周涛译，浙江人民出版社 2013 年版，第 123 页。

构成了与物质世界既有区别又有联系的映射世界，我们可以将其称为数据世界。物质世界与数据世界之间具有映射关系，数据世界全面刻画、反映了物质世界的一切状态。这样，在大数据时代，万事万物及其行为的背后都跟着一条数据尾巴，我们可以将其称为数据轨迹。这也就是说，世界万物时时刻刻的状态都已经以数据的形式被记录下来，状态虽然时刻变化，但其曾经的状态却被永久记录，这样万事万物都有了自我记录的历史。大数据通过对世界万物的数据化，并通过互联网、云存储、云计算的存储、传输和处理，物质世界就被映射为可以存储、计算和利用的数据世界。数据世界的形成既为认识和改变世界创造了条件，同时也带来了影响人类自由的一系列新问题。

二、透明世界的来临及其对人类自由的挑战

我们生活在这个世界中，但世界究竟怎么样，则需要用数据来刻画并发现隐藏在其中的规律。因此，数据是联系人类主体与世界客体的重要中介，而数据规模的大小反映了人类对世界认识的程度的深浅。大数据技术的出现带来了数据采集、存储、传输和处理的革命，它让整个世界逐渐实现数据化，并让世界从难以认识的黑箱世界逐渐变成一切都大白于天下的透明世界。所谓透明世界是相对于黑箱世界来说的，指的是事物失去了任何的遮蔽，人们可以看见其内部的一切，既可以知晓其过去的历史轨迹，又可以预知其未来变化。

我们每天都会跟许多事物打交道，观察、接触各种事物，但是，世界万物在被数据化之前，我们是无法完全认知的。如果没有获得描述该事物及其状态的数据，我们对它们的认识只能停留在感性、表面的层次，无法更进一步获得知性和理性的认识，无法把握事物及其内部要素之间的数量关系，更无法通过量的认识深入本质获得质性的内在规律。[1] 我们把这种系统称为黑箱。要认识事物，就必须打开黑箱，而要打开黑箱，就必须有事物状态及其

---

[1] Tony Hey et al, *The Fourth Paradigm: Data-Intensive Scientific Discovery*, Redmond: Microsoft Research, 2009, p.26.

变化的数据。大数据技术带来的对世界的数据化，并由此形成的数据世界为我们认识和把握自然、社会乃至思维提供了技术的基础，或者说大数据技术为我们打开了一扇认知世界的大门。就像舍恩伯格所说："将世界看作信息，看作可以理解的数据的海洋，为我们提供了一个从未有过的审视现实的视角。它是一种可以渗透到所有生活领域的世界观。"①

获得数据只是认识事物的第一步，关键是还要从数据中找出规律，发现知识。在小数据时代，数据之间的关系比较简单，比较容易发现其中的规律。但是，在大数据时代，数据之间的关系变得异常复杂，仅仅依靠人力已经很难处理海量数据之间的关系，更别提发现深藏于其中的规律。大数据技术通过数据挖掘（特别是深度学习）技术对数据世界进行挖掘来认知物质世界。所谓数据挖掘，就是用算法从数据中找到隐藏于其中的规律，发现有用的知识。② 通过数据化将万物变为数据，然后又通过数据挖掘，我们就可以从数据世界中发现蕴藏在事物内部的秘密。

自然世界与人类社会的数据化就是世界不断变得透明的过程。起初，人类对整个世界基本上都一无所知，完全隐藏在黑暗之中，处于一种蒙昧的黑箱状态。但是，随着自然科学的发展，通过观察、实验获取了大量的数据，人们逐渐打开了黑箱，探知了自然界的部分秘密。就像英国人对伟大科学家牛顿的赞美诗所描述的那样：自然界及其秘密隐藏在黑暗之中，上帝说，让牛顿去吧，于是一切就变成了光明。自然科学的发展意味着隐藏在黑暗之中的秘密逐渐在揭开，世界逐渐走向透明。但是，由于科学技术的局限，我们过去只能揭开简单、线性系统的秘密，对复杂、非线性系统的秘密，特别是人类及其社会的秘密仍然隐藏在黑暗之中。我们对人类自身的所思、所想、所为，很难数据化，因为用少量的几个状态参数很难刻画人类及其社会的复杂状态，因此也就很难通过少量的数据就窥探出复杂人类及其社会的各种秘密。

---

① ［英］维克托·迈尔-舍恩伯格、肯尼斯·库克耶：《大数据时代：生活、工作与思维的大变革》，盛杨燕、周涛译，浙江人民出版社 2013 年版，第 126 页。

② Judith Hurwitz et al，*Big Data*，New Jersey：John Wiley&Sons，Inc.2013，pp.145–146.

大数据将复杂事物的状态及其变化完整、精确地记录下来成为数据轨迹，并构成庞大的数据世界。通过数据挖掘，我们就可以通过事物及其状态的变化透视事物内部的秘密，从而打开了复杂事物的内部黑箱。[①] 随着大数据技术的发展，自然世界和人类社会实现了全面数据化，一切事物的黑箱都被人类打开，由此世界逐渐从黑箱世界变成部分透明的灰箱，最后变成完全透明的白箱，整个世界成了透明世界。自然界以及人类社会的秘密本来隐藏在黑暗之中，但一旦被数据化，整个世界就变得彻底透明。大数据时代的来临也就意味着人类进入了一个透明时代，我们生活的世界变成了一个彻底透明的世界。长期以来隐藏、掩护事物的黑幕被彻底拉开，人类一下子完全暴露在刺眼的阳光下，这将给人类自由带来从未有过的诸多挑战。

首先，世界的透明化让他人能够透视我们的过去，因此带来了人类隐私的大公开。在大数据时代，因为我们每个人的一切都被数据化，我们的一举一动、一思一想都被记录下来并存储于云端，因此我们每个人的背后都留下了不间断的数据轨迹，似乎每个人都被一根无形的绳索所牵系。这些存于云端的数据是在我们不知不觉的情况下被自动采集生成的，我们几乎一无所知。[②] 更有甚者，这些数据可能将永久性地存储于云端，我们几乎无法完全将其删除，也就是说这些个人数据具有不可删除性。[③] 于是，其他人可以循着数据轨迹而无限挖掘我们每个人的过去，我们不但当下的一切被暴露无遗，连已经过去的每时每刻都已经被记录、存储，并随时有可能被挖掘和暴露。因此，有了大数据，我们每个人的一举一动都被沉淀为永久性的历史，他人可以通过历史数据的挖掘来窥视我们的过去，于是每个人都不再有秘密可言。

---

① ［美］史蒂夫·洛尔：《大数据主义》，胡小锐、朱胜超译，中信出版集团 2015 年版，第 11 页。
② ［美］格伦·格林沃尔德：《无处可藏》，米拉、王勇译，中信出版社 2014 年版，第 85—86 页。
③ ［英］维克托·迈尔-舍恩伯格：《删除：大数据取舍之道》，袁杰译，浙江人民出版社 2013 年版，第 6 页。

其次，世界的透明化让他人可以预测我们未来的思想和行为，对我们的未来可以做到了如指掌。我们每个人过去留下的历史轨迹不但暴露了我们过去的一切，更为重要的是，大数据技术利用数据挖掘和相关性的分析，可以由过去推测我们每个人的未来。[①] 我们自己尚未知晓自己未来的思想和行为，但大数据早已知道了我们未来某段时间的一切，大数据比我们自己还更加知道我们的所思所想和所为。例如，美国联邦安全局就用数据挖掘与预测的方法对入境美国的外国公民进行网络数据挖掘，对如今的申请者进行全面的历史调查，并根据这些历史数据进行预测分析和风险评估，然后做出允许入境还是拒签的决策。

最后，世界的透明化带来的更大挑战是它对人类自由意志的侵害。所谓自由意志指的是人的思想、行为完全由自己决定，不会被外物或他人所摆布或影响，即人的行为完全是依据自我的思想所决定的，自由自在、难以捉摸。我们很难像物理学或其他科学对物质世界的因果分析一样，把它数据化、模型化，更不可能对其做因果分析或科学研究以便找到我们思想、行为之间的因果关系，因此在小数据时代我们不可能对自由意志进行科学研究，更不可能做还原分析。然而，大数据技术让人的思想、行为都变成了可分析、建模、计算、预测的数据，过去难以进行数据分析的人的自由意志便成了可理解、计算的数据。这样，一切皆被纳入可数据化、可分析预测的理性分析范围，自由意志就不再自由，每个人就变成了真正的透明人。[②] 这是对人的自由意志以及人类自由的极大挑战。

总之，透明世界让人类彻底失去了神秘性和隐私性，大数据时刻窥视着我们的一切。大数据时代真正成了一个透明的时代，整个世界变成了一个透明的世界。过去我们喜欢拿万能的神灵来吓唬人，总说人在做，天在看，举头三尺有神明，这些当然是吓唬人的幻想。但是在大数据时代，这种万能之

---

① 〔英〕维克托·迈尔-舍恩伯格、肯尼斯·库克耶：《大数据时代：生活、工作与思维的大变革》，盛杨燕、周涛译，浙江人民出版社 2013 年版，第 72 页。

② 〔英〕维克托·迈尔-舍恩伯格、肯尼斯·库克耶：《大数据时代：生活、工作与思维的大变革》，盛杨燕、周涛译，浙江人民出版社 2013 年版，第 207 页。

神却成了现实。大数据时时刻刻就像上帝之眼一样俯瞰万物，洞悉一切，凝视着世界万物的一切动态，并留下永恒的数据轨迹。世间万物在大数据这一上帝之眼的监视下，就像生活在一个巨大、无形的牢笼之中，不但被严密监控，而且被透明公开，万物皆失去了过去的神秘性和隐私性。[①] 大数据让过去充满神秘的蒙昧世界真正变成了不再具有任何神秘、隐私的祛魅世界，即大数据让世界完成了彻底的祛魅，变成了一个完全透明的世界。

三、世界透明化后的人类自由

透明世界的来临，整个世界包括自然界、人类社会和人类自身都失去了遮蔽，完全大白于天下，从难以认知、识别的遮蔽变成了毫无私密可言的透明，对人类自由带来了诸多的挑战。但是，在透明化的世界里，人类难道就完全失去了自由吗？世界的透明会不会给人类带来新的自由呢？

所谓自由，从字面来说，是由着自己，或者说自己就是一切事情的缘由，不会受到其他因素的影响。但是，如果万事万物皆由着自己，则自己的自由就是他人的监狱，自己的自由必然会妨碍他人的自由，反之亦然。所谓自由并非随心所欲，而是在不影响他人自由的前提下找到自己的空间，因此自由的本义就是在约束条件下的自在行为。由于技术条件的限制，在小数据时代难以采集人类复杂行为的相关数据，人类对自然、社会和人类自身都缺乏精准的认识，人类的许多行为都难以被发现、认知，更难以对其进行约束。于是，黑箱成了遮挡他人视线、逃避他人追踪的屏障。借着世界的不透明，有些人经常可以做一些不符合法律法规或伦理道德的事情，认为这就是人类的自由，即我想做什么就做什么。透明世界的来临，让人类失去了遮蔽自己、保护自己的面纱，人类不能像过去一样戴着面具生活，于是一切都变得赤裸裸，一切都变得透明。我们过去做过什么，未来想做什么，一切都完全暴露于大众面前。这样，透明世界的确会让人们失去那种随心所欲的自

---

① ［美］约翰·帕克:《全民监控:大数据时代的安全与隐私困境》，关立深译，金城出版社2015年版，第10—16页。

由，也让人失去躲避他人监督的自由，更失去逃避法律、道德惩罚的自由。大数据就像上帝之眼，俯瞰万物，监控一切，每个人都不可能逃过法律的惩罚或道德的谴责，于是我们每个人都必须对自己的一切行为负责任。过去完全依赖靠不住的人类良心来作保证，如今被无处不在的大数据这一上帝之眼所取代，因此每个人的自由能够保证不被他人所侵犯。这就是说，在透明世界里，大数据约束着每个人的权利不受他人侵犯，这样自由的约束就有了技术的保障，自由真正成为约束条件下的有限自由。因此，大数据及其带来的透明世界让自由恢复了其本来含义。

透明世界是不是仅仅给自由带上了约束的紧箍咒呢？答案是否定的，它除了让自由恢复其本义之外，还真真切切地给人们带来了更广泛的自由。在世界透明化之前，人们的自由受到了自然、社会与人类自身的种种限制。在这三重枷锁下，人类很难获得真正的自由，我们都被迫生活在一个被各种规律所支配的必然王国中。大数据及其带来的世界透明化将让人类打破这三重枷锁，通过数据发现其规律，并利用规律获得更大的自由空间。

首先，从自然认知来说，大数据及其透明世界让人类可能获得更大的自由。马克思、恩格斯在论述共产主义的时候曾经说，人类一直生活在必然的世界里，而共产主义就必须摆脱自然王国走向自由王国。所谓必然王国就是被自然规律所控制而人们却对其无可奈何的自然世界。我们生活在自然世界中，自然世界是人类存在的基础。然而，我们对自己生活在其中的世界却懵然不知，只能听任自然的摆布。经过长期的实践，我们对自然界有所认识，特别是几次科学革命、技术革命，让人类对自然界有了更多的了解。但是，由于自然界的复杂性以及人类认识工具、认识能力的限制，我们对自然界仍然只打开了一扇窗，更多的秘密仍然隐藏在黑暗之中。人们要精准认识世界并对其进行利用，首先就必须将其数据化。未被数据化的世界对人类认识来说就是一个黑洞的世界，人类无法对其精准认知和把控。在大数据时代来临前，由于人类只能通过手工的方式来采集数据，因此数据量极其有限，被数据化的世界只是极小的一部分，而更大的茫茫世界都因未被数据化而处于认知的盲区里。大数据时代的来临，数据采集、存储、传输和处理都摆脱了手工生产方式，进入了智能化的自动生产方式，于是越来越多原来未被数据化的世界正逐渐被数据化。一旦获得了自然界各种现象的相关数据，那么人类就可以通过数据挖掘、数据处理，找到数据之间的相关性或因果性规律。自然界的规律一旦被人类掌握，人类就可以认识自然、利用自然甚至改造自然。原来只能听命于自然，受自然规律的控制，人类很难获得真正的自由，而大数据打开了自然世界的黑箱，人类不但可以窥见自然界的秘密，而且可以充分利用自然来满足自己的各种需要。大数据及其透明世界的来临，人类对自然界将获得更多的数据，获得更多的认知，于是人类逐渐摆脱自然王国的摆布而走向自由王国，因此大数据及其透明世界将让人类在自然界面前获得更大的自由空间。

其次，从社会认知来说，大数据及其透明世界将让人类对社会获得更多的认识，从而获得更多自由。社会是由人类群体所构成，是由人类个体聚集而成、具有一定结构的组织。人类具有主体性，具有思维、创新能力以及复杂的需求结构，因此从人类个体来说就已经难以被认知和把握。当由千千万万复杂的人的个体构成社会组织之时，这个社会组织更加复杂、多变、多样、互动，因此对社会的认知复杂性比自然的认知复杂性还要大，即社会比自然更加难以认识。我们以往是利用自然科学的方法来对社会进行研究，但自然科学研究方法很难应用于社会认知，比如自然科学中应用最普遍的受控实验方法在社会科学中就无法使用，只能使用访谈、问卷、抽样等非受控的方法来获取数据。这种数据采集方法有三大局限：一是仍然像自然科学一样停留在手工采集方式；二是数据规模极其有限；三是数据可能被严重污染而失真。在大数据时代来临前，人类对由自己所构成的社会认识特别有限，很难对其有全面的认知和把握，很难认知和把握社会的规律性，因此在复杂的社会面前，人类很难获得真正的自由，基本上停留在必然性的王国中。大数据及其透明世界的来临，使社会研究范式发生了革命性的变化：第一，大部分数据都是通过智能感知或网络痕迹而获得，数据采集实现了智能化和自动化；第二，数据规模实现了暴增，社会的方方面面都有大量的数据来刻画；第三，由于没有具体的个人参与，数据没有被人污染（虽然数据采集设备是人类安装的，但它们具有主体间性，因此具有客观性）。由于海量的大数据能够更加精细地刻画社会的复杂性，能够精准地描画过去，又能精准地预测未来，因此人类社会虽然更加复杂，但因有了大数据这一技术工具，隐藏于其中的规律仍然可以被人们挖掘、认识和把握。有了对复杂社会的规律性认识，人类就可以充分利用社会发展的规律来为自己服务，不再完全是局外之人，而是可以主动参与社会的变革，由此从社会认知中获得自由，由社会必然王国走向社会自由王国。因此，大数据及其透明世界让人类在复杂的社会面前获得更多的自由权利。

再次，从人类自我认知来说，大数据及其透明世界让人类对自身获得更多的认识和把握，从而从自身中获得更多的自由。从生物、心理、思维等层面来说，人类也是一个极其复杂的系统。一般认为，我们人类已经可以上天入地，因此对自身一定是了如指掌。然而，事实并非如此，可以说我们对人类自身并不比对自然、社会认识更多，甚至可以说浑然不知。例如，我们对自己的生理活动、心理活动、思维活动都知之甚少，所以科学家号召要开展人体科学的研究。之所以会出现人类对自身的无知主要是因为人体自身的复杂性以及技术工具的局限性。从人体自身来说，人体就是一个小宇宙，精致又复杂，传统的技术工具很难对其数据化。缺少数据化工具，人类对自身也就难以认识和把握，因此也就被必然性王国所牵制，我们很难有自由的空间。例如人类对人体疾病的机理就知之甚少，因此人类对许多疾病都无能为力。人类对自身的衰老规律缺少把握，因此虽然千百年来一直希望长生不老，但目前仍然摆脱不了生老病死。再例如，人类对自己的大脑思维规律知道很少，因此对思维的奥秘以及创造性思维都缺少科学的认识，因此仍然对天才人物停留在膜拜之中，而无法利用其中的规律来实现创造性思维。但是，大数据及其透明世界为人类认识自身提供了更加可行的技术手段，例如可穿戴设备、可植入人体的微芯片等，这些智能技术时刻记录着人体的一切状态、行为及其变化，网络云端更留下了人类的所有行为数据。通过数据挖掘和分析，我们从中可以窥见人类自身的秘密，从中发现隐藏于其中的规律，并能够充分利用这些规律来进行疾病诊断和治疗、智力开发和利用、人体衰老机制认知及其防范，人类就可能彻底摆脱生老病死的必然规律，走向由自身设计的理想人生，从而进入自由王国。因此，大数据及其透明世界让人类在自身面前获得更多的自由能力。

最后，从人类解放来看，大数据及其透明世界为人工智能技术提供了坚实的基础，而人工智能将减轻人类体力和脑力劳动的负担，由此带来人类的解放和自由。劳动和财富是制约人类自由最直接的因素。马克思早就说过："外在的劳动，人在其中使自己外化的劳动，是一种自我牺牲、自我折磨的劳动。"① 人类为了解放自己，利用科学、技术发明了各种工具和机器，让人类从繁重的体力劳动中解放出来。然而，脑力劳动是折磨人类的更加复杂的劳动，但因为对大脑及其思维规律缺乏认识，于是人类一直难以从脑力劳动中解放出来。大数据及其对世界的数据化，让人类对自然、社会以及人类思维规律有了更加深刻的认识和把握，逐渐用机器来代替人类的脑力劳动，于是人类逐渐从体力和脑力劳动中全方位地解放出来。基于大数据的人工智能及智能机器人创造出大量的财富，让社会财富急剧增加，于是人类也将逐渐告别财富拮据的局面，由此从财富的束缚中解放出来。因此，大数据及其透明世界的来临，使人类将逐渐从束缚其自身的劳动与财富中解放出来，走向马克思、恩格斯所向往的人类全面解放和自由。在未来的透明世界里，人们不仅从自然的束缚中解放出来，而且将从社会和人类自身的束缚中解放出来，从而每个人的个性、才能、智慧都获得更大的自由空间。

大数据技术的发展带来了世界的全面数据化，万事万物被数据化之后在实体世界之外形成与其具有映射关系的数据世界。通过数据世界的挖掘和处理，人类就可以对所处世界进行精准的认知和预测，因此整个世界将从黑箱世界逐渐变为透明世界。世界的透明化让习惯于生活在黑箱世界中的人类突然无所适从，改变了人类原来的游戏规则，因此给人类的自由带来了威胁。但是，世界的透明化给人类认识自然、社会及人类自身带来了便利，人类能

---

① 《马克思恩格斯文集》第 1 卷，人民出版社 2009 年版，第 159—160 页。

够更加精准地认识自然、社会及人类自身的规律，通过必然规律既可以回溯过去，又可以预知未来，人类将逐渐摆脱必然王国，走向自由王国，因此也给人类带来更多的自由。透明世界里的这种新自由是约束条件下的自由，更符合自由的本质含义。

第五节　大数据革命与后现代主义

大数据革命是一场以数据技术为代表的信息技术革命。大数据技术通过对世界万物的数据化的手段，让世界变成了一个碎片化的扁平世界。传统的统一、有序的技术结构被消解，从技术上实现了后现代主义的解构目标。大数据技术通过海量数据之间的相关性来寻找事物之间的数据规律，从而消解了只追求因果规律的逻各斯模式，从技术上实现了后现代主义消解理性的设想。大数据技术通过数据的整体性、多样性而实现个性化、精准化的思维方式，数据之间实现了平等化和网络化，从技术上实现了后现代主义取消系统中心的构想。可以说，后现代主义在大数据革命之前就提出了如今大数据时代的各项主张，而大数据技术只是从技术的层面实现了后现代主义的理想。因此，从哲学来看，大数据技术具有后现代主义所主张的结构破碎、理性消解、中心失落等三大特征，因此它属于后现代技术。虽然大数据技术与后现代主义的目标是一致的，但是后现代主义更多地主张去破坏一个旧世界，而大数据技术则用智能感知、互联网、云计算等新技术去重建一个新世界，因此大数据技术更像是建设性的后现代主义。

大数据革命是一场正在发生的技术革命，它主要是以数据技术为代表而发生的信息革命，并由此意味着信息社会的真正来临。大数据技术主要以智能感知、互联网、云计算等技术为核心，由海量数据的采集、传输、处理和存储为主要内容，并具有量大（Volume）、多样（Variety）、快速（Velocity）、真实（Veracity）等四大特征，并带来了"量化一切"的数据化世界观以及"更多、更杂、更好"的大数据思维①，由此产生了所谓的"大数据主义"。② 对大数据技术的特征及其哲学理念进行考察分析之后发现，大数据革命的本质是以数据为载体的信息革命，而且其哲学理念与后现代主义所宣扬的主张基本一致，它具有后现代性的基本特征，因此从本质上来说，大数据技术是一种后现代技术，大数据革命本质上就是一场后现代革命。大数据技术的后现代性主要表现在其破碎的世界结构、个性化的思维方式和相关性的认知模式上，这是后现代主义解构、多元、非理性三大主张的技术表现。③

一、万物皆数：碎片化的世界结构

后现代主义并没有统一的纲领和观点，因此很难把握其共同点。不过，几乎所有的后现代主义者都反对结构主义，基本上持解构主义观点。④ 他们认为，传统哲学是一种形而上学，它人为地建立了许许多多的所谓"中心"，并把世界建构成像错综复杂的组织，形成一个个结构，组成一个个系统，由此形成等级森严的世界体系。解构主义就是要砸碎这些传统的结构，用后现代主义的解剖刀把一切结构切割成一个个无序的碎片，并把它们从传统哲学、文学等一切领域中清除出去，《一个解构主义的文本》就是其中的代表作。⑤ 因此，后现代主义的世界观是与传统整体世界观完全相反的碎片化世界观。⑥

由于技术的限制，后现代主义解构世界的主张只能停留在思想、观念领域，比如哲学、文学、艺术等领域。然而，随着大数据技术的兴起，后现代

---

① 黄欣荣：《大数据时代的哲学变革》，载《光明日报》（理论版）2014 年 12 月 3 日。
② ［美］史蒂夫·洛尔：《大数据主义》，胡小锐、朱胜超译，中信出版社 2015 年版，第13—17 页。
③ 冯俊：《后现代主义哲学讲演录》，商务印书馆 2003 年版，第 96—16 页。
④ 冯俊：《后现代主义哲学讲演录》，商务印书馆 2003 年版，第 295—298 页。
⑤ ［法］罗兰·巴特：《一个解构主义的文本》，汪耀进、武佩荣译，上海人民出版社 1997年版。
⑥ ［英］凯文·奥顿奈尔：《黄昏后的契机：后现代主义》，王萍丽译，北京大学出版社 2004年版，第 56—57 页。

主义的解构主张突然也在技术上逐步得到实现。大数据技术通过数据化手段全方位地把世界变成一个数据的世界，而这个数据世界正好也是离散化、碎片化结构的。① 大数据技术的基础是海量数据的爆发，而海量数据则主要来自大数据技术对万物的数据化。大数据技术中所谓的数据是一种广义的数据，它不仅仅包括数字及其计量单位相结合的狭义数据，还包括能够最终转换为 0 和 1 的一切信息。古希腊哲学家毕达哥拉斯曾经提出数是万物本原的猜想，也就是说，数是万物的基本构件，世界是一个由数构成的离散世界。不过，后来的哲学家和科学家并没有完全继承和发展这一思想，而是更多地将世界及其万物看作是一个连续的世界，因为将事物离散化和数据化需要一定的技术条件。世界的数据化经历了一个漫长的过程，其中正好也反映出数据化技术进步的过程。

（一）自然世界的数据化

世界的数据化最早出现在日常生活领域，比如丈量土地、人口统计、税赋征收等，这样就将生活中最容易遇到的事物实现了数据化。文艺复兴之后，随着科学革命的展开，物理世界的许多事物都实现了量化，并发明了各种计量设备和计量单位，将连续的物理对象数据化、离散化。然而，面对人类思想、行为，物理世界的量化方法却难以适用，人类及其社会的诸多问题都只能用语言进行定性描述，很难进行计量和数据化。所以，当自然世界基本上实现了数量化和定量分析之时，人类及其社会的各种分析却停留在思辨和定性分析上。虽然社会科学各学科，例如心理学、社会学、经济学、管理学等，通过模仿自然科学，用抽样调查等方法对不少社会现象进行了计量化和数据化，但基本上都属于主观的量化，难以刻画社会现象的真实状态。

世纪之交的各种新技术为世界的数据化提供了便利的技术条件，特别是物理世界中原来难以数据化的部分领域以及人类及其社会的各种心理、生理、思想、行为等现象。物理世界的绝大多数现象都已经由现代科学技术手

---

① 黄欣荣：《大数据与微时代：信息时代的二重奏》，载《河北师范大学学报》（哲学社会科学版）2017 年第 1 期。

段实现了数据化，但仍然有一些领域难以做到。在一些线性领域，少量的参数就可以描述整体，因此传统手段就能够做到。面对非线性领域，例如，桥梁受力检测，需要大量的数据才能够刻画，因此需要新的技术手段才能够实现。装备在各领域的智能传感器随时随地采集、记录、传递着各种物理参数的状态及其变化，为长期监测各种人工难以检测的物理量提供了技术的可能性。

（二）人类社会的数据化

大数据是如何实现对人类及其社会的数据化的呢？互联网、视频监控、智能手机、可穿戴设备等则将人类及其社会的一切行为都以数字的形式做了全程的数据化，为人文社会科学研究提供了海量的数据。互联网技术将人类在网络中的各种行为全程记录，视频监控则将监控范围之内的一切都记录在案。

文字、方位、社交等在过去是无法数据化的信息，因此难以用计算机等数字处理设备进行采集、存储、分析、应用。如今，谷歌、亚马逊、超星等公司，将过去几乎所有的文献资料都进行了扫描识别，变成了数据化文本，而今后的所有图书、文档则直接以数字化的形式出版、发布。通过这样的数字化，所有的文字都实现了数据化，可以用各种智能设备对文档中的信息进行深度挖掘，充分挖掘出图书文献数据化之后的附加价值，并由此衍生出新的学术方向——文化组学（culturomics）。

方位是一种重要的地理信息，过去曾用经纬度来进行刻画，但个人的位置信息却很难实时跟踪和记录。在大数据时代，全球定位系统（GPS）、北斗定位系统与智能手机、可穿戴设备等智能终端相结合，可以对几乎每个人或物的位置进行精确的标记、记录、测量、分析和共享。"位置信息一被数据化，新的用途就像雨后春笋般涌现出来，而新价值也会随之不断催生。"[1]

人类是群居并具有丰富感情的动物，社会交往是人类生活所必需的，交

---

[1] ［英］维克托·迈尔-舍恩伯格、肯尼斯·库克耶:《大数据时代：生活、工作与思维的大变革》，盛杨燕、周涛译，浙江人民出版社 2013 年版，第 119 页。

往信息是人类活动的重要信息。由于社会交往的复杂性与即时性，社交信息很难被记录、存储和分析。随着智能网络的兴起，人们基本上都过上了网络生活。Facebook、Twitter、LinkedIn、微信、QQ 等网络社交平台将我们的社会交往进行了全程数字化记录并形成社交数据图谱。通过社交数据挖掘，可以直接触摸到我们的社会关系、经历、情绪、情感等内心的隐秘世界。

在大数据时代，不但自然世界被彻底数据化，而且人类及其社会的一切状态、行为都将被彻底数据化，世间万物均被数据化。通过数据化，整个物理世界、人类及其社会都将变成由各类数据构成的数据世界。"将世界看作信息，看作可以理解的数据的海洋，为我们提供了一个从未有过的审视现实的视角。它是一种可以渗透到所有生活领域的世界观"。①

（三）数据化是后现代主义世界观的实现与超越

大数据的数据化、碎片化与后现代主义的碎片化有相似之处，但又具有本质的区别。后现代主义是为破碎而破碎，只要碎片不要整体，认为整体就形成了结构，就是要被打碎，然而大数据仍然保留着整体观，它是整体观关照下的破碎。大数据技术提出了全数据模式，认为数据越多越好，数据越多，对现象的描述就越精确，因此大数据利用各种技术把能收集、存储的数据全部收集、存储下来，对某个对象进行研究时则将与对象相关的所有数据全部用上，这就是大数据时代的全数据模式。② 全数据模式意味着对世界的数据化更加彻底、更加精致，也更加准确。这其实就是我们一直主张的整体性问题，全数据模式利用与问题相关的全部数据来刻画问题的整体性，但这种整体性已经被数据化，是一种数据化、可操作的整体主义。

大数据不像后现代主义者仅仅是为了破坏一个旧世界，其碎片化是为了更加精准地描述、认识这个世界，破碎之后还将重新进行逻辑重构，从而建设一个更加精准、科学的新世界。数据代表着对某件事物的描述，数据化就

---

① [英] 维克托·迈尔-舍恩伯格、肯尼斯·库克耶：《大数据时代：生活、工作与思维的大变革》，盛杨燕、周涛译，浙江人民出版社 2013 年版，第 126 页。

② [英] 维克托·迈尔-舍恩伯格、肯尼斯·库克耶：《大数据时代：生活、工作与思维的大变革》，盛杨燕、周涛译，浙江人民出版社 2013 年版，第 37 页。

是将现象以数据的形式记录下来，或者说将现象转变为可计算的量化形式的过程。大数据时代的数据化，其本质就是将完整、连续的世界或现象进行离散化、碎片化，即数据化的本质就是离散化、碎片化、破碎化。① 在小数据时代，科学研究主要停留在线性区域，因此我们往往利用少量的数据进行逻辑重构，即用少量数据来重新建构一个具有严格逻辑结构的世界。在这个世界里，就像机器一样，可以拆卸成部件，又可以进行重新组装。但在大数据时代，我们的研究往往涉及复杂、多样、多变的非线性现象，不再可能将它们用少量的数据来描述，也没法拆卸为少量部件，只能用海量的数据来精确刻画其复杂细节。这样，大数据将整体的自然世界或人类世界碎片化为海量的数据，数据规模越大，说明世界被破碎得越精细。

大数据对复杂现象数据化之后，各个数据之间的地位是平等的，不像小数据时代的数据具有不同的层级和地位。例如在当今的网络世界里，人人都可以参与，人人都具有同样的参与权和发言权，不再表现为地位不平等的等级结构。在以大数据为代表的数据世界里，各个数据都是具有自主性的主体，相互之间透明、平等，形成复杂的数据网络。大数据时代的数据化世界是一个碎片化、微结构的世界。后现代主义要解构现代主义的各种结构，以实现完全平等的主体地位，但是其理想在小数据时代缺乏技术的实现途径。

大数据认为万物皆数据，世界的本质就是数据。"有了大数据的帮助，我们不会再将世界看作是一连串我们认为或是自然或是社会现象的事件，我们会意识到本质上世界是由信息构成的。""通过数据化，在很多情况下我们就能全面采集和计算有形物质和无形物质的存在，并对其进行处理。"② 如今大数据革命从技术（特别是数据信息技术）上实现了后现代主义解构世界的哲学主张，让物理世界、社会世界甚至思维世界变成了碎片化的数据世界，实现了后现代主义碎片化世界的理想。但是，数据化的世界比后现代主义完

---

① 黄欣荣：《大数据与微时代：信息时代的二重奏》，载《河北师范大学学报》（哲学社会科学版）2017 年第 1 期。

② ［英］维克托·迈尔-舍恩伯格、肯尼斯·库克耶：《大数据时代：生活、工作与思维的大变革》，盛杨燕、周涛译，浙江人民出版社 2013 年版，第 125 页。

全无结构的凌乱的破碎世界更加科学、完美，因此它又超越了后现代主义的破碎世界观。

二、复杂多样：个性化的思维方式

经过几千年的漫长发展，古代的经验技术逐渐演变为科学技术。美国技术哲学家芒福德认为古代的经验技术是符合人性的生态化的多样性技术（polytechnics），而现代科学化的技术则变成了单一化技术（monotechnics）。单一化技术是一种权力技术，它以科学理论为基础，以批量化生产为形式，以经济扩张、物质丰盈和军事优势为目的，一句话就是为了权力。这种单一化技术最终将演变为巨型机器（megamachine），进而形成标准化、齐一化的技术体系，并置于中央控制之下，形成等级森严的技术、社会组织。[1] 人文主义技术哲学家们对这种单一化技术进行了诸多的批判，例如海德格尔把它描述为一种系统性的技术座架（Gestell），胁迫人类成为技术系统的一部分，从而丧失人类的自由。[2] 马尔库塞则用"单向度的人"来描述这个单一化的技术社会。托夫勒则用更加诗意化的文笔描绘了工业社会的情形："它把所有事物联系在一起，像机器一样分别装配，构成世界上最强大、最团结、最有包容力的社会制度：第二次浪潮的文明"，并把工业社会的特征归结为标准化、专门化、同步化、集中化、规模化和集权化。[3]

小数据时代的最基本特征是标准化、批量化和集中化，后现代主义哲学家们则用中心化来统一概括。所谓中心化（Centralization）就是在一个系统的要素之间具有不同的地位和作用，存在层次性的权力结构，它是一种单向性的集权模式。[4] 例如广播电台、电视台就是典型的中心化模式，只存在广

---

① 黄欣荣：《现代西方技术哲学》，江西人民出版社 2011 年版，第 86—88 页。

② 黄欣荣：《现代西方技术哲学》，江西人民出版社 2011 年版，第 124—126 页。

③ [美] 阿尔文·托夫勒：《第三次浪潮》，朱志焱、潘琪译，生活·读书·新知三联书店出版社 1983 年版，第 14 页。

④ [英] 凯文·奥顿奈尔：《黄昏后的契机：后现代主义》，王萍丽译，北京大学出版社 2004年版，第 50 页。

播电台或电视台向听众或观众的单向信息传播，受众只能被动接受而无法与传播者进行信息反馈或互动。去中心化是后现代主义的主要内容之一，后现代主义者们追随哥白尼、达尔文与弗洛伊德的传统，对一切自称为中心的东西都十分反感，尤其是对自称为哲学核心的形而上学更是深恶痛绝，于是他们要废除一切号称中心的东西，实现万物相互平等、各有个性和地位，强调复杂性、个体性和多样性的存在。在中心化的结构中，中心具有核心地位，统摄、领导着整个系统，其他要素只能接受控制，无法反馈或互动。[①] 去中心化就是系统就不再存在控制、指挥、领导其他要素的核心要素，系统要素之间的地位是平等的，相互之间以协商、交流、对话为手段进行信息反馈或互动。

随着大数据时代的来临，工业社会时代的单一性技术体系被逐渐打破，后现代主义的多样化、去中心的理想逐渐成为现实。大数据技术是如何打破单一性技术体系的呢？

（一）大数据是没有主体的数据

小数据时代的数据都是人工参与采集的数据，都是有主体的数据，因此也就成为被主体污染的数据。在数据采集之前，采集者就设计了整套的采集方案，包括采集对象、采集目的和采集手段等，预设了哪些数据是重要的数据，根据观察渗透理论，这种数据充分渗透了采集者的意图和知识背景，渗透了中心化思维，因此很难保持其客观性。在大数据时代，数据主要来自传感器、手机、网络、监控器、收银机等，这些智能终端虽然都是由人类设计和安装，但这些数据与具体的个人无关，具有了主体间性，因此具有了客观性，与具体的主体没有紧密相关，可以作为没有主体的数据。这些数据没有预设目的，起初只是作为垃圾被智能设备留下，这样也就没有对数据做等级分类，所有数据都具有同等的重要性，因此也就没有中心化思维，大数据是对小数据时代中心化的反动，体现了后现代主义的非中心化理念。

---

① ［法］罗兰·巴特：《一个解构主义的文本》，汪耀进、武佩荣译，上海人民出版社1997年版，第10页。

（二）大数据是多样性的数据

在小数据时代，因为数据来之不易，在采集数据之前就经过了精心的设计，特别是对研究对象进行了孤立、静止的理想化处理，一方面将其与环境隔离，让对象成为一个孤立的系统，与环境没有物质、信息、能量的交流，另一方面让变动不居的状态静止下来，以便于采集、记录和分析数据。在对数据进行分析时，小数据时代总是追求总体化、平均化、标准化，以单一的总体、平均掩盖了活生生的个体，个体之间没有了差异性、多样性。大数据技术不再需要对研究对象进行理想化处理，可以在真实环境采集、记录和存储事物的真实状态。大数据也不需要对所采集数据进行标准化处理，每个原始数据都得以保留，不再进行总体化和平均化。各个原始数据都保持着自己的个性和差异性，不再面临不符合理论或预期的数据而被预先抛弃的命运，也不会被干巴巴的总体、平均所替代。真实的世界是一个复杂、多样的世界，大数据用海量的数据记录、刻画了真实世界的这种复杂与多样。

（三）大数据是模糊性的数据

在小数据时代，科学化、数据化意味着精确化，任何数据都必须精确描述事物的状态，不允许模糊、不精确数据的存在。"对小数据而言，最基本、最重要的要求就是减少错误，保证质量。"① 这是因为在小数据时代，数据的采集成本高，数据精确度对后期的研究带来巨大的影响，不精确的数据可能带来巨大的误差甚至错误。在大数据时代，海量的数据从智能终端不断自动生成，数据的获取不再是难题，数据的筛选反而是不容易的事情。因此，原始数据不管精确与否，一概被记录、储存下来。海量数据的模糊性反映了现实世界的真实状态。此外，大数据的数据处理能够对异常数据进行快速清洗，通过冗余技术可以实现真实状态的还原。允许不精确性是大数据时代的亮点和特点，因为放松了容错的标准，数据量急剧爆发，这海量的数据正好刻画了事物各种状态的细节。"执迷于精确性是信息匮乏时代和模拟时

① ［英］维克托·迈尔-舍恩伯格、肯尼斯·库克耶：《大数据时代：生活、工作与思维的大变革》，盛杨燕、周涛译，浙江人民出版社 2013 年版，第 46 页。

代的产物。在那个信息贫乏的时代，任意一个数据点的测量情况对结果都至关重要。所以，我们需要确保每个数据的精确性，才不会导致分析结果的偏差。"①"当我们试图扩大数据规模的时候，要学会拥抱混杂。"②

（四）大数据是平等性的数据

工业化时代的典型结构是等级结构，在这种等级结构中，人与人之间、物与物之间、数据与数据之间是不平等的，其中有些要素具有绝对的权威，而有些要素则完全被动，下一级的权利往往由上一级来代表。例如，在传统的广播、电视技术中，作为受众的我们只能被动地接受广播电台、电视台的节目安排，我们无法体现作为受众的意见，只有单向的灌输。在这种结构中，我们可以通过还原找到系统具有绝对权威的顶端，因此这种系统是一种具有宏大叙事的权威系统。但是，大数据技术提供了颠覆这种结构的技术，在互联网、物联网中，很难找到具有绝对权威的顶层，各个终端相互连接，形成一种具有平等地位的网络结构。在网络结构中，每个终端都有自己的话语权，相互之间形成平等的对话关系，权利不再被他人代表，也不再形成宏大的叙事结构。

三、超越因果：非理性的认知模式

所谓理性（reason）是指基于某种规则或理论对现象进行解释和预测的一种认知模式。理性在古希腊时期被称为"逻各斯"（logos），它只是世间万物的纷繁复杂的各种现象背后，一定存在蕴藏着的一种神秘力量，这种神秘力量控制着现象的千变万化，也可以说是现象背后的原因。

自古以来，人们面对纷繁复杂的各种现象总会心生困惑，这些变动不居的现象背后是否存在不变的原因或规律呢？人们最早将其诉诸各种神灵，直到古希腊先哲们试图用物质的因素来取代难以把控的神灵，于是自然哲学家

---

① ［英］维克托·迈尔-舍恩伯格、肯尼斯·库克耶：《大数据时代：生活、工作与思维的大变革》，盛杨燕、周涛译，浙江人民出版社2013年版，第55页。

② ［英］维克托·迈尔-舍恩伯格、肯尼斯·库克耶：《大数据时代：生活、工作与思维的大变革》，盛杨燕、周涛译，浙江人民出版社2013年版，第49页。

们先后将这种背后的原因归为水、火、不定者、气、原子等，他们试图为现象世界找到一个不变不动、不生不灭、独一无二的最后原因。古希腊伟大的哲学家亚里士多德更是将其上升为形而上学，将万物之因归结为四种，即质料因、形式因、动力因和目的因。经过将上帝作为万物终极因的千年中世纪后，人们迎来了伟大的文艺复兴和启蒙运动，由于伽利略、牛顿等诸多科学家的伟大贡献，自然科学及其解释世界的方式逐渐为人们树为标杆，科学理性逐渐取得统治地位，万事万物都必须接受理性的质疑和批判，理性主义成为人们的基本信念，相信科学、高扬理性成为时代的主旋律。

当然，在理性主义旗帜高高飘扬的启蒙运动时期，就有卢梭等思想家们批判理性统治一切的极端行为，叔本华、尼采等人文主义思想家们一直坚持人文精神，反对科学理性的垄断，但是面对现代科学技术的滚滚洪流，人文主义的呼声显得那么苍白无力。一直等到后现代主义的兴起，特别是后工业社会、第三次浪潮的回应，科学哲学家费耶尔阿本德更是喊出了打倒科学帝国主义的口号，反对理性垄断之声才成为星星之火。① 如今正在发生的大数据革命则从技术层面将后现代主义的反对理性垄断的主张落实到政治、经济、文化和生活之中。大数据技术从哪些途径将后现代主义的理想变为现实，将口号落到实处呢？归结起来主要有重视相关性、承认地方性、包容非理性。

（一）重视相关性

理性的最基本表现形式是事物之间的因果性，传统科学要追求确定性，要找出现象背后的原因，然后根据因果关系提炼出具有确定性的科学规律，并利用这种因果规律解释现象、预测未来。传统科学的这种认知模式当然有其合理性，而且科学史已经说明这种模式的有效性。但是，在大数据时代，数据量急剧暴增，达到传统方法难以对付的海量规模。面对海量的大数据，我们已经不再可能找到每个数据的前因后果，再也难以找到它们之间的因果链。于是，大数据技术不再首先追求数据间的因果关系，而是重视数据间的

---

① ［美］保罗·费耶尔阿本德：《告别理性》，陈健译，江苏人民出版社 2007 年版，第 316 页。

相关关系。大数据通过相关关系来解释现象，更重要的是用其预测未来。① 特别是对许多实际问题，例如许多商业应用来说，只要找到相关关系就能预测未来趋势，因此相关关系更具有实用价值。在大数据时代，各种智能终端都在线链接在一起，形成实时网络，要对实时的大数据进行因果关系分析难度太大，成本太高，因此相关性分析是一种既经济又实用的技术方案。

大数据技术对相关性的重视虽然没有直接否认事物的因果性，但它通过相关性分析超越了因果性分析，这就为后现代主义贬斥因果性提供了一套可行技术手段。大数据的相关性虽然没有因果性那种确定性关系，只具有或然性，但利用海量的实时数据以及数据的在线处理，能够比较好地实现趋势预测，因此，面对大数据相关性分析更具有可行性和实用性。在大数据时代，相关性分析为我们提供了一系列新的视野和有用的预测工具，我们从中可以看到许多以往未曾关注的联系，并可掌握以往无法理解和预测的复杂技术和社会动态。"更重要的是通过探求是什么而不是为什么，相关关系帮助我们更好地了解这个世界。"②

（二）承认地方性

自从哲学中独立出来，并挣脱了神学枷锁之后，自然科学就获得了无上的荣光，成为雄霸天下的霸主。于是，从 19 世纪开始就有人提出要划清科学与非科学的界限，把非科学的东西赶出去。20 世纪的逻辑实证主义和批判理性主义更是把科学划界作为科学哲学的第一要务，誓把非科学、伪科学赶出科学的阵营中。他们认为，科学具有自身的特质和独特地位，因此他们必须保卫科学，保持科学的纯洁性，并分别用可证实性或可证伪性作为科学划界的标准。虽然随后的科学哲学家（例如库恩、拉卡托斯）放宽了科学划界的标准，甚至有费耶尔阿本德彻底放弃划界，但科学哲学界普遍认为，科学与非科学、伪科学之间还是必须划界，并制定合适的标准，因此有邦格、

---

① ［英］维克托·迈尔-舍恩伯格、肯尼斯·库克耶：《大数据时代：生活、工作与思维的大变革》，盛杨燕、周涛译，浙江人民出版社 2013 年版，第 75 页。

② ［英］维克托·迈尔-舍恩伯格、肯尼斯·库克耶：《大数据时代：生活、工作与思维的大变革》，盛杨燕、周涛译，浙江人民出版社 2013 年版，第 83 页。

萨迦德等人对科学划界标准的重建。①

　　逻辑实证主义眼中的科学是指文艺复兴以来那种以经验、实验为基础，以逻辑与数学为工具而建立起来的自然科学。自然科学的最大特点就体现在逻辑与实证中，所谓逻辑是指学科内部知识体系的逻辑化和数学化，所谓实证是指科学知识的经验来源和检验。自然科学各学科经过几百年的发展逐渐实现了体系逻辑化和检验经验化，从而得到了普遍的承认。然而，由于人的主体性与复杂性，使得与人相关的文史哲等人文学科，由于难以逻辑化和经验检验，所有人文学科数千年来一直停留在思辨层次，难以像自然科学一样得到普遍的承认，因而也无法纳入科学共同体中。与人类社会相关的社会科学，例如心理学、社会学、经济学、管理学等，虽然通过借鉴自然科学的方法进行了部分的逻辑化和经验化，但由于研究对象的复杂性，它们仍然难以像自然科学一样获得科学的入场券。因此近现代科学其实仅仅局限于自然科学，人文、社会科学并没有被科学共同体普遍接纳。

　　随着大数据技术的兴起，万事万物的数据化方法获得了突飞猛进的突破，万物皆可被数据化。自然科学的所谓逻辑化和经验化问题，只要经过简单的转换就可以变为数据化的问题，科学划界的标准虽有形形色色，但最终都可以归结为能否被数据化的问题。自然科学之所以被称为科学，就是其研究对象能够被数据化，而人文、社会科学则因其对象的复杂性而无法用传统方法实现数据化。大数据技术可以将人类最复杂、最神秘的心理活动、情感意志、直觉感悟、言谈举止等等通过智能系统采集、记录、存储下来，并可以进行数据挖掘。因此，量化万物的大数据技术则让人文、社会科学的数据化问题得到彻底的解决。也就是说，人文、社会科学的研究对象通过大数据技术也可以彻底被数据化，曾经一度被排斥在科学大门之外的人文、社会科学就可以像自然科学一样昂首挺进科学的大门。由此，科学的范围就得到了大大扩展，特别是以往被当作伪科学的中医药、经验性知识、地方性知识以及其他一切默会知识（tacit knowledge）都可以被科学接纳或包容。大数据

---

① 黄欣荣：《从确定到模糊——科学划界的历史嬗变》，载《科学·经济·社会》2003 年 4 期。

通过技术化的手段响应了后现代主义促进科学平等化的主张，虽然没有像后现代主义者那样高喊打倒科学帝国主义，但通过数据化，让非科学获得了与科学平等的地位。

（三）包容非理性

科学的最终产品是什么？以往认为，应该是具有普遍必然性的因果规律，即通过科学活动，科学家们将获得各种因果规律，而且这些因果规律经过经验检验具有普遍必然性。凡是所谓的规律，传统观点认为必然是一种因果规律，偶尔也表现为统计规律。无论如何，规律就必须放之四海而皆准，与时间、地点、人物没有任何关系，这就是所谓的真理的绝对性。

但是，大数据技术通过数据挖掘所得到的只是数据之间的相关关系，比因果关系的要求更宽松。这种数据相关关系能不能纳入规律的范畴呢？我们知道，因果规律之所以被称为规律，是因为它一方面可以解释已经出现的现象，即对已经出现的各种现象可以做出各种合理的解释，这就是所谓的解释过去功能。另一方面，它还可以利用因果关系对尚未出现的现象做出准确的预测，未来的现象虽然尚未出现，但一切都在因果规律的意料之中，这就是所谓的预测未来功能。大数据挖掘所获取的数据规律是根据特定的数据库所归纳提炼出来的数据之间的相关关系，它在特定的时间、地点或人物条件下，可以解释已经发生的各种现象，同时，利用数据间的相关关系也可以推导出未来即将出现的现象。例如，大数据的啤酒与尿布片这一经典案例中，沃尔玛超市就是利用已有数据间的相关关系发现了啤酒与尿布片之间的关系，并利用它们之间的关系成功地进行了商业营销。在现实生活中，特别是商业营销中，只要积累了足够的历史数据，就可以从中发现数据间的相关关系，并由此实现各种商业营销。虽然大数据的相关关系具有语境性和偶然性，但从解释过去、预测未来这两种功能来说，相关关系在一定的语境下也具有因果关系的这两种功能，因此也可以被称为规律，我们可将这种相关关系称为数据规律，以便与因果规律相区别。

大数据时代的数据规律弥补了传统的因果规律的不足，它让语境性、地方性知识也可以被纳入科学知识的范围，科学由此具有了更大的包容性，更小的排他性。后现代主义一直诟病现代科学的霸道，把大量的其他知识，例如具有数千年历史并具有强大治疗功能的中医药知识强行排斥在科学的大门之外，各种文史哲知识和社会科学知识由于没有普遍必然性而不被科学接纳。现代主义强调规律的普遍必然性就是理性中心主义的表现，因此后现代主义认为，现代科学将宗教拉下神坛后自己又端坐在神坛中，而且并不比宗教具有更大的包容心，因此必须打倒科学帝国主义。[①] 大数据用具体的技术手段让可能规律能够包容个别、偶然的现象，并从数据相关性入手突破了普遍必然性的因果规律的限制，从而实现了后现代主义打破理性中心主义的霸权，实现了向非理性化的转向。

　　大数据革命是正在发生的一场新技术革命，但它的思想渊源早已隐藏在后现代主义的思想之中。从本体论上来说，大数据主义认为"万物皆数"、"数化一切"的数据化世界观就是解构、破碎的后现代世界观的技术化表征和技术实现。混杂、多样、个性的大数据思维正好与后现代的去中心化思维相吻合，并且从技术上将中心去除，实现了每个个体都是中心的理想。大数据对因果性的超越，对相关性的追求正是后现代主义排斥理性的技术翻版，从技术上实现了非理性化的愿望。总之，大数据主义的数据化、混杂性、相关性的新主张正是后现代主义解构一切、去除中心和排斥理性的科学表征和技术实现，因此从本质上来说，大数据主义与后现代主义具有极大的相似性，当然大数据主义在一定程度上也实现了对后现代主义的超越，更像建设性后现代主义。

---

① ［美］保罗·费耶尔阿本德：《反对方法》，周昌忠译，上海译文出版社1992年版，第138页。

第三章
大数据的认识论研究

近现代科学最重要的特征是寻求事物的因果性。无论是唯理论还是经验论，事实上都在寻找事物之间的因果关系，区别只在于寻求因果关系的方式不同。大数据最重要的特征是重视现象间的相关关系，并试图通过变量之间的依随变化找寻它们的相关性，从而不再一开始就把关注点放在内在的因果性上，这是对因果性的真正超越。科学知识从何而来？传统哲学认为要么来源于经验观察，要么来源于所谓的正确理论，大数据则通过数据挖掘"让数据发声"，提出了全新的"科学始于数据"这一知识生产新模式。由此，数据成了科学认识的基础，而云计算等数据挖掘手段将传统的经验归纳法发展为"大数据归纳法"，为科学发现提供了认知新途径。大数据通过海量数据来发现事物之间的相关关系，通过数据挖掘从海量数据中寻找蕴藏于其中的数据规律，并利用数据之间的相关关系来解释过去、预测未来，从而用新的数据规律补充传统的因果规律。大数据给传统的科学认识论提出了新问题，也带来了新挑战。一方面，大数据用相关性补充了传统认识论对因果性的偏执，用数据挖掘补充了科学知识的生产手段，用数据规律补充了单一的因果规律，实现了唯理论和经验论的数据化统一，形成了全新的大数据认识论；另一方面，由相关性构成的数据关系能否上升为必然规律，又该如何去检验，仍需要研究者做出进一步思考。

第一节　大数据对科学认识论的发展

大数据革命既给传统科学认识论提出了新挑战，又提供了新机遇。大数据使科学从仅追求因果性走向了重视相关性；通过"让数据发声"提出了"科学始于数据"的知识生产新模式，增添了科学发现的逻辑新通道；通过数据规律补充了因果规律，拓宽了科学规律的范围。大数据给传统科学认识论带来了新发展，并由此形成了大数据认识论。

大数据是一场新技术革命，即将彻底改变我们的世界观、生产方式、生活方式和思维模式。①② 作为信息革命的延续，大数据革命是信息革命的一个重要构成部分。历史上的技术变革或革命曾给科学认识带来新的挑战和机遇，例如，望远镜让天文学家可以观测更遥远的宇宙太空，显微镜让科学家可以观测到微观世界。当前的大数据技术革命正在开启一次重大的时代转型，它必然会向传统认识论提出种种挑战，并让人们通过这种收集和分析海量数据的新技术获得新认知、创造新价值，帮助我们改变认知和理解世界的方式，为科学认识的深入提供新手段。大数据通过凸显相关性来超越因果性，通过挖掘海量数据来形成知识、发现规律，从而给传统科学认识论带来了新发展，并由此可能形成大数据认识论这一科学认识新范式。

一、从因果性到相关性

科学究竟是什么？这是科学哲学反复追问的核心问题，但它又是一个难以回答的问题。不过大家比较一致的看法是一切科学都在追究现象之间的因果关系。③ 科学与因果性紧紧地联系在一起，正因如此，当哲学家休谟否定科学的因果性时，科学家和哲学家都彻底陷入了困境，引起了集体

---

① 黄欣荣：《大数据技术对科学方法论的革命》，载《江南大学学报》（人文社科版）2014年第2期。

② 黄欣荣：《从复杂性科学到大数据技术》，载《长沙理工大学学报》（社会科学版）2014年第2期。

③ ［美］亚历克斯·罗森堡：《科学哲学当代进阶教程》，刘华杰译，上海科技教育出版社2006年版，第31—32页。

的不安。

当古希腊第一个哲学家、科学家泰勒斯提出水是万物的本原之时，科学与因果性就结下了不解之缘。古希腊哲学家中，无论是早期的自然哲学家，还是后期的人文哲学家，他们从本质上来说都在寻找世界上纷繁复杂的各类现象背后的根本原因，也就是寻找我们可见现象背后所隐藏着的原因，只是自然哲学家更注重寻找自然现象背后的原因，而人文哲学家更注重寻找人类社会现象背后的根本原因罢了。古希腊集大成的哲学家亚里士多德综合前人的成果，将万事万物的原因归为四类：质料因、形式因、动力因与目的因，这就是著名的"四因说"。几千年的科学史无非就是寻找事物之间这四种原因的历史。

文艺复兴之后，近代科学取得了突飞猛进的发展。在寻找近代科学的哲学基础之时，无论是唯理论还是经验论，都承认现象之间存在因果关系，也就是说，因果性是他们共同的哲学基点。当英国经验论哲学家休谟将经验推至极致时，他发现，科学因果性是没有得到论证的哲学假设，人们之所以相信它是因为习惯使然。① 这一结论导致人们对因果性的怀疑，并且让经验论走进了死胡同，唯理论也失去了哲学的基础，因此无论是科学家还是哲学家都被休谟的结论所震惊。哲学家康德试图通过对纯粹理论的批判来找到科学因果性的哲学基础，以便让人们重新信任科学及其因果性，同时还希冀用这套方法奠定未来科学形而上学的基础。② 由于康德的伟大贡献，科学与哲学界对因果性又重新获得了信心。

因果性虽然被休谟怀疑、动摇过，西方科学哲学家中也有批判者，但它依然是科学的坚实基础。科学研究者也坚信，科学研究就是寻找研究对象的现象之间的因果关系，没有因果性，科学研究也就失去了基础。虽然对因果性可以提出种种责难，但我们在科学研究中却无法离开它，更无法超

---

① 〔美〕M.W. 瓦托夫斯基：《科学思想的概念基础》，范岱年译，求实出版社 1982 年版，第440 页。

② 〔美〕M.W. 瓦托夫斯基：《科学思想的概念基础》，范岱年译，求实出版社 1982 年版，第441—444 页。

越它。①

　　然而，正在兴起的大数据革命却提出了超越因果性的问题。大数据学者们认为，追求因果性是小数据时代的产物，也是小数据时代的理想和目标。在大数据时代，"相关比因果更重要"②，"知道'是什么'就够了，没必要知道'为什么'"。③ 在大数据时代，我们没有必要非知道现象背后的原因不可，只要知道现象之间是否有相关关系就足够了。因此，大数据通过相关性对传统科学的因果性提出了尖锐的挑战。如果通过数据间更为表象的相关性就能够揭示现象间的规律，那我们又何必苦苦追寻更为艰难的内部因果性呢？

　　究竟什么是相关关系呢？两种现象之间具有所谓相关关系是指一种现象发生变化时，另一种现象也会随之产生相应的变化。"相关关系的核心是量化两个数据值之间的数理关系。"④ 相关关系有强弱之分，当一个数据值发生变化，另一个数据值几乎不变时，两个数据之间相关性就弱，反之则相关性强。我们怎样通过相关关系来寻找现象之间的规律？首先找到合适的关联物，"相关关系通过识别有用的关联物来帮助我们分析一个现象，而不是通过其内部的运作机制"⑤，然后通过关联物的变化来判断现象之间关联关系的强弱。

　　现象间的因果关系是通过揭示它们内部之间的必然性而建立起来的联系，因此如果两种现象之间存在因果关系，那么它们就具有必然性，具有绝对的强相关。但是，相关关系却不具有这样的必然性，它们完全有可能是偶然联系，因为在建立现象间的相关关系的时候，我们只是把研究对象当作黑

①　[美] 欧内斯特·内格尔：《科学的结构》，徐向东译，上海译文出版社 2005 年版，第81—88 页。

②　[美] 冯启思：《数据统治世界》，曲玉彬译，中国人民大学出版社 2013 年版，第 35 页。

③　[英] 维克托·迈尔-舍恩伯格、肯尼斯·库克耶：《大数据时代：生活、工作与思维的大变革》，盛杨燕、周涛译，浙江人民出版社 2013 年版，第 71 页。

④　[英] 维克托·迈尔-舍恩伯格、肯尼斯·库克耶：《大数据时代：生活、工作与思维的大变革》，盛杨燕、周涛译，浙江人民出版社 2013 年版，第 71 页。

⑤　[英] 维克托·迈尔-舍恩伯格、肯尼斯·库克耶：《大数据时代：生活、工作与思维的大变革》，盛杨燕、周涛译，浙江人民出版社 2013 年版，第 72 页。

箱，只观测了黑箱的输入输出关系，并没有打开黑箱来研究它们的内部机制。换句话说，我们只管现象，只管表象，不管机制，不管本质，因此相关关系只具有可能性，不具有必然性和绝对性。例如，亚马逊网上推荐系统会根据我们以往浏览或购买的记录向我们推荐许多读物，但它们未必就是我们需要的，有时可能成为讨厌的骚扰信息。

相关性与因果性究竟是什么关系？大数据为什么只求相关性而不问因果性？相关性能超越因果性吗？因果性肯定是相关性的一种，而且是一种必然的、稳定的强相关关系，而相关性也是在寻找现象之间的关系，只是它允许偶然的关系存在，追求的层次比因果性更浅层，更表面。大数据时代为什么要放弃因果性而只问相关性？在小数据时代，我们所面对的数据量很少，而且所有数据基本上都来自我们预先设计好的受控实验，因此数据之间的因果关系比较容易寻找。但在大数据时代，我们面对的是海量数据，就像我们没法跟踪和刻画热力学中大量受热的每一个分子的运动轨迹一样，我们同样没法追究海量数据中每个数据与其他数据的因果关系，因此我们只好退而求其次，把它们封存起来当作一个黑箱系统，从宏观上把握海量数据中表现出来的宏观相关关系。可以说，相关关系是因为在大数据面前没法找到因果关系时的一种无奈举措。因此相关性并不是抛弃或排斥因果性，而是既肯定因果性又不拘泥于因果性，并通过相关性来超越因果性。在大数据面前无法找到因果关系时，我们通过寻求相关关系来发现现象间的规律，这种规律虽然不具备必然性，但在很多情况下同样对我们仍有帮助。"在大多数情况下，一旦我们完成了对大数据的相关关系分析，而又不再满足于仅仅知道'是什么'时，我们就会继续向更深层次研究因果关系，找出背后的'为什么'。"① 因此大数据的相关性分析是对传统因果性的挑战，更是对小数据时代因果性分析的超越和发展。

---

① [英] 维克托·迈尔-舍恩伯格、肯尼斯·库克耶：《大数据时代：生活、工作与思维的大变革》，盛杨燕、周涛译，浙江人民出版社 2013 年版，第 89 页。

二、数据挖掘与科学知识的生产

知识的来源问题一直是认识论的核心问题，不同的哲学家有着不同的回答。由于认识来源和途径的不同，近代科学认识论主要分为经验论和唯理论两大阵营。经验论认为，我们的一切知识皆来源于经验，只有能够体验到的人类经验才是知识的真正起点。唯理论则认为，人类的知识应该来源于之前已经被证明为正确的知识，只有建基于绝对正确的前提之上，我们才能获得知识，而且获得的知识才可靠、可信。正因如此，经验论推崇归纳法，因为归纳法可以将人类的经验上升为可靠的理论知识，而唯理论则推崇演绎法，因为在正确的逻辑前提下通过演绎可以推演出可靠的知识。牛顿在创立近代力学过程中，将经验论与唯理论进行了综合，倡导了新的实验法。实验法将研究对象孤立、隔离，将之放置在理想环境中，从而获得理想化的实验数据，并从这些数据中获取知识，因此人们也将这种实验叫作受控实验。自牛顿之后，通过实验来获取知识成了近现代科学特别重要的知识通道。

现代西方科学哲学在继承近代认识论的基础上对知识的来源问题又有了新发展，并将该问题称为科学发现的逻辑问题，其中最著名的有逻辑实证主义和波普尔的观点。逻辑实证主义认为"科学始于观察"，也就是说任何科学理论的逻辑起点都是观察。这里的观察包括自然条件下的自然观察和实验条件下的实验观察两种。他们认为，任何观察都记录了科学家们对研究对象的客观认识，这些观察是看得见或摸得着的，并且具有纯客观性，与观察者无关。在这种纯客观的观察基础上通过归纳方法提炼出科学理论，这样就实现了从科学观察到科学理论的认识飞跃，因此他们认为："科学始于观察。"

不过，证伪主义者波普尔并不同意逻辑实证主义的观点，他认为任何观察都没有绝对的客观性，它渗透了观察者的理论预设和知识背景等，这些观察数据有可能被观察者"污染"，这就是所谓的观察渗透理论。此外，他认为，任何具体的科学观察都是有限的，而任何理论都是全称判断，从有限的科学观察归纳出无限适用的结论，这种归纳过程是可疑的。因此，波普尔反对归纳法，否定科学始于观察。他认为，科学的逻辑起点应该是科学"问题"，首先出现了由现有理论无法解决的"问题"，然后，科学家们为了解决这个问题而提出各种各样的猜想性方案，最后，这些猜想正确与否，必须由实验之类的经验证据来反驳，即 P1（问题）➡ TT（猜想性理论）➡ EE（排除错误）➡ P2（新问题），因此他提出了"科学始于问题"的著名观点。①这就是说，按照波普尔的观点，科学知识来源于"问题"，有了"问题"之后才会有寻求新理论的动力，并提出各种猜想性的新理论。

现代信息技术，如智能手机、视频监控、互联网、云技术为数据的采集、存储和传输提供了极大的便利，正因如此，目前各种数据几乎两年翻番，创造出一个个庞大的数据世界。面对大数据，传统的知识生产手段都显得落后。就逻辑实证主义来说，波普尔的批判同样适用于大数据时代，因此，"科学始于经验"的知识生产路径在大数据面前是无能为力的。就波普尔的"猜想—反驳"方法论来说，它看起来头头是道，实际上我们究竟该怎样来猜想？我们依据什么来猜想？因此其"科学始于问题"的论断同样难以落实。

大数据学者认为，数据世界里蕴藏着丰富的宝藏，我们利用先进技术手段从中可以发掘出我们所需要的知识或规律，甚至发现我们之前未曾想到的东西，这种先进手段就是数据挖掘。所谓数据挖掘是指通过特定的计算机算法对大量的数据进行自动分析，揭示数据之间隐藏的关系、模式和趋势，从而发现新知识，找到新规律。"之所以称之为挖掘，是比喻在海量数据中寻找知识，就像开矿掘金一样困难"。②通过数据挖掘，我们能够将蕴藏于大数据海洋中的有价值的数据淘选出来，从而实现"让数据发声"，从数据中产生科学知识的目的。因此，大数据学者提出了"科学始于数据"的知识生产新主张：任何科学理论都来源于数据，除了上帝，其他任何人都必须用数据说话。"我们的研究始于数据，也因为数据我们发现了以前不曾发现的

---

①　邱仁宗：《科学方法与科学动力学》，高等教育出版社 2006 年版，第 51 页。

②　涂子沛：《大数据：正在到来的数据革命》，广西师范大学出版社 2013 年版，第 98 页。

联系。"①

大数据时代的数据与实验方法收集的数据不同，它是在自然条件下收集、储存起来的。在数据产生和存储时，我们并没有什么具体的目的，只是有了海量数据以后，我们才用数据挖掘技术从中发现某种规律性的东西。也就是说，在小数据时代，我们是先有研究目的后有数据，而在大数据时代，我们是先有数据后有研究目的，前者的数据容易被污染，后者的数据没有被研究者污染，反映出真实状态。也就是说，大数据时代的数据世界属于波普尔所说的"客观知识"世界。②

"科学始于数据"，就是将科学理论建立在海量、客观的原始数据基础上，这一方面克服了逻辑实证主义者将理论建立在可能被污染的少量经验数据基础上，另一方面又克服了波普尔那种没有根据的胡乱猜想。在小数据时代，我们会假想世界是怎样运作的，然后通过收集和分析数据来验证这种假设。但在大数据时代，"我们理解世界不再需要建立在假设的基础之上，这个假设是指针对现象建立的有关其产生机制和内在机理的假设"③。这就是说，在大数据时代，我们并不需要预先做出理论假设，而是通过对已经存在的大数据的挖掘和分析，就能够发现其中蕴藏着的知识或规律。"科学始于数据"，这是大数据时代知识生产的一种新途径和新方式，同时也是科学发现的一种逻辑新通道。

三、数据规律及其真理性

通过数据挖掘从大数据中生产的知识、发现的规律，我们可以称之为数据规律，而基于因果关系得来的规律叫作因果规律。但是，数据规律是否具有普遍必然性？传统归纳法的局限性在大数据挖掘中是否得到克服？数据规

---

① ［英］维克托·迈尔-舍恩伯格、肯尼斯·库克耶：《大数据时代：生活、工作与思维的大变革》，盛杨燕、周涛译，浙江人民出版社 2013 年版，第 92 页。

② 邱仁宗：《科学方法与科学动力学》，高等教育出版社 2006 年版，第 62 页。

③ ［英］维克托·迈尔-舍恩伯格、肯尼斯·库克耶：《大数据时代：生活、工作与思维的大变革》，盛杨燕、周涛译，浙江人民出版社 2013 年版，第 75 页。

律是否具有真理性？其真理性又怎么来检验？这些问题都是大数据认识论需要回答的问题。

在小数据时代，科学理论的检验是特别重要的问题，同时也是科学哲学的难题。逻辑实证主义认为，任何科学理论都可以表达为命题，而任何命题都可以最终还原为可检验的原子命题。凡是最终能够被经验检验的命题都是有意义的命题，因而其理论也就是可检验的或被证实的，其代表的理论也就接受了经验的检验而成为科学理论。证伪主义者波普尔则正好持相反的看法。他认为，任何科学理论都必须具有普遍必然性，因而它是一个全称判断，但逻辑实证主义用有限的经验归纳出结论，然后就将其贸然推广到无限之中，因而犯下逻辑错误。我们不能用有限的经验证实全称命题，但它可以推翻或证伪全称命题。凡是没有被经验证伪的命题，我们就姑且将其作为真命题而予以保留，而已被证伪的命题就应及时抛弃。当然，这两个检验方法都似乎过于简单，所以后来的科学哲学家如拉卡托斯、库恩等人分别提出了科学研究纲领方法论与科学范式理论来改造或补充逻辑实证主义和证伪主义。

我们知道，归纳法可分为完全归纳法和不完全归纳法，完全归纳法因为囊括了所有样本而具有了更强的可靠性，反之不完全归纳法则不具有必然性，所归纳的结论只具有可能性。凡是用不完全归纳法归纳出来的规律都只有或然性，而不具有必然性。大数据几乎囊括了所有样本，也就是舍恩伯格所说的"样本＝整体"的"全数据模式"①，最起码从其当下来说已经包含全部，因此它接近完全归纳法，并从当时来说其归纳是具有确定性的。不过，由于它只是接近完全归纳而不是真正的完全归纳，新出现的数据可能超出原来数据库的数据范围，因此从本质来说应该仍然属于不完全归纳法的范畴。大数据的基本方法仍然是从数据中归纳、提升知识或规律，因此，大数据的"相关关系没有绝对，只有可能性"，"即使是很强的相关关系也不一定能够解释

---

① [英] 维克托·迈尔-舍恩伯格、肯尼斯·库克耶：《大数据时代：生活、工作与思维的大变革》，盛杨燕、周涛译，浙江人民出版社 2013 年版，第 37 页。

每一种情况，比如两个事物看上去行为相似，但很有可能只是巧合"，① 我们也许只是"被随机性所愚弄"。不过，随着样本量的增加，所提炼规律的确定性也在增加。大数据归纳法虽然没有彻底改变归纳法的或然性，但因它介于完全归纳与不完全归纳之间，并接近完全归纳法，因此在很大程度上克服了不完全归纳法的局限性。我们可以说，建立在大数据基础上的数据挖掘，既有不完全归纳的可操作性，又有完全归纳的可靠性，融合了两者之优点，是一种科学新方法，我们可以称之为大数据归纳法。

通过云计算等数据挖掘技术发现的具有或然性的数据规律能否被看作科学规律？按照科学哲学的观点，能否被称为科学规律就要看它是否经得起经验的检验，但上述科学哲学的检验方法都比较麻烦。一个简化的方法是，一个命题如果它能够解释过去以往出现的各种现象和问题，又能预测未来可能出现的新现象和新问题，那么这个命题的科学性就得到了检验。因为大数据的数据规律本身就是从过去所积累的海量数据中挖掘出来的，再用该数据库中的经验数据来检验，无论是证实还是证伪，都是没有问题的，因此大数据规律能够用来解释过去出现的现象或问题。现在的关键是，大数据规律能够用来预测未来吗？由于大数据包含了各种海量的现实数据，积累了以往的各种经验，并且通过各种算法能够从以往经验中实现机器学习，能够用过去来推测未来，从而实现从"已知"扩大到"未知"，从"过去"推广到"未来"，因此大数据规律能够用来预测未来。更有甚者，舍恩伯格认为："建立在相关关系分析法基础上的预测是大数据的核心。"②"通过给我们找到一个现象良好的关联物，相关关系可以帮助我们捕捉现在和预测未来。"③ 例如，我们可以根据某人过去的各种蛛丝马迹来预测他未来的行为。正因如此，警察可

① ［英］维克托·迈尔-舍恩伯格、肯尼斯·库克耶：《大数据时代：生活、工作与思维的大变革》，盛杨燕、周涛译，浙江人民出版社 2013 年版，第 72 页。

② ［英］维克托·迈尔-舍恩伯格、肯尼斯·库克耶：《大数据时代：生活、工作与思维的大变革》，盛杨燕、周涛译，浙江人民出版社 2013 年版，第 75 页。

③ ［英］维克托·迈尔-舍恩伯格、肯尼斯·库克耶：《大数据时代：生活、工作与思维的大变革》，盛杨燕、周涛译，浙江人民出版社 2013 年版，第 72 页。

以利用大数据来预测某人具有犯罪的可能性，或用大数据来预防某些人的自杀倾向等，因而可以提前做好预防准备。亚马逊、淘宝、京东等网络商们则利用大数据来预测消费者的未来需求从而做好推荐并提前做好货源保障。大数据的这些预测不是建立在传统的因果关系推测上，而是从数据的相关性中进行推测。"大数据的相关关系法更准确、更快，而且不易受偏见的影响。"①在大数据时代，新的数据挖掘、分析工具"为我们提供了一系列新的视野和有用的预测，我们看到了很多以前不曾注意到的联系，还掌握了以前无法理解的复杂技术和社会动态。但最重要的是，通过去探求'是什么'而不是'为什么'，相关关系帮助我们更好地了解这个世界"②。

数据挖掘一方面发现了隐藏在数据表面下的历史规律，另一方面又可以对未来进行预测。由此可见，通过数据挖掘而来的数据规律既具有解释过去的能力，又具有预测未来的能力，也就是它能"针对过去，揭示规律；面对未来，预测趋势"③，因此它具有了科学规律的要求和特征。从大数据中挖掘出来的数据规律虽然不可能有绝对的正确性，不可能是永恒的真理，但这些数据规律却具有相对的正确性，是目前条件下所能取得的最佳表述，因此具有相对真理性。当然，正像波普尔所说，任何理论都只是目前条件下具有真理性，在新现象面前任何理论都有被推翻的可能。始于因果性的理论尚且如此，始于数据挖掘的数据规律当然更是这样。

数据规律的出现是否意味着传统因果规律的终结呢？有人就这么认为："大量的数据从某种程度上意味着理论的终结"，"在大数据时代，我们不再需要理论了，只要关注数据就足够了"。"如今，重要的是数据分析，它可以揭示一切问题。"④不过舍恩伯格不这么认为，他说："大数据绝对不是一个

---

① [英] 维克托·迈尔-舍恩伯格、肯尼斯·库克耶：《大数据时代：生活、工作与思维的大变革》，盛杨燕、周涛译，浙江人民出版社 2013 年版，第 75 页。

② [英] 维克托·迈尔-舍恩伯格、肯尼斯·库克耶：《大数据时代：生活、工作与思维的大变革》，盛杨燕、周涛译，浙江人民出版社 2013 年版，第 83 页。

③ 邱仁宗：《科学方法与科学动力学》，高等教育出版社 2006 年版，第 99 页。

④ [英] 维克托·迈尔-舍恩伯格、肯尼斯·库克耶：《大数据时代：生活、工作与思维的大变革》，盛杨燕、周涛译，浙江人民出版社 2013 年版，第 93 页。

理论消亡的时代，相反，理论贯穿于大数据分析的方方面面"；"大数据绝不会叫嚣理论已死，但它毫无疑问会从根本上改变我们理解世界的方式。很多旧有习惯将被颠覆，很多旧有的制度将面临挑战"。① 由此可见，大数据规律并不排斥传统的因果规律，但它的确是对因果规律的重要补充和发展。

大数据给传统的科学认识论提出了新问题和新挑战，更让科学认识论得到了新的补充和发展。大数据用相关性补充了传统认识论只追求因果性的偏执，发展了科学认识论的目标；用数据挖掘手段补充了科学知识的生产手段，增添了科学发现的逻辑新通道；用数据规律补充了单一的因果规律，从而拓展了科学规律的范围。总之，面对大数据时代的来临，我们既要用科学哲学对其进行批判，更要对其问题进行深入研究，以便拓宽我们科学哲学的研究视野和路径。

第二节　大数据对科学哲学的新挑战

随着大数据技术革命的兴起，科学哲学的基本问题可能发生重大的变化。大数据将引起科学研究对象的变化，并将成为科学研究的新对象；大数据可能带来科学划界标准的变化，能否被数据化将成为科学划界的新标准；大数据可能带来科学研究范式的变化，数据密集型科研范式将成为科学研究的新范式；大数据还可能引发科学说明模式的变化，数据解释将成为科学说明的新模式。

大数据是一场数据技术的革命，它对工作、生活、学习以及思维方式等诸多方面都将产生全方位的影响。就像著名的英国大数据权威维克托·迈尔-舍恩伯格所说："大数据开启了一次重大的时代转型。就像望远镜让我们

---

① ［英］维克托·迈尔-舍恩伯格、肯尼斯·库克耶：《大数据时代：生活、工作与思维的大变革》，盛杨燕、周涛译，浙江人民出版社 2013 年版，第 94 页。

能够感受宇宙，显微镜让我们能够观测微生物一样，大数据正在改变我们的生活以及理解世界的方式，成为新发明和新服务的源泉，而更多的改变正蓄势待发……"。① 就像历史上的每一次重大技术革命都会给科学研究范式带来重大变革甚至导致科学革命一样，大数据技术革命也可能给未来科学研究带来革命性的技术手段，② 并对传统科学哲学基本问题带来新挑战。

一、大数据与科学研究的新对象

所谓大数据，从字面意思来说就是指规模特别巨大的数据集，以至于用常规手段难以处理，必须使用专门的数据挖掘技术。由此看来，大数据最基本的构成是数据，其本质的问题仍是数据的问题。所谓数据，从狭义来说就是有根据的数字，也就是表示计量的数字以及为数字提供的语境；而大数据时代所说的数据是广义的数据，它包括一切能被计算机处理的二进制编码信息。

数字与数据在古埃及时期就已经诞生，因此具有悠久的发展历史。例如，古埃及时期，为了丈量土地、征收税负，人们就发明了数字这个描述事物的通用符号，并与土地、财产、税负等具体对象相结合，来测量、记录人们的日常生活。文艺复兴之后，数据又用来描述自然现象，测量和记录人们的各种科学观察。因此，人们早已对数据不再陌生，而且能将其应用于各种场合。那么，为什么大数据概念的提出和大数据时代的来临会引起我们工作、生活和认知等各方面的变化，甚至导致信息技术再革命、科研范式变革和产业转型等诸多的革命性变革呢？这主要是因为数据规模的巨大量变带来了数据性质的变化，量变引起了质变。

在描述大数据的特点之时，几乎都会提到大数据的 4V 特点③：1. 数据

---

① ［英］维克托·迈尔-舍恩伯格、肯尼斯·库克耶：《大数据时代：生活、工作与思维的大变革》，盛杨燕、周涛译，浙江人民出版社 2013 年版，第 1 页。

② Rob Kitchin, "Big Data, New Epistemologies and Paradigm Shifts [J]", *Big Data & Society*, April-June 2014, pp.1–12.

③ Paul C. Zikopoulos, Chris Eaton and Dirk de Roos, et al., *Understanding Big Data*, McGraw-Hill, 2012, p.5.

规模大（Volume）：在大数据时代，数据规模一般都是海量，一般的科学手段都难于对其进行处理，必须使用最新的数据挖掘技术；2. 数据类型杂（Variety）：除了传统的数字型、结构化的数据外，文档、网络日记、音频、视频、图片、位置等等，一切信息都包含在数据的范畴中，因此数据的范围得到了巨大的扩展；3. 处理速度快（Velocity）：数据的采集、存储、传输和处理等都实现了在线处理，速度快、效率高；4. 价值密度低（Value）：从单个数据来说不见得有多大价值，但在海量的数据中却蕴藏着巨大的宝藏。正是这四个特点导致了数据性质发生了质变，也正因质变而引起了一系列变革的发生。

大数据技术给传统数据带来了哪些变革呢？首先是数据采集方法的变革。传统的数据都是人类使用测量由手段人工采集而来的，例如土地测量数据、科学实验数据、抽样调查数据，等等。而现在的大数据是利用先进的智能技术自动生成的数据，虽然智能芯片是人工安装的，但随后的数据却是自动生成的，不需要人工参与和干预。正因为能够自动生成，所以数据量才急剧增加，带来了数据爆炸。据说每两年数据量就要翻番，如今一年的数据量比人类产生数据以来的所有数据总和还多。其次，数据的存储方式发生了质变。以往的数据都被记录在纸草、竹简、纸张等可见媒体中，随着数据量的增加，大量的数据难以存储和保存，而在大数据时代，存储技术发生革命，特别是云存储技术让我们可以便捷地存储海量数据，存储成本特别低廉。再次，数据传输方式发生了质变。以往的数据传输不便，最快无非是通过纸质媒体在不同的地方传递。正因如此，许多数据往往被使用一次后就沉淀下来，成为"死"数据。随着网络技术特别是移动网络技术的发展，数据的传输基本上以光速传递，因此完全做到了即时、在线。最后，数据的处理方式发生了质变。以往对数字的计算最快速的方式无非是中国的算盘，对非数字型信息只能人工阅读、浏览。随着计算机技术的发展，特别是最新的云计算等数据挖掘技术的兴起，无论是结构化数据还是非结构化数据，都可以通过云计算等技术进行快速处理，因此可以从海量数据中便捷地挖掘出有价值的信息。

大数据技术给数据带来的最本质变化是数据从主观数据变成了客观数据。以往的数据都在数据采集之前就有了各种计划和安排，先有了理论预设再设法采集数据。根据观察渗透理论，人工观测或受控实验得来的数据不但数量少，而且最关键的是缺乏客观性，主、客体之间缺乏必要的观测距离。而大数据时代，由于人工不再参与其中，由智能系统自动生成的数据没有了理论预设的影响。也就是说，这些数据最初采集的时候并没有使用目的，仅仅作为"数据垃圾"或者叫作"数据尘埃"保留了下来，后来由于某种需要从数据垃圾中发现了其新用途，于是数据垃圾变废为宝。这样，大数据时代的数据与主体拉开了观测距离，因此更具有客观性。由各种数据汇聚而成的大数据构成了一个客观世界，这个世界是客观物质世界和主观精神世界之外的数据世界。按照波普尔"三个世界"的划分标准，这个客观数据世界应该属于世界3。① 按照柏拉图的洞喻说，我们人类也许都是被绑缚的囚徒，客观物质世界本身我们也许永远不知道，就像康德所说的永不可知的物自体，但物自体的影子投射在洞穴的墙上，墙上的这些影子正是我们所说的数据。物自体与影射之间具有对应关系，但是否就具有一一对应的关系呢？好像不是，因为"横看成岭侧成峰，远近高低各不同"，不同的投射视角，影射也会不一样。因此数据应该是多样的，但它们都与作为对象的物自体相关。以往由于技术局限，我们只能截取部分图像来刻画对象，具有盲人摸象的片面性质，而大数据通过海量的数据全面刻画了对象并描述了其动态变化，因此对象被刻画得更全面、更精细，物自体的真实面貌已经通过大数据而跃然眼前。由此，作为世界3的数据世界是物自体的映射世界，它将物质世界和精神世界统一为一个客观的数据世界，全面反映了事物或精神的本质属性，这也正好印证了古希腊哲学家毕达哥拉斯那句"数是万物本原"的论断。

大数据给科学研究带来的最大变化是科学研究对象的变化，从直接的自然世界或精神世界变成了间接的数据世界。在前科学时期，人们主要是在劳动、生活实践中直接观察星空、大地以及自然界的万事万物，因此其对象是

---

① [英] 卡尔·波普尔:《客观知识》，舒炜光等译，上海译文出版社1987年版，第163页。

直接的自然现象。古代科学和近代科学虽然已经有了科学观测与实验工具，而且由亚里士多德发展出演绎法以及培根发展出归纳法两种科学研究的方法工具，可以实现从现象到理论的经验提炼，以及从旧理论到新理论的逻辑推演，但从科学对象来说，无论是古代科学还是近现代科学，其研究对象都仍然是直接面对自然现象。从直接观察自然现象到实验室的受控实验，科学观测的手段虽有进步，人与自然对象的距离有所变化，但科学研究的对象没有变化，都是直接面对自然现象，都停留在波普尔的世界 1。而我们的人文社会科学则采取对人类及其社会现象进行观察、分析，研究对象是波普尔所说的世界 2，即精神世界。

20 世纪中后期，随着计算机科学技术的发展，科学对象发生过一次重大变化，即虚拟世界的出现。以往的科学在面对复杂对象之时，往往都从结构的视角将复杂对象简化、还原为简单要素，但在此过程中容易造成信息失真，因此难以反映对象的真实与客观。于是，利用计算机的强大功能，我们从功能模拟的路径，用仿真模型来模拟现实的研究对象。由此，我们在现实世界之上，人为地建构了一个虚拟世界。通过虚拟世界的模拟、仿真以达到认识真实世界的目的。虚拟世界的出现是科学研究对象第一次从直接面对到间接模拟。

然而，随着大数据的兴起，科学研究对象再一次发生变化，从现实世界走向了数据世界。天文学家开普勒是个幸运儿，他基本上没有直接观测星空，而是继承了其前辈第谷·布拉赫数十年的大量天文观测数据，并通过对这些数据的挖掘，发现了天体运行规律，即开普勒三大定律。后来的科学家再也没有开普勒的幸运，不得不自己观测与实验，自己的数据自己采集、自己使用，属于作坊模式。大数据时代的数据则是自动生成的数据世界，科学研究者可以不再直接与自然或社会研究对象打交道，直接通过挖掘数据就可以从事科学研究活动。例如，高能物理研究者不一定需要自己从事粒子实验工作，只要挖掘由对撞机生成的大数据就可以开展高能物理研究工作，由此，传统的高能物理研究变成了数据挖掘工作。天文学研究也发生了类似的变革，射电望远镜被智能化之后能够自动采集、生成数据，天文学家只要挖掘数据就可以发现天文现象、寻找天文规律，天文学研究不再是与天打交道的辛苦工作了。"人们事实上并不用望远镜来看东西了，取而代之的是通过把数据传输到数据中心的大规模复杂仪器来'看'，直到那时他们才开始研究在他们电脑上的信息。"① 社会学家不一定必须从事田野调查和社会观察，也可以从已有的社会大数据中挖掘出人类行为规律。心理学研究者不一定要自己做心理实验，可以通过已有社交数据的挖掘来掌握人的心理活动规律。经济学、管理学则不再需要做市场调查、抽样分析等就可以通过淘宝、京东、亚马逊等线上商业的交易数据挖掘来从事经济、管理研究工作。

总之，在大数据时代，一切自然科学、社会科学甚至人文学科的研究工作都可以摆脱对自然、社会等直接对象的依赖，可以拉开人与自然、人与社会的距离，间接地挖掘早已自动生成出来的相关大数据，从数据中发现规律、预测未来。由此，我们可以看出，科学研究的对象最早是自然、社会、精神等自在世界，然后增加了虚拟世界，而随着大数据时代的到来，数据成为科学研究的新源泉，由此又增加了一个新对象：数据世界。大数据成了科学研究的新对象，这是大数据技术对当代科学哲学最根本的影响。

二、大数据与科学划界的新标准

科学划界问题是科学哲学中的核心问题，科学哲学的各个派别对该问题都有所涉及和回应。所谓科学划界，就是将科学与其他学科门类（特别是伪科学、形而上学等非科学）之间画出一条分界线，以此将科学与非科学区分开来，而且通过划界来凸显科学的形象与特征。② 科学与形而上学本来是一家人，古希腊的科学家同时也是哲学家。文艺复兴开始，自然科学的各门学科（特别是天文学、力学等）取得了长足进展，并从形而上学大家庭中逐渐

---

① Tony Hey，etc.，*The Fourth Paradigm: Data-intensive Scientific Discovery*[C]，Microsoft Research，2009. 中文版见 Tony Hey 等：《第四范式：数据密集型科学发现》，潘教峰、张晓林译，科学出版社 2012 年版，第 ix–xxiv 页。

② 黄欣荣：《从确定到模糊——科学划界的历史嬗变》，载《科学·经济·社会》2003 年第 4 期。

独立出来，成为一门门具有实用价值的学科，而形而上学因为科学的分离而成为所谓的"无用之学"。正因为科学与形而上学的分家，才导致了后来的科学划界问题。

最早提出科学划界问题的是哲学家康德。他通过将世界区分为现象界和本体界来划分科学与形而上学，认为科学的研究对象是现象世界，科学理论是对现象世界的规律性描述，形而上学的研究对象是处于彼岸世界的本体世界，而旧形而上学企图利用现象界的范畴来描述本体界，因此出现了二律背反，由此他希望限制科学的领域以便给形而上学留下地盘。20世纪初的逻辑经验主义在继承康德科学划界思想上更加明确地提出了科学划界问题及其标准。逻辑经验主义认为，科学与经验相关，凡是能够被经验证实的命题就是有意义的命题，因此也就是科学命题；凡是不能被经验证实的命题就是没有意义的命题，因而也就是非科学或伪科学命题。他们用意义和经验证实来划分科学与非科学，并试图将形而上学赶出科学共同体。英国科学哲学家波普尔承认科学与非科学具有明确的界限，但他不同意逻辑经验主义的意义标准和证实原则。他认为，一个普遍适用的命题不可能被有限的经验事实所证实，因而很难将科学与非科学区分开来。因此，他提出了证伪主义的科学哲学思想，认为一个命题如果能够被经验证伪，该命题就是科学的，否则就是非科学或伪科学。波普尔也试图通过科学的划界来拒斥形而上学或其他伪科学、非科学。其实，命题被证实很难操作，被证伪同样很难操作。于是，美国科学哲学家库恩提出了其科学范式理论，并通过是否具有成熟范式来区分科学与非科学，即具有成熟学科范式的就是科学，否则就是非科学。按照库恩的范式理论，炼金术、星象学、人文社会科学也可能属于科学的范围，只要它具备成熟的学科范式。拉卡托斯则继承、综合了波普尔与库恩的理论，提出了其科学研究纲领的理论，认为任何科学均有其自身的内核与保护带，只要具备了自身研究纲领的学科就属于科学，否则就是非科学或伪科学。科学哲学家费耶尔阿本德则认为，科学与非科学根本就没有本质区别，所以没有划界标准，凡是认为科学与非科学有界限的人都是科学霸权主义行径，科学划界就是搞学科歧视，因此我们必须坚决反对。费耶尔阿本德之后的科学哲学家试图重建被费耶尔阿本德破坏的科学划界问题并提出多种多样的划界标准，但几乎都没有成功。

历史上的科学哲学家们大部分都承认科学与非科学之间有着明确的分界，不过为什么经过许许多多的努力，仍然没有找到合适的科学划界标准呢？这可能主要是因为没有找准分界线和分界标准。随着大数据的兴起，数据越来越被人们重视。我们觉得，在大数据时代，仍然存在着科学划界问题，不过我们难免会猜想，能否用数据来作为科学与非科学的分界线呢？我们首先来看看科学史的案例。古埃及、巴比伦的人们在丈量土地、记录财产的过程中，创造了数字这一抽象符号。在泰勒斯、阿那克西曼德等古希腊哲学家纷纷提出世界的本原是水、气、火、土之类的具体物品之时，毕达哥拉斯提出了更加抽象、更加本质的命题，即"数是万物的本原"。他将万事万物的本质抽象为"数"，"数"作为万物的表征就与其描述的对象联系起来，通过认识、分析"数"来认识抽象的事物，并将哲学推向了形而上学的层次。因此数学成了最古老的科学门类。随着第谷使用望远镜观测天象，获得了大量的天文数据，在开普勒的数据处理下，天文学成为最早的科学门类之一。在伽利略、牛顿等大师的努力下，利用观察、实验方法获得事物运动的各种关键数据，因此力学成了物理学中最早进入科学大门的学科。通过观察和实验，物理学中的光学、热力学、电磁学和声学都获得了关键数据，并通过数据分析找到了变量之间的因果关系，由此纷纷取得科学的入场券。随后，化学、生物学、地质学、医学等以自然为对象的学科，均以牛顿力学为榜样，通过数据化、公式化而成为科学大家庭的重要成员。

20世纪之后，由于测量技术与实验设备的发展，自然科学的所有分支都加快了数据化的脚步，科学的大家庭成员也越增越多。特别要强调的是，过去的数据化主要是针对自然界，因为自然界与人类拉开了主体、客体之间的观测距离，作为主体的人类可以利用技术手段来观测自然界并取得相关的数据，并通过数据发现规律。虽然说观察渗透着理论，因此没有纯客观的观察和数据，但作为观察对象的客体毕竟具有被动性和客观性。但是，当我们观察、研究人与人类社会之时，由于人类既是主体又是客体，而任何正常的人是都具有主观能动性，所以其思想、行为随时都有可能改变，因此总体上社会科学还是不能与自然科学同日而语。不过，社会学、心理学、经济学、管理学通过借助自然科学的方法在数据化的道路上也取得了不俗的成绩，因此社会科学的不少学科陆续取得了进入科学大家庭的入场券。人文学科由于主要研究人类自身的思想、情感、意志和行为，主观性更强，因此一般的科学方法不再适用，使用传统的技术手段，我们无法取得人类自身知、情、意方面的数据，因此人文学科都停留在定性研究阶段，很难被数据化和科学化，当然也就被排斥在科学大门之外。由此可见，科学化的过程与数据化的步伐基本上是一致的，数据化的过程也就是科学化的过程。自然界由于可以全面数据化，因此其科学化的程度也就最高，基本上实现了定量研究。人类社会借助自然科学的手段也取得了巨大进步，但仍有些领域没有被数据化，导致其科学化的程度要更低，其研究方法主要是定性定量相结合的方法。人文学科则基本上没有被数据化，导致其科学化层度最低，因此它基本上只用定性研究方法。

通过自然科学、社会科学与人文学科的数据化层度分析，我们可以发现，用数据化来衡量学科的科学化层度是合适的。我们可以用数据来划分科学与非科学，也就是说，我们可以用数据化作为科学划界的新标准。凡是能够用数据化表述的学科就有资格进入科学殿堂，反之，凡是不能够用数据化表述的学科就没有资格进入科学殿堂。能否被数据化是科学与非科学的分水岭。其实，早就有哲学家用数学化描述科学的特征，比如伽利略就认为，自然界这本大书是由数学语言写成的。马克思也认为，一门学科只有能够被数学化之时才能被称为科学。他们虽然说的是数学化，但数据化与数据化具有很强的关联性，数学化是数据化基础上的规律性总结和提升。

随着智能技术、网络技术（特别是移动互联网络）、物联网、云计算等技术的发展，数据的采集逐渐实现了自动化，因此数据量迅速进入爆炸性增长阶段，随之而来的是大数据时代的迅速来临。大数据认为，世界万物都可以被数据化，世界最终可以表述为一个数据化的世界。以往通过观察、实验得来的数据是十分有限的小数据，而大数据时代通过智能技术的自动采集而生成大数据，各类大数据全面刻画了世界的数字特征。小数据时代，我们只能对自然界进行比较全面的数据化。而在大数据时代，人类精神世界和人类社会都可以被数据化，因此数据化的范围在不断地向以往未被数据化的领域推进。如果以能否被数据化来划分科学界限，那么随着数据化的脚步不断向前推进，科学的领域也在不断扩大，原来被排斥在科学大门之外的人文社会科学，甚至包括形而上学都有资格进入科学的殿堂。随着数据化脚步的加快，整个世界都可能被数据化，由此整个世界也就成了科学化的世界，到时候任何学科都可以纳入科学体系之中，科学的大门之外几乎找不到停留者。也许，完全被数据化的世界就是一个科学的大同世界，因此也就不再需要区分科学与非科学，科学划界也就成了一个伪问题。

三、大数据与科学研究的新范式

科学发现的模式问题一直是科学哲学研究的核心问题。自古至今，科学取得了重大进展，大量的科学门类从无到有，逐渐形成了系统化的科学知识体系。但是，这些科学知识从何而来？科学家们是如何发现这些规律、获取这些知识的？科学哲学必须对此做出回答。

由于人们所掌握的技术工具的不同，在不同的历史阶段，科学发现的模式或科学研究范式也不尽相同。计算机图灵奖得主、美国学者吉姆·格雷将自古至今的科学研究范式归纳总结为四类：经验科学范式、理论科学范式、计算科学范式和数据科学范式。[①] 在古代，人们尚没有建立起系统的科学理论体系，人们所从事的研究无非是对自然现象的观察、测量或简单实验，主要目标就是描述自然现象，获得经验认识，所以当时的所谓科学研究基本上停留在对所观察、测量到的各类自然现象的记录、描述上，没有提升到理论的层面。当时的科学研究工作基本上也属于业余爱好，很少有以科学事业为职业的。这个时期的科学研究范式可称为经验范式或实验范式。从数百年前

---

① Tony Hey，etc.，*The Fourth Paradigm: Data-intensive Scientific Discovery*[C]，Microsoft Research，2009. 中文版见 Tony Hey 等：《第四范式：数据密集型科学发现》，潘教峰、张晓林译，科学出版社 2012 年版，第 10—11 页。

的文艺复兴开始，科学在经验科学范式的基础上进行了经验的归纳和理论的提炼，在伽利略、牛顿等大师的示范下，科学家成为一种受人尊敬的专门职业，于是各门学科逐渐建立起自己的理论体系，科学成为以归纳和建模为基础的理论学科和分析范式，这种科学研究范式可称为理论范式。20 世纪中后期，随着计算机技术的发展，原来无法处理的复杂现象，我们可以采用计算机模拟的方式来开展研究，于是出现了以模拟复杂现象为基础的计算科学范式，可称为模拟范式或计算范式。近年来，随着数据采集、存储和处理的智能化与自动化，各类数据急剧爆发，人们利用数据挖掘工具从"数"里淘金，发现规律，提炼知识，这就是格雷所说的基于数据密集型的科学研究范式，也被称为数据科学范式或第四范式。①

第一种范式，即经验范式，我们并不陌生，近代西方哲学的经验论和现代科学哲学中的逻辑实证主义都对该范式进行了详细的哲学论证。经验论从培根开始就充分认识到经验、观察、实验的重要性以及通过归纳法从经验中提炼知识的重要作用，逻辑实证主义在继承经验论的基础上更加强调经验的主导地位，提出"科学始于经验"的知识发现路径，知识不但来源于经验，而且其科学性也有赖于经验的证实来检验。唯理论和波普尔的批判理性主义不同意经验论或逻辑实证主义的科学发现模式，唯理论认为知识来源于先前正确的理论，而波普尔认为"科学始于问题"。他们认为观察渗透理论，没有纯客观的科学观察，因此他们都强调理论在科学发现中的重要性。唯理论和波普尔的科学发现观，其实就是对科学研究第二种范式，即理论科学范式的哲学论证。第三种科学研究范式，即计算科学范式，目前来说，哲学对其论证得比较少，但复杂性科学与哲学对模拟、计算进行了充分的讨论和论证，并发展为计算主义学派。计算主义认为，科学始于计算，即通过计算机的模拟仿真，能够发现新知识，找到新规律。

科学研究的范式与当时的技术手段密切相关。当前之所以兴起了数据密集型科学研究范式，是智能技术、网络技术以及云技术等当代先进技术迅猛

---

① CODATA 中国全国委员会：《大数据时代的科研活动》，科学出版社 2014 年版，第 4 页。

发展的结果。电子计算机出现在 20 世纪中叶，但因为体积庞大，故主要用于专门的科学计算，并发展出计算科学模式。随着智能芯片按照摩尔定律体积缩小、功能倍增、价格剧降，各种微芯片被广泛使用。如今任何物品都安装微芯片，实现了信息采集的自动化和数字化。互联网络将世界几乎所有的智能终端都链接成了一个巨大的网络，特别是近年来移动网络的迅猛发展，更加速了链接的速度，使得整个世界变成了一个网络的世界，从而使得信息可以借助网络迅速传输，实现了数据的在线化。近年来存储技术也有了突飞猛进的发展，各种大容量存储器不断出现，特别是云存储技术的出现更是让存储技术实现了革命性的突破。数据挖掘技术的发展，特别是云计算技术的出现，让我们可以从海量的数据中迅速地搜索到我们所需要的数据，并发现数据之间的相关关系，进而找出规律，提炼知识。正是在这些技术背景下，我们发现，传统的科学研究范式发生了巨大的变化，在经验科学、理论科学和计算科学三种科学研究范式的基础上，出现了一种科学研究的新范式，即数据密集型科学研究范式。"第四范式的出现依赖于人类能够获取到大量的数据，它的基本特征是以数据为中心和驱动，基于对海量数据的处理和分析去发现新的知识。"[①]

我们能够通过大数据来发现知识、提炼规律吗？也就是说数据密集型科学研究范式能够成立吗？我们先来看看各种科学研究范式的本质。最早的经验科学范式主要依赖经验，这里的经验包括主观经验和客观实验，人们根据有限的观察或实验归纳出具有普遍性的结论。经验科学范式本质上来说是属于人类直觉或视觉、体验的主观表达。理论科学范式通过理论的证明和推导将经验科学范式的经验推向了更加本质、更加深入的事物内在关系，因此从一定程度上反映了事物之间的因果性和规律性。计算科学范式主要是针对复杂系统，在无法深入分析内部结构的情况下，我们可以通过功能模拟、计算来认识复杂系统的运作规律。由此可见，上述三种科学研究范式各有千秋，都有自己的优势和弱点。数据科学范式则将上述的观

---

① CODATA 中国全国委员会：《大数据时代的科研活动》，科学出版社 2014 年版，第 4 页。

察实验、理论、计算均转化为数据，通过数据来表征万事万物间的精确关系，也就是说，通过数量化、精细化、客观化，数据能够将现象刻画得更加精细。康德在《纯粹理性批判》中就充分肯定了数据在科学认识中的重要地位，例如，在先验感性论中，他主要通过时间、空间的先验性来论证感性认识的可靠性，而时空关系正是描述万物最重要的数据。在先验逻辑中，康德建构了四组范畴（量、质、关系、模态）来描述人类的知性认识，而这四组范畴正是刻画客观事实和人类行为的最基本的数据坐标。因此，数据是构成感性、知性的基础，是科学认识的基本要素。通过数据科学研究范式，更能够反映现象背后的本质关系，因此它比前三种科学研究范式更深入了一步。这也说明了为什么通过大数据来寻找规律的原因。数据密集型科学研究范式"强调了数据作为科学方法的特征，这种新方法与经验范式、理论范式和模拟范式平起平坐，共同构成了现代科学研究方法的统一体。"①

　　我们如何从大数据中挖掘知识、发现规律呢？简单说来，就是数据密集型科学研究范式从数据入手，通过对庞大的数据库进行挖掘，寻找出其中数据之间的相关关系和规律性。面对海量数据，传统的归纳法或者抽样方法都难以奏效，必须有新的数据处理方法才能高效、及时地从海量数据中发现新知识，找出新规律。近年来的数据挖掘理论与技术就是研究和处理海量数据的理论和技术，而且现在已经研制出比较成熟的数据挖掘软件，例如MapReduce 和 Hadoop 并行数据处理软件，让我们可以比较轻松地实现数据挖掘的智能化、自动化。② 从广义来说，数据挖掘也是一种归纳法的应用，但传统的归纳法处理的是小数据，并从小数据的样本中归纳提炼，突然跳跃到适用无限样本的普适性结论。在大数据时代，我们的样本量达到海量，虽然还不是真正的无限，但已经包括了能够收集的所有样本，也就是说，大数据的归纳已经接近完全归纳法，因此其真理性应该比从小数据中归纳出来的

---

① 　CODATA 中国全国委员会：《大数据时代的科研活动》，科学出版社 2014 年版，第 5 页。

② 　Judith Hurwitz, Alan Nugent and Fern Halper, et al., *Big Data for Dummies*, John Wiley & Sons, Inc., 2013, pp.101–111.

结论要大得多。数据挖掘的本质其实就是寻找数据之间的相关性，也就是寻找数据之间的依随变化。通过相关性找到数据之间的统计规律，并据此建立合适的变量模型。概而言在，数据密集型科研范式的基础是掌握海量的数据，特别是多个学科和领域的数据融合，通过"让数据自己发声"，即通过对大数据进行关联分析，寻找事物之间的相关关系，这样既可以不易受偏见的影响，对被研究对象有新的理解视角和更好的了解，又能为研究因果关系奠定基础。①

"大数据开启了科学研究方法的重大变革：继实验观察、理论分析和计算机模拟之后，出现了被称为'数据密集型科学'的第四种研究范式。这一范式的特点是以数据为中心来思考、设计和实施科学研究，科学发现依赖于海量数据的采集、存储、管理和分析处理的能力。"② 大数据和数据密集型科学研究带来了获得新认知、创造新价值的机遇。但是，数据密集型科研范式的出现并不是意味着其他科研范式就是完全错误或过时，而是在以前三大范式的基础上又增加、补充了一种新范式。在大数据时代，并不是就没有了从经验、直觉中发现问题、找到规律；也不是说，波普尔所说的"科学始于问题"就彻底失效，而是说从海量数据的挖掘中也能发现问题。③ 这就是说，海量数据具有助发现的作用，我们从数据中能够找到问题，又能从数据中发现规律。此外，小数据则因观察渗透理论而具有一定的主观性，而大数据中的数据因由智能终端自动采集、生成而具有更强的客观性，因此增加了科学数据的可靠性，但是，数据挖掘也就意味着数据选择，也就是从海量数据中选择一部分具有相关性的数据来寻找规律，而数据的选择是否渗透理论呢？这需要我们继续思考。

四、大数据与科学说明的新模式

科学最基本的任务是为经验现象找到其原因。对无法找到原因的现象，

① CODATA 中国全国委员会：《大数据时代的科研活动》，科学出版社 2014 年版，第 5 页。
② CODATA 中国全国委员会：《大数据时代的科研活动》，科学出版社 2014 年版，第 13 页。
③ 黄欣荣：《数据密集型科学发现及其哲学问题》，载《自然辩证法研究》2015 年第 11 期。

人们总感到惴惴不安，因此，在科学哲学理论中科学说明问题是一个十分重要问题。所谓科学说明（Scientific Explanation）也叫科学解释，就是为科学理论的成立寻找既充分又必要的条件，也就是为科学结论找到使其能够成立的充分必要条件。"传统科学哲学寻找任何科学说明都应该满足的一份条件清单。当所有的条件都被满足时，此清单保证了一种说明的科学适当性。换言之，传统进路是寻找一组条件，对于某个将成为科学说明的东西而言，这些条件单个看来是必要条件，合起来看是充分条件。"① 科学说明有不同的进路或模式，其中最著名的是亨普尔的"演绎—律则（DN）模型"或"覆盖律模型"。亨普尔提出 DN 模型后，又提出了 IS 模型来修正，以便处理概率说明。② 之后，许多学者又对亨普尔的经典模型提出批评并做出修正，例如范弗拉森的语用学说明，但他们都没有从根本上动摇亨普尔的科学说明模式。但是，随着大数据的兴起，科学说明模式必将发生重大的转变，虽然不是从根本上推翻传统模式，但必将添加新模式，并在说明方法以及说明目标上发生变化。

（一）在科学说明的模式上，大数据带来了相关性科学说明新模式

在亨普尔的经典说明模式中，定律具有核心的地位，说明项之所以能够演绎出被说明项，就是因为定律报告了因果关系，或者表达了自然界中的某种必然性。更广泛来说，不管哪一种说明模型，传统的科学说明都是通过因果关系链来寻找一种具有必然性的因果性。这就导致了传统科学中过分追究因果关系的倾向。任何时候，任何事情都一定要找到因果关系，要多问"为什么"，并要找到最终的答案，否则就不是科学研究。在小数据时代，因为面对的数据量有限，因此有可能找到各个数据之间的因果关系。在大数据时代，我们要面对的往往是海量数据，因此根本不可能跟踪每一个数据的前因后果，也就是说，我们几乎不可能找到每个数据的微观因果链。因此，如果坚持从因果路径来为现象进行科学说明，我们将陷入无穷无尽的因果关系之

---

① 王巍：《科学哲学问题研究》，清华大学出版社 2004 年版，第 82 页。

② ［美］亚历克斯·罗森堡：《科学哲学当代进阶教程》，刘华杰译，上海科技教育出版社 2006 年版，第 91 页。

中，根本就无法找到一条有限的因果链。因此，"在大数据时代，我们不必非得知道现象背后的原因，而是要让数据自己发声。"①"知道是什么就够了，没必要知道为什么。"②

通过相关性怎样做科学说明呢？所谓相关性就是两个变量之间的依随变化，其中一个变量的变化会引起另一个变量的变化，但只知道作为表面现象的依随变化，而对为什么会发生变化，即变化的内在机制，我们并不清楚。"相关关系的核心是量化两个数据值之间的数理关系。"③ 面对大数据，我们可以使用数据挖掘的手段，通过计算机自动分析数据之间的依随关系，但计算机不能深入现象背后，揭示出现象背后的本质关系。"相关关系通过识别有用的关联物来帮助我们分析一个现象，而不是通过揭示其内部的运作机制。"④ 这种相关关系不像因果性那样具有必然性，仅仅具有可能性，不过在现实生活中，这种相关关系就已经有很大作用，特别是面对难以揭示内部机制的一些复杂现象。例如，在美国市场上，每次飓风出现时，商场的蛋挞就畅销。在飓风即将来临时，作为商家肯定赶紧做好蛋挞的备货，而不必追问为什么。

大数据的相关关系所揭示的是一种数据规律，是从海量数据中归纳提炼出来的具有相当似真性的规律。因为大数据挖掘是一种接近完全归纳法的数据密集型归纳法，所以其结论虽然不是普遍规律，但已具有相当大的可靠性。因此，面对大数据，我们可以通过相关关系来说明现象，不再局限于因果说明。这就是说，在大数据时代，在科学说明模式中应该增加一种相关性科学说明模式，以便弥补传统因果性科学说明的局限。

---

① ［英］维克托·迈尔-舍恩伯格、肯尼斯·库克耶：《大数据时代：生活、工作与思维的大变革》，盛杨燕、周涛译，浙江人民出版社 2013 年版，第 67 页。

② ［英］维克托·迈尔-舍恩伯格、肯尼斯·库克耶：《大数据时代：生活、工作与思维的大变革》，盛杨燕、周涛译，浙江人民出版社 2013 年版，第 71 页。

③ ［英］维克托·迈尔-舍恩伯格、肯尼斯·库克耶：《大数据时代：生活、工作与思维的大变革》，盛杨燕、周涛译，浙江人民出版社 2013 年版，第 71 页。

④ ［英］维克托·迈尔-舍恩伯格、肯尼斯·库克耶：《大数据时代：生活、工作与思维的大变革》，盛杨燕、周涛译，浙江人民出版社 2013 年版，第 72 页。

（二）在科学说明的方法上，大数据带来了融贯论科学说明新方法

科学说明需要适当的说明方法，只有合适的说明方法才能达到科学说明的目的。传统科学，也被称为小数据时代的科学，其说明方法主要是使用还原论方法。古希腊自然哲学家们就开始将万物还原为某种具体的物，例如水、火、土、气等，这其实就是尝试用某种物质来说明世界的各种现象。毕达哥拉斯说数是万物的本原，其实这也是用还原论的方法来进行科学说明，只是所用之物不同罢了。近代科学革命之后，伽利略、牛顿等大师则将世界还原为质量、力、加速度等物理量，以此来说明物理世界的各种现象。后来，其他各门学科都向物理学看齐，认为都可以还原为物理学，而且最终可以还原为原子之类的基本粒子来作为说明一切现象的始基。传统的科学说明，无论哪种模式，其实从说明方法上来说，都是用一个更基本的基础来作为前因，以说明推导出来的后果。传统科学处于小数据时代，数据的采集、存储和处理都特别艰难，是一个数据缺乏的年代，因此科学研究中要尽量减少数据的使用量。还原论的说明方法就是试图用最少的数据解释、说明最多的现象，达到以少御多的效果，因此将斑杂世界的复杂现象还原为最基本的几个甚至一个始基。传统科学研究的基本上都属于线性关系，因此只要少量数据就可以刻画全部。

当面对非线性的复杂关系时，要么简化为线性，要么就用抽样、插值的方法粗略刻画非线性关系，因此还是用少量数据来说明、解释非线性现象。随着辩证思维、系统科学和复杂性科学的兴起，古老的整体论也随之复兴。整体论试图从整体、全局来解释世界，例如中医一直坚持从整体的观点看人体，系统论提出要整体、全面地看问题，然而由于缺乏可操作的技术手段，这些整体论解释路径都无法最终实现，停留在抽象的观念层面。要说明复杂的非线性现象，就必须使用大量的数据，只有使用密集型的海量数据才能精细刻画、说明人类及其精神世界等复杂非线性现象。随着大数据技术的兴起，各种数据都实现了采集、存储和处理的智能化、自动化，数据的采集、存储、传输、处理的技术问题被迎刃而解，因此我们可以用海量数据来实现

复杂现象的数据刻画和说明。①

在大数据时代，几乎所有问题都具备海量数据，当我们解决一个问题时，不再需要使用还原、抽样等节省数据的传统方法，而是可以使用与该问题相关的全部数据，这就是所谓的"全数据模式"。全数据模式因为将与问题相关的数据一网打尽，因此可以将问题刻画得更精细，更全面，不会再以点带面，以局部代全部，而是系统、全面、整体地刻画和解决问题，因此这是一种真正的整体论，是一种数据化的整体论，这种整体论是可操作、可计算、可建模等，符合现代科学范式，我们可以将这种整体论称为大数据整体论。大数据整体论方法是融合了还原和整体双方优点的融贯方法，它既将整体还原为数据细节，又因为囊括了所有数据因而具有完整性，因此用大数据来进行科学说明是一种更加精细、完整的科学说明，是融合还原与整体的融贯说明的科学说明新方法。

（三）在科学说明的目标上，大数据带来了混杂性科学说明新目标

科学说明究竟要达到什么目标？传统的科学说明由于是在小数据的背景下，所以一般都以精确性为目标。在小数据时代，因为数据规模小，要做到精确比较容易，而且本来数据就少，如果数据还不精确，那么我们就根本无法真正刻画现象，解决问题。此外，由于数据规模少，我们在测量和采集数据时，也比较容易做到精确。例如，在古代的土地测量、人口统计以及税收计算，都比较容易做到精确。近现代科学的可控实验和观测，也要求做到精确无误，并采取适当措施消除实验和观测误差。因此，传统科学说明要求达到精确性的说明目标，因此属于精确性科学说明。

小数据时代的数据是狭义的十进制数据，而且主要是结构化数据，并真正以数字化表示；而大数据时代的数据是广义的数据，包括数字化、结构化的数据，更多的是文字、音频、视频、图像等非结构化数据，这些数据只有转换成以 0 和 1 表达的二进制代码才能变成数字化数据。这些数据不会那么

---

① Nick Couldry and Alison Powell，"Big Data from the Bottom up[J]"，*Big Data & Society*，July-December 2014，pp.1–5.

精确，而是模糊、混杂，可谓泥沙俱下。但是，因为数据规模巨大，即使有些数据不精确，也不会影响整体的精细和准确，这就是所谓的数据冗余。

在大数据时代，科学允许不精确，允许混杂、模糊、多样。正如舍恩伯格所说："执迷于精确性是信息缺乏时代和模拟时代的产物。只有 5% 的数据是结构化且能适用于传统数据库。如果不接受混杂，剩余 95% 的非结构化数据都无法被利用，只有接受不精确性，我们才能打开一扇从未涉足的世界之窗。"[①] 因此，在大数据时代，科学说明的目标必须改变，必须从追求精确到接受混杂，从传统的精确性科学说明走向大数据时代的混杂性科学说明。最终目标从精确到混杂，科学说明将从狭隘走向广阔，从封闭走向开放，这是科学说明目标的变革所带来的科学进步。

第三节　大数据、数据化与科学划界

科学划界是科学哲学的核心问题之一，大数据的兴起不但带来了科学边界的巨大变动，而且带来了科学划界标准的变化，数据化成为划分科学与非科学的新标准。凡是能够被数据化的学科，将有资格进入科学共同体，而不能够被数据化的学科将暂时被拒在科学门外。不过随着大数据的兴起，原来难以数据化的人文、社会科学诸多领域将迎来数据化浪潮，逐渐进入科学共同体，由此非科学可能逐渐向科学迈进，最后几乎所有研究都变成了科学研究，科学划界将变成一个伪问题。

科学划界是科学哲学的核心问题之一，它是构成科学哲学的重要内容。[②] 所谓科学划界就是在科学与非科学、伪科学之间做出区分，并找到划分界限的分界线及其划分标准。近年来，大数据的浪潮席卷全球，信息时代

---

① ［英］维克托·迈尔-舍恩伯格、肯尼斯·库克耶：《大数据时代：生活、工作与思维的大变革》，盛杨燕、周涛译，浙江人民出版社 2013 年版，第 45 页。

② E.D. Klemke, Robert Hollinger and David Wyss Rudge, etc., *Introductory Readings in the Philosophy of Science* [M], New York: Prometheus Books, 1998, p.25.

被推进到一个新阶段。大数据革命带来了世界的数据化，而世界的数据化又引发了人类认知的计量化和精准化，并由此带来了科学化，原来曾经被科学拒之门外的诸多非科学，特别是文史哲等人文学科，由于大数据技术的兴起也有了量化的科学新工具。在大数据时代，科学与非科学的边界是否依然存在？大数据能否给科学划界提供新的分界标准？大数据会不会模糊甚至消灭科学与非科学的分界线？为此，我们有必要探讨大数据时代的科学划界及其标准问题，以回应大数据对科学划界这一科学哲学核心问题的挑战。

一、数据化：科学划界的新标准

世界的数据化一直都是科学认知的核心问题。[①] 认识世界和改造世界是人类的两大基本任务，语言的诞生和文字的发明带来了认识和描述事物的基本工具，而数字以及计量单位的发明则将认识世界的步伐向前迈进了一大步，数据让人类对事物及其关系的认识从定性的事物质性描述走向了定量的事物量化测度。人类早在埃及、巴比伦时期就发明了数字及其计量单位，可以说数据一直伴随着人类一起进步。古希腊哲学家和数学家将数与形的研究最早作为独立的学科，特别是毕达哥拉斯将数提升到本体的高度，提出"数是万物的本原"这一超越时代的思想。虽然数据在文艺复兴之后的科学革命、技术革命中扮演了极其重要的角色，但人们一直只是把它当作刻画、测度事物及其关系的工具。随着计算机技术、网络技术、云计算以及智能感知技术的发展，数据像洪流一样，一下子爆发出来，形成了数据的汪洋大海，人类迅速跨入了大数据时代。[②] 在大数据时代，数据被看作是一种新资源，数据的地位被凸显出来。大数据认为，万物皆数据，世界万物皆可表征为数据，一切皆可量化，世界的本质是数据，数据与物质、能量一起成为构成世界的三要素。[③] 这样，数据就从事物的表征工具成为世界的本质，毕达哥拉斯的

① Richard Rogers, *Digital Methods* [M], Massachusetts: MIT Press, 2013, p.19.

② Steve Lohr, "The Age of Big Data" [N], *New York Times*, February 11, 2012.

③ James Gleick, *The Information: A History, a Theory, a Flood* [M], New York: Pantheon Books, 2011, p.7.

数据本体论在 21 世纪得到了科学、技术的印证，数据本体论终于得到了重新肯定和张扬。

从数据的视野来看，科学的本质就是数据化，科学化的过程与数据化的进程是完全同步的。所谓数据化就是将事物及其关系用数据的形式表征出来，"它意指把模拟现象转化为数字形式，以便能够被制成图表并做量化分析"①。古埃及、巴比伦以及古希腊、中国等先辈在丈量土地、统计人口、记录财产、征收税赋等活动中，使用数字和计量单位将财富进行了数据化，并由此产生了第一个具有公认科学性的数学学科。文艺复兴之后，科学家们通过自然观察、受控实验将自然现象进行了数据化，通过数据将自然界及其关系用数据的形式记录下来，并发现数据之间的关系，而通过数据关系发现自然规律，通过符号化将自然规律表述为具有因果关系的公式，这就是所谓的自然科学。第谷利用望远镜对天文星系进行常年的观察记录，获得了大量的观测数据，继任者开普勒则通过挖掘第谷的观测数据发现了蕴藏在其中的天体运动规律，即开普勒定律，天文学也由此成了第一个进入科学大家庭的自然科学学科。伽利略、牛顿等物理学家利用单摆、斜面等受控实验，获得了大量的物体运动数据，通过数据分析，发现了力学的诸多定量，由此力学成了第二个加入科学大家庭的自然科学学科。化学家拉瓦锡通过比较严格的化学实验，获得了大量的实验数据，发现了蕴藏在其中的诸多化学规律，化学也由此进入了科学大家庭。随后，电磁学、热力学、地学、生物学、地理学、医学等等，都利用经验观察或受控实验获取大量数据，并从数据中发现规律，由此先后加入了科学大家庭。正是因为"用数据说话"，自然科学的各门学科都获得了普遍的承认，科学的声誉和地位与日俱增，从哲学的附属变成了时代的宠儿，逐渐取得了话语权甚至是霸主地位，以至后来提出要拒斥形而上学，划分科学界线，以确保其独特地位。

---

① Viktor Mayer-Schonberger and Kenneth Cukier，*Big Data: A Revolution That Will Transform How We Live*，*Work and Think*［M］，London: John Murray，2013，p.78.

　　自然科学各学科通过数据化而逐渐加入科学大家庭极大地启发了社会科学，于是社会科学各分支也逐渐走向了数据化、科学化的尝试之路。经济学最早借鉴自然科学的数据化经验，通过采集人类经济行为的大量数据，定量地描述经济运行轨迹，通过挖掘数据发现经济系统的运行规律。随后，心理学、社会学、政治学、管理学等各门社会科学都尝试将其研究对象数据化，并从数据中发现规律。但是，社会科学通过简单模仿自然科学数据化的尝试虽然取得了一定成功，但社会科学各学科并没有完全被科学大家庭所接受，其主要原因是人具有主体能动性，其思想、心理、行为都不像自然现象那么简单，而由人类构成的社会则更加复杂多变。面对复杂的人类社会，社会科学没法像自然科学一样进行受控实验，而是采取具有主观性的访谈、抽样调查之类的方法获得数据。由于用简单的主观数据无法客观地描述复杂的人类社会，因此社会科学的数据化进程不甚顺利，社会科学的科学化进程也就受到了阻碍，即使号称最科学化的经济学都时时被人质疑是否能够被称为科学。

　　人文学科由于直接研究人类的主观思想，传统的科学方法更是难以将其进行数据化，因而无法通过数据来描述现象、发现规律、做出预测。无论是文学、历史还是哲学，都仍然停留在思辨、定性的层次，传统的形而上学更是被当作非科学的典型被逻辑实证主义、证伪主义所拒斥，逻辑实证主义更是提出让物理学家教语文的极端主张。如果说社会科学因为部分数据化尚且被称为"科学"的话，那么人文学科则根本不能被称为人文"科学"，而只能被称为人文"学科"。人文学科的研究对象不能被数据化，也就不能走上科学化的历程，因此也就不被接受进入科学大家庭中。

　　从自然界、人类社会、人类思维的数据化历程的回顾中，我们能够发现，数据化的程度与科学化的程度是成正比的，即研究对象的数据化程度越高，其学科的科学化程度就越高。可以说，数据化程度是科学化水平的测度，是科学化的分界线。科学与非科学之间的确具有本质的区别，因此科学划界是有其客观依据的。如果要在科学与非科学之间找出一条分界线的话，那么数据化是最合适的一条分界线。① 自然科学各学科，因其研究对象都实现了数据化，因此都被接受为科学大家庭的成员；社会科学各学科，因其研究对象实现了部分数据化，因而被部分承认为科学；人文学科因其研究对象尚未进行数据化，所以所有人文学科都没有被认可为科学。

由此，我们得出结论说，数据化是科学与非科学的一条分界线，凡是研究对象能够被数据化的学科就可以判断为科学，就能够加入科学大家庭；凡是研究对象不能被数据化的学科就可以判断为非科学，就不能被科学大家庭所接受。反之，凡属于科学的各学科，其研究对象就一定能够被数据化。数据化是科学与非科学划界的新标准，它是一把衡量科学化的可行尺度。

二、数据化划界的合理性论证

数据化的科学划界标准是否具有合理性？我们可通过数据的本质、科学理论的一般特征以及 Feigl 判据来论证数据化划界的合理性。

（一）数据的本质是康德四大范畴的综合表述，数据化划界是一种综合性划界

所谓数据，就是具有根据的数字，它由"数"和"据"共同构成。所谓"数"就是数字，它能够更加精确地刻画现象，描述规律；而所谓"据"就是根据，也就是数据所刻画的对象或背景、语境，它让数据有了刻画的具体对象或指称对象。康德在《纯粹理性批判》中曾指出，一个科学对象必须由量、质、关系、模态这四大类范畴才能准确、完备地进行刻画。② 数据自然蕴含了"量"和"质"，而由大量数据构成的数据空间则反映了数据间（即对象间）的"关系"和"模态"，也就是说，数据内在地蕴含了量、质、关系和模态等四大范畴所描述的内容。因此，数据的本质是康德四大范畴的综合表述。

逻辑实证主义的证实标准以及证伪主义的证伪标准只用一个简单指标来

---

① 黄欣荣：《数据密集型科学发现及其哲学问题》，载《自然辩证法研究》2015 年第 11 期。
② ［德］伊曼努尔·康德：《纯粹理性批判》，邓晓芒译，人民出版社 2004 年版，第 71—72 页。

进行科学划界，似乎难以切开科学与非科学之间的复杂关系。邦格和萨迦德各自构造的划界指标体系则过分复杂，在划界实践中难以完全把握和落实，因此看上去很美但实际操作不可行。① 数据则凝聚了量、质、关系和模态等诸多信息，简单的数据反映了对象的复杂内涵，因此以数据化作为划界方法综合了单一指标和指标体系划界的优点，克服了它们的不足，既综合测度，又简单易行。

（二）能够被数据化的学科理论更能满足"描述、解释、预测"的科学理论功能要求

任何科学理论都具有描述现象、解释过去、预测未来的功能，这是判断科学与非科学的最基本的要求。② 我们以能否被数据化作为科学理论的判断标准，那么能够被数据化的科学是否完备地具有上述三个功能呢？

从描述现象的能力来说，数据化的科学能够以定量的数据描述世界，它比只以语言、文字等定性的描述工具具有更强的描述能力，而且描述简单，参数确定且精准，所有的数据描述汇集一起形成一个现象、经验的映射世界，即数据世界。

从解释历史的能力来看，数据化的科学用数据记录历史，即描述事物发展的过程被记录为数据足迹，而众多的数据足迹形成反映事物历史的数据世界。数据化的科学通过概率、统计以及其他数据挖掘技术来发掘数据间的定量关系，以便寻找现象间的相关关系或者因果关系，并可能表述为简洁的数学公式。这样，历史的足迹记录更精确，现象间的关系更容易被发现，变量关系的表述也更简洁清晰。马克思曾经说过，一门学科只有能够被数学化才能真正称为科学。数据化是数学化的基础，也是一门学科进入科学阵营的门槛。

从预测未来的能力来看，仅仅用定性的语言文字的诸多学科虽然能够描

---

① ［德］伊曼努尔·康德：《纯粹理性批判》，邓晓芒译，人民出版社 2004 年版，第 71—72 页。

② E.D. Klemke, Robert Hollinger and David Wyss Rudge, etc., *Introductory Readings in the Philosophy of Science* [C], New York: Prometheus Books, 1998, p.22.

述现象、解释历史，但是缺乏精确预测未来的能力。能够被数据化的学科可以利用历史数据进行外推或插值，根据数据趋势进行未来走向的预测。由路径依赖和趋势曲线对未来进行数据计算，对未来做出精准的预测，比定性的猜测更准确、更精细，也就是说，能够被数据化的学科能够通过数据规律做出更加精准的预测。

（三）数据化划界符合 Feigl 的五个指标，是比较完备的划界方法

哪种科学划界方案比较科学？用什么指标来衡量划界标准？不同的科学哲学家有不同的答案。[①] 从独立性和完备性来看，我们认为逻辑经验主义的重要成员 Herbert Feigl 所提出的五个指标比较合理，它们既独立又完备。这五个指标就是：主体间性、可靠性、确定性与精准性、一致性或系统性、综合性或广泛性。[②]

所谓主体间性（Intersubjective testability）就是一个观察、命题或理论对不同的主体都具有一致性，即不同的主体，其所得出的结论都是一致的。任何科学观察或理论若要成为科学理论，都必须具有客观性，必须排除幻觉、偏见、欺骗等，并经得起不同的主体在不同的场合所进行的可重复性检验。数据作为事物及其关系的精确刻画，排除了自然语言表述的模糊性，具有更强的可传递性和主体间性，因此数据化之后的观察或理论具有比自然语言描述更好的可传递性、可重复性，因而更具有主体间性，数据化是提高主体间性的最有效的技术手段。

所谓可靠性（Reliability）是指一个命题或理论，当前提为真时，由其推导出来的结论也必为真。这一标准保证了理论的稳定性，当条件相同时，其结论也相同。特别是当我们根据历史提炼出理论，理论的可靠性确保了理论的预测能力：如果未来遇到相同条件，我们可以顺利推导出相同的结论。数据化之后的定量描述让我们更方便找到数据之间的相关关系或因果关系，并由此进行稳定的推导和预测，而定性的语言描述很难得到稳定的规律，更

---

① 李醒民：《划界问题或科学划界》，载《社会科学》2010 年第 3 期。

② E.D. Klemke，Robert Hollinger and David Wyss Rudge，etc.，*Introductory Readings in the Philosophy of Science* [C]，New York: Prometheus Books，1998，pp.32–34.

难做出精准的预测。

所谓确定性与精准性（Definiteness and precision）就是表述要精准和确定，不能模棱两可或模糊不清，因此要求精确地界定概念、使用测量工具对对象进行精确测度，并用数据或公式来表述规律，这样就能够消除概念的模糊性和表述的随意性。算命先生正是利用表述的模糊性让人难于正确认知其真实性，以显示其高深莫测并逃避证伪。数据是最精准的科学语言，数据化将研究对象用数据进行精准测量和描述，用相关性或因果性来刻画规律，因此消除了定性的语言描述所带来的模糊性和不确定性，更具有可证实性或证伪性。

所谓一致性或系统性（Coherence or systematic character），就是在一个学科内部或理论体系内，经验观察之间、命题之间或理论之间应该自洽一致，不能相互冲突和矛盾，观察、命题和理论之间构成一个相互融洽的和谐学科体系。数据是一种各学科通用的精确描述工具，学科数据化之后，实现了学科内部甚至学科之间的语言统一。由此，学科或理论体系内部、之间的矛盾、冲突将更容易被发现，由数据统一描述的学科理论内部将更加自洽、一致，构成协调一致的理论系统，更方便实现学科的一致性或系统性，克服了自然语言因其模糊性造成的相互矛盾。

所谓综合性或广泛性（Comprehensiveness or scope）是指理论的应用范围的广阔性。凡是科学的理论，一般都具有广泛的适应性，它能够综合不同的命题，具有更强大的解释能力，更广泛的预测能力，能够应用于更加广泛的领域。虽然不能放之四海而皆准，但科学的理论都能跨越时空，不会仅仅局限于特定的时间或空间。数据作为一种国际通用的科学语言，具有更加广泛的应用范围，数据化之后的科学适用性更广，解释能力和预测能力都得到增强。例如作为地方性知识的中医一旦被数据化，将被更多的人所认知，为不同民族的人们所接受，能够借助通用的数据语言跨出国门走向世界。

通过上述五个指标的考察，我们可以发现，由于数据语言排除了自然语言的模糊性、随意性以及理解的多样性，数据化之后的学科具有更好的主体间性、可靠性、精准性、一致性和综合性，因此数据化是一个比较科学的划界标准，而且它简单实用，可操作性强，能够比较方便地区分科学与非科学。

三、大数据时代的科学边界革命

大数据时代的来临，首先带来了数据观的革命：大数据认为，万物皆数据，世界的本质就是数据，万事万物都可以转化为数据，物质世界可以映射为数据世界，量化一切成为大数据的终极追求，人们可以通过数据世界来认识和把握物质世界。其次，带来了数据采集的革命：以往的数据都是依靠人工观测、受控实验或普查、问卷等获得，获取难度大、成本高、主观性强，数据增长缓慢。在大数据时代，数据的获取主要是依靠各类芯片智能感知来自动生成，排除了人工干预，数据采集快，数据量暴增。最后带来了数据处理的革命：在大数据时代的云存储、云计算技术给数据的存储、传输、计算带来数据处理的智能化、自动化，特别是能够将文本、图片、音频、视频、位置等一切信息都转换成数据，把传统的狭义数字数据拓展为一切信息皆为数据的广义数据观。大数据的兴起为世界的数据化带来了革命性的技术手段，并带来了科学边界的重大变动，科学划界问题有可能逐渐消解，最终将成为伪问题。

（一）大数据革命带来了社会科学的数据客观化，社会科学将从软科学变为硬科学

随着大数据时代的来临，人类快速地进入了智能时代。如今智能手机、智能可穿戴设备、网络浏览、网络社交、GPS 定位等各种智能感知技术可以将人类的一切行为转换为数据，并永久性地存储记录下来，形成无数的人类行为数据轨迹，因此人类行为数据突然之间爆发出来，社会科学研究所需的数据实现了智能自动生成，人类及其社会实现了真正的数据化。[①] 大数据就像"上帝之眼"，通过无处不在的智能感知芯片，实时、全方位地将人类

---

① ［美］阿莱克斯·彭特兰：《智慧社会》，汪小帆、汪容译，浙江人民出版社 2015 年版，第 12 页。

的一切行为以数据的形式记录、存储。最为关键的是，以往的社会科学数据由于人工的过度参与而被污染，其客观性一直备受质疑。大数据时代的人类及其社会数据由智能系统自动生成，数据没被污染因而更具有客观性。长期以来社会科学由于数据化的不彻底，被人称为"软科学"，以区别于已完全数据化的所谓"硬科学"的自然科学，而大数据革命带来了人类社会的彻底数据化，社会科学由此获得了科学的入场券，将像自然科学一样阔步迈入科学的大门。因此，作为"软科学"的社会科学将成为真正的"硬科学"，科学的边界由此将向外推进一大步，科学的地盘得到了极大的扩展。

（二）大数据带来了人文学科的数据化，人文学科将从非科学逐渐迈入科学的门槛

大数据革命彻底改变了人文学科不能数据化的历史。首先，大数据技术将文本、图片、音频、视频等一切信息都纳入数据的范围，人的直觉、情感、意志等难以被客观化的心理活动和潜意识将通过智能感知自动转化为数据，[①] 情感计算将"生物人"转变成"数据人"。特别地，数据挖掘技术可以轻松地对难以数据化的文本进行数据挖掘，这样以文本研究为主的传统人文学科就有了数据化的途径，文本可以轻松转变为数据。其次，大数据技术擅长于相关性分析，人的思想、心理等活动虽然难以测度，但通过人的各种行为，仍然可以用相关性分析推断出其思想、思维活动等，这样隐性的思想、思维活动就可以由显性的行为数据来测度，并由此实现数据化。最后，海量数据能够完整刻画人的思想、心理的复杂性。人的知、情、意具有主动性和多变性，正因如此，传统的科学方法难以对其进行数据化。但是，大数据时代的海量数据可以用多维时空参数来全方位地刻画人的思想行为的复杂性，复杂的思想、心理、情感只是需要更多数据来刻画而已，而大数据的海量性正好能满足人文数据的需求。随着人的思想、情感、心理的数据化，人文学科也就能够实现数据化，文史哲可以通过数据挖掘、数据分析和数据建

---

① ［美］阿莱克斯·彭特兰：《智慧社会》，汪小帆、汪容译，浙江人民出版社 2015 年版，第 XXI 页。

模来进行研究，这样人文学科也就由被拒斥的非科学转身变为科学成员。随着人文学科变为人文科学，科学的边界又得到了极大的拓展，科学大家庭又多了文史哲诸多新成员。

（三）大数据让地方性、经验性知识实现数据化，地方性知识将从伪科学变为真科学

地方性知识和经验性知识是世界各族人民在悠长的生产、生活实践中的各种经验积累，这些知识具有很强的实用性，但却很难符合近现代科学的各种要求，例如它们缺乏实验数据的支持，缺少构造性的理论体系，很难被证实或证伪，因此被排斥在现代科学的大门之外，被有些人斥为伪科学。例如，中医、中药就是典型的例子，近百年来一直难以摆脱伪科学的指控。地方性知识和经验性知识最重要的特征是其经验性，这种经验停留在只可意会不可言传的经验层次，缺少主体间性、精准性、可靠性和逻辑一致性等科学性要素。这些经验如何上升为模型、规律和理论，过去一直没有找到很好的途径。大数据时代的智能感知、情感计算等可以将个体经验转化为数据，可以将难以言说的意会知识转化为以数据表述的显性知识。例如中医的望闻问切等诊断经验、患者的体征症状、治疗方剂等等，都可以变成数据，这样，数千年来的中医药诊治经验、中草药方剂等都可通过文本识别变成数据。当古今中医药一切经验都变成数据汇聚一起之后，通过中医药大数据挖掘可以发现数据间的相关性规律，这样中医就可以从经验走向数据，最后上升为理论。大数据技术可以方便地将主观性的个体经验转变为具有客观性的可识别数据，因此地方性知识和经验性知识通过大数据技术实现全面的数据化，由此走上科学化的道路。随着地方性、经验性知识通过数据化从"伪科学"走向"真科学"，科学的边界又将向外大扩张，科学大家庭将迎来诸多新成员。

（四）科学边界的外扩与划界问题的消解

文艺复兴之后，自然科学以自然观测与受控实验为手段获取刻画自然现象的各类数据，经过数据加工和逻辑推导，最先从自然哲学中获得独立，并被尊为学科的榜样，从此"科学"一词获得了特殊的地位，而其他学科基本上被排斥在"科学"的大门之外，科学大家庭中只有天文学、物理学、化学、

生物学、医学等自然科学的各门分支学科，科学的领地很小，而非科学或伪科学的领地倒是很大。大数据革命让社会科学、人文学科甚至地方性知识都可以像自然科学一样获取自己所需的客观有效数据，于是这些原来被排斥在科学大门之外的学科突然都获得了科学的入场券，这样科学大家庭的成员越来越多，而非科学或伪科学的成员倒越来越少。大数据革命让诸多原来被斥为非科学、伪科学的学科获得了科学的资格，科学与非科学、伪科学的边界发生了一次重大的革命。

社会科学、人文学科、地方性知识都获得科学身份进入科学大家庭之后，科学大门之外还有什么呢？占星术、颅相学等传统伪科学，以及各种宗教、迷信是否也可以通过数据化而进入科学大家庭呢？到目前为止，大数据似乎还没有被应用于这些领域，这些领域还没有被数据化，因此还被排斥在科学的大门之外。如果有一天这些领域也被数据化，并通过数据挖掘来建构模型、发现规律，它们是否就是科学了呢？从方法论来说，如果最终完全被数据化，那么它们就可能变成科学。问题是一旦被数据化，它们的伪科学面目反而更容易被暴露，因此它们也会拒斥被数据化。

大数据革命与数据化技术，让越来越多的学科摆脱非科学、伪科学的身份进入科学大家庭，科学的边界在不断外扩。如果所有学科领域通过数据化都进入科学殿堂之后，科学划界似乎就不再必要，划界问题也就成了一个伪问题，我们等待着这一天的到来！

第四节　大数据的理论、因果与规律观

大数据学者强调数据及其相关性在科学发现中的重要地位，但并不否认理论的作用，也不否认因果性的存在，更不否认世界的规律性。大数据学者试图克服理论先入为主的偏见，强调让数据自己说话，增加了数据密集型科学知识生产新方式。大数据学者试图用相关性纠正传统科学对因果性的偏执，科学发现中首先应重点寻找数据间的相关关系，进而为因果关系的发现提供进一步探索的路标；大数据学者不但承认世界的规律性，而且拓宽了规

律的内涵和外延，用数据规律补充了以往那种单一的因果规律，规律的范围从而得到了重大拓展。

　　大数据的兴起，给传统的科学哲学带来许多新挑战，特别是对诸如科学理论的作用、因果关系、科学规律等科学哲学的核心问题提出了有别于传统的新观点。齐磊磊博士概括总结了大数据相关学者的论述，在《哲学动态》杂志发表了题为《大数据经验主义——如何看待理论、因果与规律》①的文章。她在文中提出了大数据经验主义的概念，并系统提炼了大数据经验主义的科学哲学观点，这是对大数据哲学的重要提炼和概括。她认为，大数据经验主义是一种新经验主义（以下简称为大数据主义），并将其观点概括为三点：1. 在科学理论问题上，大数据主义认为"理论已经终结"，否定科学理论对科学发现的作用；2. 在关系到科学存亡的因果性问题上，大数据主义否定因果性的存在，提出由相关性取代因果性；3. 在世界的本质问题上，大数据主义否定世界的规律性，认为世界的本质是混乱的。树立起大数据主义的靶子之后，齐磊磊进行了一一的批判，并明确提出反对大数据主义对大数据的神化。问题是大数据主义果真要彻底否定理论、因果和规律吗？通过相关文献的研读，笔者发现，齐磊磊对大数据主义的概括过于以偏概全，歪曲了大数据学者的观点，甚至将并不存在的大帽子，戴在大数据主义者的头上，造成了不明真相者对大数据主义的误会。为此，笔者深入大数据学者的原始文献，按照齐磊磊所分的理论、因果、规律三个维度与其商榷，试图还原大数据主义的真相，以便让人们有机会了解大数据主义者的真实观点究竟是什么。

一、大数据如何看待理论

　　齐磊磊将大数据主义的第一个特征概括为对理论的全盘否定态度。她认

---

①　齐磊磊：《大数据经验主义——如何看待理论、因果与规律》，载《哲学动态》2015 年第 7 期。

为，在对待理论的态度上，大数据主义持彻底否定的态度，认为在大数据时代，只要数据就够了，理论成了多余，甚至彻底无用。齐磊磊得出这个结论的依据主要有三个：一是大数据前期的代表人物安德森的观点；二是畅销书《大数据时代》的作者舍恩伯格的观点；三是哈尔滨理工大学孙博文教授的观点。孙博文教授的观点是在一个会议上提出的，笔者没有参加这次会议，所以无从考证其观点的原意，下面我们主要来看看安德森和舍恩伯格的观点。

安德森是美国《连线》杂志的主编和主要撰稿人，齐磊磊引用的观点出自安德森于 2008 年 6 月 23 日发表在《连线》杂志上的文章《理论的终结：海量数据使科学方法变得过时》，不过齐磊磊没有找到并阅读原文，只是转引了舍恩伯格在《大数据时代》一书中所引用的部分观点。作为大数据时代的预言家，在大数据时代来临的前夜，安德森就预感到了大数据的浪潮已经惊涛拍岸，并提前预言大数据对我们传统科学方法将带来怎样的革命。安德森一开始就用统计学家乔治·博克斯在三十多年前的抱怨："所有的模型都是错的，虽然有些很有用。"① 安德森认为，传统科学发现的方法都是从理论假设出发，建立模型，然后用经验检验模型的正确性。但这种猜想性的模型往往出错，而海量数据的出现改变了这种科学知识的生产方式，谷歌等大数据公司不再首先从理论假设、模型出发，而是从数据出发，从海量数据中归纳、提炼、发现其中的规律。安德森提出这些观点是有前提的，首先是海量数据，即大数据的出现；二是他谈论的主旨是知识发现的问题；三是他所说的"理论的终结"只是针对知识发现的出发点而言。他认为，我们已经进入了 PB（Petabytes）时代，即现在所称的大数据时代，数据资源像洪流一样爆发、增长。面对 PB 级别的大数据，小数据时代的"假设—模型—检验的科学方法变得过时了"。"现在有更好的方式。允许我们这么说：相关性就足够了。我们可以停止寻找模型。我们可以对数据进行分析，而不需要预先假

---

① Chris Anderson，"*The End of Theory: The Data Deluge Makes the Scientific Method Obsolete*"，*Wired 16*，Issue 7，July，2008.

设它会显示什么。我们可以把数字扔进世界上从未见过的最大的计算集群中，并让统计算法找到科学无法找到的模式。"① 这就是说，在大数据时代，知识的发现可以从数据开始，不再需要预先做出理论的假设。所以，安德森所说的"理论的终结"不是说大数据时代就不需要理论，不再有理论，只是科学发现不再是从理论出发，而是从数据出发。他说："大量的可用数据，以及处理这些数据的统计工具，提供了一个全新的方式认识世界。通过相关关系而不是因果关系，即使没有清晰的模型、统一的理论，甚至没有任何机理解释，科学依然能够取得进步。"② 因此，安德森并不是全盘否定科学理论，只是说在大数据时代，科学发现可以从数据开始，而不是必须从理论假设出发。

齐磊磊认为，舍恩伯格的观点与安德森一致。其实，舍恩伯格虽然引用了安德森的观点，并且也同意安德森的从数据及其相关性出发来进行科学发现，但在对待理论的态度上，舍恩伯格没有安德森极端，而是有所保留。舍恩伯格虽然也认为，在大数据时代，从海量数据中发现相关关系比寻找因果关系更重要，科学发现更多地依赖于数据，而不是预设的普遍规则，应尽量让数据自己说话。在大数据时代，"所有的普遍规则都不重要了……重要的是数据分析，它可以揭示一切问题。"但是，他并不完全否定理论在大数据中的作用，因为"大数据是在理论的基础上形成的"，例如大数据也要使用统计学理论和计算机理论。在数据的收集、处理、解释等环节中也要用到相关理论，他在书中明确告诫："大数据时代不是理论消亡的时代，相反地，理论贯穿于大数据分析的方方面面。"③ 因此，齐磊磊将舍恩伯格也归入理论终结论者是不太客观的。

---

① Chris Anderson，"*The End of Theory: The Data Deluge Makes the Scientific Method Obsolete*"，*Wired 16*，Issue 7，July，2008.

② Chris Anderson，"*The End of Theory: The Data Deluge Makes the Scientific Method Obsolete*"，*Wired 16*，Issue 7，July，2008.

③ ［英］维克托·迈尔-舍恩伯格、肯尼斯·库克耶：《大数据时代：生活、工作与思维的大变革》，盛杨燕、周涛译，浙江人民出版社 2013 年版，第 93 页。

科学发现模式问题是科学哲学极其重要的问题,历史上就有"科学始于观察"还是"科学始于问题"的争论。大数据来临前夕,美国计算机专家、图灵奖得主吉姆·格雷(Jim Gray)就敏锐地认识到大数据对科学发现的意义。他于2007年的一个发言中,首次提出了随着大数据的兴起,科学研究中出现了第四种研究范式。① 他对历史上的科学研究范式,即科学发现的模式,做了系统的分类,认为历史上曾出现过三种范式:经验范式、理论范式和计算范式。经验范式是科学发现的第一种范式,也是历史最久的范式,它的逻辑起点是人类的观察或实验,然后用归纳法将观察或实验数据归纳、提炼出科学理论,这种范式认为科学始于经验。逻辑实证主义就是这种主张的代表。逻辑实证主义主张"科学始于观察",并主张将归纳法作为其基本方法。随着逻辑实证主义被波普尔等后来者多方批判,其主张的发现模式逐渐被波普尔所主张的"科学始于问题"的发现模式所取代,这就是第二种范式,即理论范式,它出现于第一次科学革命之后,此时的科学家主要从已有理论出发,发现问题,然后进行经验检验,这就是波普尔的"猜想—反驳"模式。波普尔最重要的依据是观察渗透理论,他认为没有纯粹的客观观察,科学发现都因我们先有疑问、问题、猜想(P),然后提出相应的尝试性假设(TT),或模型,再进行观察或实验(EE)以检验假设或模型的正确性,这就是波普尔著名的"猜想—反驳"科学发现模式(P1-TT-EE-P2)。第三种范式出现于20世纪50年代计算机发明之后。由于问题的复杂性,我们无法直接观察或实验,只能首先建立模型,然后使用计算机进行模拟、仿真或计算,通过仿真、计算来模拟真实场景以达到研究的目的。格雷认为,随着海量数据的出现,科学发现模式发生了重大变化,在前三种科学发现范式的基础上出现了第四种范式,即数据密集型科学范式。数据密集型科学范式的逻辑起点是大数据,它从大数据出发,通过数据之间的相关关系发现大数据所呈现出来的数据规律。由大数据所构成的数据世界成为数据密集型科学研究的直接对

---

① Tony Hey,Stewart Tansley and Kristin Tolle, *The Fourth Paradigm: Data-Intensive Scientific Discovery*,Redmond: Microsoft Research,2009,p.xviii.

象，数据挖掘是大数据时代科学研究最重要的方法，数据规律是数据密集型科学最重要的成果。当然，格雷也特别申明，第四范式与前三种范式并列存在，相互补充，共同构成了科学研究的范式体系，它绝不是要取代前三种范式，只是作为前三种范式的重要补充和完善。格雷对科学研究范式的分类及其对第四范式的论述，比较充分地表明了大数据主义者对经验、理论和数据的态度。

大数据革命带来了科学发现的新途径与新模式，也改变了理论在科学发现中的作用。从大数据相关学者，特别是安德森、舍恩伯格、格雷的论述中，我们可以提炼出大数据主义的科学发现观以及理论在科学发现中的作用。第一，数据成为科学研究的直接对象。以往的科学研究都是直接面对自然界或人类社会，而大数据的兴起以及数据世界的形成，让我们摆脱了对直接对象的依赖，取而代之的是作为自然或社会现象映射而成的数据世界，这样科学研究可以直接以数据世界为研究对象。第二，大数据彻底改变了科学数据的采集方式。自从经验科学兴起之后，数据就成为科学研究的重要手段，然而，以往的数据都是研究者预先设计好目的，然后进行观察或实验，所得数据已经被观察者污染，也就是观察已经渗透理论。然而，在大数据时代，数据主要来自智能感知设备、网络浏览或者网络社交等留下的数据足迹，这些数据因为不是研究者预先设计而获得的数据，没有被研究者污染，因而更具有客观实在性。第三，大数据时代凸显出数据在科学发现中的重要作用。以往的科学数据只是验证科学假说的工具，科学发现主要依赖理论的猜想，即使是逻辑实证主义的"科学始于观察"，其观察仍然渗透着理论。但是，在大数据时代，数据具有了纯客观性，而且从数据出发，就能发现数据中蕴含的规律性，因此带来了"科学始于数据"的科学发现新模式。第四，理论在科学发现中的作用方式发生了重大变化。在大数据时代，初始数据虽未被采集者污染，但在随后的数据挖掘过程中，理论开始渗入其中，比如数据仓库的选取、挖掘工具的选择，以及挖掘结果的解释等，都渗透着数据挖掘者的意图。这就是说，在大数据时代，科学发现依然渗透着理论，只是渗透的环节被延后罢了，理论在数据挖掘、科学发现中依然起着重要的作用。

安德森、舍恩伯格和格雷，都是大数据主义的代表人物，他们都强调在海量数据面前，科学发现不能从理论假设出发，必须直接从数据出发，让数据说话，但是他们并不是彻底排斥理论，只强调大数据时代出现了科学发现的新模式，而且补充了原有模式的不足。正如舍恩伯格所说："大数据绝不会叫嚣'理论已死'，但它毫无疑问会从根本上改变我们理解世界的方式。很多旧有的习惯将被颠覆，很多旧有的制度将面临挑战。"①《大数据主义》的作者史蒂夫·洛尔借用人工智能专家彼得·诺威格的话说，数据具有不可思议的威力，"但是，方法论中仍然包括模型，这是毫无疑问的。理论没有终结，而是正在发展，并拥有各种新的外在形式"②。齐磊磊所说的大数据主义彻底抛弃理论，大数据时代不需要理论，这些并不是大数据主义者的真正主张，而是她对大数据主义者的误读，或者说是以偏概全。

二、大数据如何看待因果

齐磊磊对大数据主义第二个批评是大数据的因果观。她认为，大数据主义者认为，因果性在大数据时代不再存在，已经完全由相关性取而代之。她主要是以舍恩伯格为靶子来进行批判的。她在文章中批评说，舍恩伯格将相关关系分析作为大数据时代的新视野和预测新工具，以此看到了从前未曾留意的联系，并掌握了以往难以理解的社会动态和复杂技术。最为关键的是，舍恩伯格认为知道"是什么"就够了，而不必知道"为什么"。舍恩伯格还特别强调要"让数据自己发声"，不必过多探究现象背后的本质。由此，齐磊磊得出结论说，大数据主义企图消除因果关系，否定因果律，试图用事物的相关关系取代因果关系。随后，她通过因果与相关的概念区别，并从哲学、数学、逻辑等维度来讨论两者之间的区别与联系，特别用量子纠缠做案例来说明，由此来批判舍恩伯格观点的错误。

---

① [英] 维克托·迈尔-舍恩伯格、肯尼斯·库克耶：《大数据时代：生活、工作与思维的大变革》，盛杨燕、周涛译，浙江人民出版社 2013 年版，第 94 页。

② [美] 史蒂夫·洛尔：《大数据主义》，胡小锐、朱胜超译，中信出版集团 2015 年版，第 165 页。

　　齐磊磊所树立的批判靶子对吗？舍恩伯格的真实观点是什么？让我们回到舍恩伯格的文本吧。通过亚马逊的图书智能推荐系统的介绍，舍恩伯格说："亚马逊的推荐系统梳理出了有趣的相关关系，但不知道背后的原因。知道是什么就够了，没必要知道为什么。"① 舍恩伯格的确认为，在大数据时代，相关性分析可能比因果性分析更重要。"在小数据世界中，相关关系也是有用的，但在大数据的背景下，相关关系大放异彩。通过相关关系，我们可以比以前更容易、更快捷、更清楚地分析事物。"② 舍恩伯格很清楚，因果性是相关性的特殊关系，相关关系缺少因果关系那种必然性，只具有可能性，"相关关系通过识别有用的关联物来帮助我们分析一个现象，而不是通过揭示其内部的运作机制"③。舍恩伯格只是在方法论的意义上对相关性进行肯定，并没有在本体论上对事物的因果性进行否定。对事物进行因果分析，必须深入把握事物间的内部机制，然而，面对大数据时代的海量数据，这种内部机制很难及时被把握，因此，他认为，与其用臆想的因果假设，不如从表象出发，快速把握它们的相关关系，"大数据的相关关系分析法更准确、更快捷，而且不容易受偏见的影响"④。特别是在日常生活、商业分析中，相关性分析更是一种快速、高效的分析预测工具，"相关关系很有用，不仅仅是因为它能为我们提供新视角，而且提供的视角都很清晰。而我们一旦把因果关系考虑进来，这些视角就有可能被蒙蔽。"⑤ 舍恩伯格知道，相关性只是一种表象，因果性才是表象背后的本质，因此他并不否定因果性的存在，相

---

① ［英］维克托·迈尔-舍恩伯格、肯尼斯·库克耶：《大数据时代：生活、工作与思维的大变革》，盛杨燕、周涛译，浙江人民出版社 2013 年版，第 71 页。

② ［英］维克托·迈尔-舍恩伯格、肯尼斯·库克耶：《大数据时代：生活、工作与思维的大变革》，盛杨燕、周涛译，浙江人民出版社 2013 年版，第 71 页。

③ ［英］维克托·迈尔-舍恩伯格、肯尼斯·库克耶：《大数据时代：生活、工作与思维的大变革》，盛杨燕、周涛译，浙江人民出版社 2013 年版，第 72 页。

④ ［英］维克托·迈尔-舍恩伯格、肯尼斯·库克耶：《大数据时代：生活、工作与思维的大变革》，盛杨燕、周涛译，浙江人民出版社 2013 年版，第 75 页。

⑤ ［英］维克托·迈尔-舍恩伯格、肯尼斯·库克耶：《大数据时代：生活、工作与思维的大变革》，盛杨燕、周涛译，浙江人民出版社 2013 年版，第 88 页。

反，他认为相关性是认识因果性的有效途径。"相关关系分析本身意义重大，同时它也为研究因果关系奠定了基础。"①"在大多数情况下，一旦我们完成了对大数据的相关关系分析，而又不再满足于仅仅知道'是什么'时，我们就会继续向更深层次研究因果关系，找出背后的'为什么'"②他明确地表示："因果关系还是有用的，但是它不再被看成是意义来源的基础。"在此，我们可以说，舍恩伯格强调了相关性对大数据的重要性，但他并不否定因果性的存在，更没有说要用相关性完全取代因果性。

史蒂夫·洛尔在《大数据主义》一书中提出要"厘清大数据中的相关关系与因果关系"，认为相关关系可以为商业、医学等应用领域提供有效的预测工具，但不能因此否定因果性。他借用 IBM 人工智能专家费鲁奇的话说："对于大量商业决策而言，有相关性就能得出令人满意的结果。"但是，"仅凭相关性是不够的"，"还要对因果关系产生有启发性的认识，包括理论、假设、现实世界的心理模型、事情的原委等，两者必须更密切地相互配合"。③

英国威斯特敏斯特大学的 David Chandler 教授在论文《没有因果的世界：大数据与后人类时代的来临》中认为，大数据并不是要取代因果关系，它只是带来了新的归纳方法和新的知识生产方式。④ 牛津大学互联网研究中心的 Josh Cowls 和 Ralph Schroeder 在论文《因果性、相关性及社会科学研究的大数据》中，通过访谈 26 位学者，详细论述了大数据时代的因果性与相关性的关系。⑤ 受访者认为，理论终结及取代因果的说法有点过于夸张，

---

① [英] 维克托·迈尔-舍恩伯格、肯尼斯·库克耶：《大数据时代：生活、工作与思维的大变革》，盛杨燕、周涛译，浙江人民出版社 2013 年版，第 88 页。
② [英] 维克托·迈尔-舍恩伯格、肯尼斯·库克耶：《大数据时代：生活、工作与思维的大变革》，盛杨燕、周涛译，浙江人民出版社 2013 年版，第 89 页。
③ [美] 史蒂夫·洛尔：《大数据主义》，胡小锐、朱胜超译，中信出版集团 2015 年版，第 165 页。
④ David Chandler, "A World without Causation: Big Data and the Coming of Age of Posthumanism", *Millennium: Journal of International Studies*, Vol.43 (3), 2015, pp.833–851.
⑤ Josh Cowls and Ralph Schroeder: "Causation, Correlation, and Big Data in Social Science Research", *Policy and Internet*, 2015.

但大数据对其影响的确很大，它使得社会科学研究所需数据的采集、处理变得容易。至于相关性和因果性问题，这取决于何种类型的研究：如果是商业应用之类的研究，找到相关性就够了，但社会科学理论研究则仍然需要因果性。

归纳起来，大数据主义对相关性与因果性的态度是：在大数据时代，由于数据的暴增，寻找数据间的相关性比因果性更重要，大数据主义承认事物的因果性，但更应该把握事物的相关性。齐磊磊说大数据主义否认因果性的存在，它已被相关性完全取代，这是对大数据主义的误解或误读。大数据主义为什么强调相关性，弱化因果性呢？我们可以从四个方面来说明。第一，就相关性与因果性的关系来说，相关性更广泛，因果性更严格，因果性是相关性的一种特例。在哲学史上，对这两者关系的讨论很多，齐磊磊不但回顾了哲学史上两者之间的关系，而且从数学的集合论和函数关系来论证了"相关性是一种比因果性更广泛的概念"，因果性是相关性的一种特殊状态。第二，大数据并不否定因果，只是不强调因果。自休谟对因果性进行全面怀疑和批判以来，虽然众多科学家、哲学家做出了种种努力，但仍然很难证明某两种现象或事物之间就一定存在着因果关系。休谟只是把因果性看成是人们的一种习惯，康德的《纯粹理性批判》也只是做出了一种工具主义的修补，仍然没法证明因果性的必然性。大数据没有站到彻底否定因果性的队伍中，而是承认因果性，但从相关性入手来把握。从方法论来说，相关性比较表象，只要两者之间有依随关系就认为具有相关性，因此容易被识别；而因果性则要反映事物之间内在的本质关系，这就不容易被认识和把握。大数据从相关性而不是因果性入手，是一种聪明的方法论策略。第三，大数据时代的来临，海量数据使得寻找因果关系如同大海捞针一样困难。大数据时代的数据量迅速发展到 PB、ZB 级别，要在这么多的数据中找到与某数据具有因果关系的另一个数据，这比大海捞针还困难。正如统计物理学面对海量的分子，研究者无法跟踪每个分子的运动轨迹以及它们之间的因果关系，只能用统计学的方法研究大量分子运动所表现出来的宏观行为和规律，而且这些规律只遵从统计规律，没有因果规律那种必然性。大数据的 PB、ZB 级别的数据，跟统计物理学所面对的海量分子一样，我们不可能跟踪每个数据的来龙去脉、前因后果，只能使用数据挖掘工具挖掘出数据之间所表现出来的宏观行为以及数据之间的相关关系。第四，许多时候，特别是日常生活、商业应用中，相关关系就已经足够。在许多场合，我们的确不需要知道事物之间内在的因果关系，只要知道它们之间具有依随性质的相关关系，在我们发现某现象或数据变化时，大致能够推断与之相关的另一个现象或数据也可能会发生变化。例如，我们发现，天气长期下雨会带来雨具销售的增加，而我国南方总是春雨绵绵，于是聪明的商家早已准备好了各种雨具来迎接南方雨季的到来。又如，每年大学新生开学季，都有大量的银行卡、手机卡等商业机会，于是聪明的商家早已与学校相关部门将各种卡随录取通知书投送到新生手中。对商业应用来说，最关键的是快速抓住机会，至于背后的因果关系则留给学者们去探讨。

总之，大数据主义不是要否定事物之间的因果性，并用相关性取代，只是不再过分执着于对事物因果性的追求，而是从表象的、数据之间的相关性入手，发现数据规律，然后由此作为路径，再打开黑箱，寻找数据之间的因果关系，由此，相关关系就成了寻求因果关系的一把方便钥匙。当然，大数据也能够接受暂时找不到因果关系，只能找到相关关系的情况存在。

三、大数据怎样看待规律

在对待世界的本质及其规律性问题上，齐磊磊说，大数据主义否认世界的规律性，大数据主义将世界的本质归结为混乱的数据。她把大数据主义的观点与卡特莱特为代表的新经验主义相比拟，并由此来批判大数据主义者。齐磊磊对大数据的世界观和规律观的批判主要从统计学家的观点和网络科学家巴拉巴西的观点这两条路径来进行。她引用统计学家的观点说，统计样本的增加不一定能够增加统计的精确性，只有增加采样的随机性来提高统计的精确性。她用舍恩伯格的"大数据的核心在于预测"来反证舍恩伯格主张世界混杂性的错误。此外，她引用巴拉巴西在其《爆发：大数据时代预见未来的新思维》中的观点来证明世界的规律性和可预测性。

齐磊磊所批判的观点主要来自舍恩伯格，因此我们有必要先还原舍恩伯格究竟说了些什么。舍恩伯格认为，万物皆数，通过大数据技术，一切现象或行为皆可转化为数据，这就是他所说的"量化一切"。通过智能感知、万物互联等量化手段之后，现象世界就映射为一个"数据世界"，这个数据世界可以被智能设备所识别、储存、传输和计算，世界的存在变成了数据的泛在。这样，数据就成了世界的本质属性，所以舍恩伯格说"世界的本质是数据"。①

舍恩伯格认为，在大数据时代，数据的获取变得十分容易，数据规模也暴增到海量，因此现在人们已经彻底告别了数据缺乏的时代，并进入一个数据丰裕的时代。正因如此，舍恩伯格才强调，人们没必要再依靠抽样调查等手段来获取数据，可以采取一网打尽的"全数据模式"。由于数据来源多样化，数据规模海量化，因此这些数据一方面难免鱼龙混杂，失去传统的精确性，另一方面数据的多样性也反映了世界的多样性。齐磊磊所批判的"混乱"，舍恩伯格所用的英文是 messy，其本义的确有"混乱"的意思，但也有"混杂"、"复杂"之义。② 中文版的《大数据时代》大部分时候都将其译成"混杂"，偶尔译成"混乱"。"混杂"的译法比较合适，而"混乱"则误解了舍恩伯格的原意。"只有 5% 的数据是结构化且能适用于传统数据库。如果不接受混杂，剩下 95% 的非结构化数据都无法被利用，只有接受不精确性，我们才能打开一扇从未涉足的世界的窗户。"③ 因此，舍恩伯格提出应该允许和接受混杂性，不再过分执着于追求精确性。舍恩伯格并没有由此推断出世界就不再有规律性，相反，他正是想通过认识、接受混杂性来更好地把握世界的规律性，正如他自己所说："接受数据的不精确和不完美，我们

---

① [英] 维克托·迈尔-舍恩伯格、肯尼斯·库克耶：《大数据时代：生活、工作与思维的大变革》，盛杨燕、周涛译，浙江人民出版社 2013 年版，第 125 页。

② Viktor Mayer-Schonberger and Kenneth Cukier, *Big Data: A Revolution That Will Transform How We Live*, Work and Think, London: John Murray，2013，p.33.

③ [英] 维克托·迈尔-舍恩伯格、肯尼斯·库克耶：《大数据时代：生活、工作与思维的大变革》，盛杨燕、周涛译，浙江人民出版社 2013 年版，第 45 页。

反而能更好地进行预测，也能更好地理解这个世界。"①

从大数据学者的论述中，我们可以看出大数据主义者对世界观、规律性的态度。归结起来，主要表现为如下五个方面，即整体主义、复杂多样、关注细节、数据规律、透明世界。

（一）整体主义

自从古希腊以来，西方科学主要是通过打开黑箱，还原到部分甚至是"始基"去研究其中的奥秘。这种还原方法论反映到数据采集上就是受控实验或抽样调查方法。由于技术能力的限制，以往的数据采集只能在理想化处理之后，通过精心设计的受控实验，或精心设计调查问卷和调查对象之后所进行的抽样调查来获取所需的数据。小数据时代的随机采样就是试图以最少的数据获得最多的信息，这就是将复杂的现象还原为少量的抽样数据。大数据时代的来临，让我们不再需要选取样本，或者说样本量可以最大化，这就是大数据的"全数据模式"。由于与对象相关的所有可能性都包括其中，至大无外，所以这其实就是一个整体。以往我们经常说要用整体论的视野整体地看问题，但由于没有将整体技术化，在解决实际问题时依然应用部分代替整体的还原方法。大数据的"全数据模式"将传统整体论数据化，用全部数据代表整体，并可以进行计算、分析，是一种数据化、可操作的整体观，因此大数据主义是一种数据化的整体主义。②

（二）复杂多样

经过孤立、静止、抽样等理想化处理，所获数据变得简单、纯粹、单一，所反映出来的现象世界也变成了简单、单一的理想世界。大数据时代的数据来自各种途径，例如各类传感器数据、网络浏览数据、网络社交数据、电话短信数据、消费数据、刷卡数据等等，这些数据都属于原始数据，因此数据粗糙、类型多样。但是，大数据时代的数据由于没有人工的预先参与，因而未被人工污染，因此保留了原始性、粗糙性、复杂性、多样性等，由此

---

① [英]维克托·迈尔-舍恩伯格、肯尼斯·库克耶：《大数据时代：生活、工作与思维的大变革》，盛杨燕、周涛译，浙江人民出版社 2013 年版，第 56 页。

② 黄欣荣：《大数据对科学认识论的发展》，载《自然辩证法研究》2017 年第 9 期。

所反映出来的现象世界也变成了一个复杂多样的真实世界。复杂性科学早就批判了传统科学的理想化和简单化，认为真实世界是复杂、粗糙、多样的世界，而大数据技术则用可计算的海量数据来刻画复杂性科学的理念，让复杂性的科学理念变成了大数据的技术手段。

（三）关注细节

理想化之后的受控实验和抽样调查，都是选取预先被认为重要的少量数据来代表所有数据，或者说由少量数据来描述真实世界的复杂现象，例如全国大学生有几千万，但不少做大学生相关问题调查的研究者往往在几所大学发放几百份问卷，就得出全国大学生怎么样的结论。做抽样调查者辩护说，只要能够保证抽样的绝对随机性，少量样本就能代表全体。问题是，我们怎么知道具有绝对随机性？还有，事物本身千差万别、丰富多彩，少量样本又怎么来代表这些细节？大数据让所有样本都保留，不要其他少数样本来代表自己，这样每个样本的独特之处、出彩之处都有可能保留下来。因此，大数据的"全数据模式"就保留了每个样本的丰富细节和个性，具有统计学所说的"遍历性"，而且数据越多，细节越丰富。抽样的数据无法被放大以便观察细节，而大数据的数据可以被随意组合、放大，可以追溯每个数据的细节，大数据成了数据显微镜。因此，大数据比以往的小数据更加关注细节，更加注重个性。

（四）数据规律

小数据时代根据因果推理所得到的规律叫作因果规律，简称为规律。因果规律被认为具有确定性和普遍必然性，具有放之四海而皆准的可重复性。利用因果规律，不但能够解释过去发生的事件，而且可以预测未来事件的发生。大数据不再执着追求因果必然性，而是侧重于通过数据之间的关联性来寻找事件之间的相关性，并根据数据挖掘、分析得出只具有概率性的数据规律。这种数据规律只是数据之间的关联性，不一定具有普遍必然性，也不一定具有绝对的可重复性，因此在因果论者看来，这种数据规律根本就不算规律，并由此推断大数据主义否定规律，并说大数据主义者将世界看作是一个混乱无序的世界。数据规律是不是规律呢？数据规律也能够解释过去，预测未来，而且在无法得到因果规律的时候，数据规律可以大显身手，因此数据规律也是规律的一种类型。大数据主义不但承认世界规律的存在，而且拓展了规律的内涵和外延，将数据规律纳入规律的范畴，用数据规律补充了因果规律之不足。舍恩伯格和巴拉巴西都承认在混杂多样的世界都能找到规律，不能找到因果规律，起码能找到数据规律，而且利用数据规律，再复杂的现象都可以解释和预测，甚至小数据时代难以认识和预测的人类行为，都能做出高达93%以上的准确预测。[①] 因此，大数据没有否定规律，只是拓展了规律的内涵和外延，以便更好地认识和把握复杂世界的规律。

（五）透明世界

大数据技术可以将一切现象、行为数据化，万物的背后都留下了一条可被存储、识别的数据链。这些数据在没有发现用途的时候往往被看作是数据垃圾，但事实上这些数据全程记录了事物的存在和演化的全息轨迹。这些数据被永远存储网络、云端，几乎难以被彻底消除，因此即使某事物已经消失，但与其对应的数据足迹依然存在于数据世界中。通过对数据世界的挖掘，一切都无法伪装和隐藏，就像真有上帝之眼一样被永远地监视着。数据化的世界是一个可以永远被存储、识别、挖掘的世界，通过相关性不但能够知道过去的一切，而且未来的一切也可以被掌控。自然界及其规律都隐藏在黑暗中，但在大数据的阳光照耀下，世界的一切都变得透明！因此，大数据时代的世界是一个彻底透明的世界。

大数据主义者并不否定科学理论或终结科学理论，只是从海量数据中进行知识发现时不能预先带着理论的有色眼镜，必须先"让数据说话"，尊重数据本身显现出来的规律，数据采集环节不一定预先依赖理论，但在数据挖掘和知识生产中，大数据主义仍然承认理论的作用。大数据不否定事物因果性的存在，但数据挖掘时不会一开始就纠结于因果性，它更重视数据显现出来的相关性。如果需要，我们可以在认识相关性之后再进一步深挖因果性，

[①] ［美］艾伯特-拉斯洛·巴拉巴西：《爆发：大数据时代预见未来的新思维》，马慧译，中国人民大学出版社2012年版，第13页。

相关性为寻求因果性提供了猜想的路径。大数据主义者认为，世界是复杂多样的，但皆可被数据化，通过数据之间的相关性能够挖掘出事物间的数据规律，并通过数据规律来解释、预测由因果规律难以解释和预测的复杂现象，因此他们不但承认世界的规律性，而且在以往难以发现规律的地方找出规律，让科学的阳光照亮混杂世界的每一个角落，我们的世界变成了一个完全透明的世界。因此，齐磊磊认为大数据主义者否认理论、否认因果、否认规律的说法是不太符合实际的。

第五节　大数据的客观性与挖掘渗透理论

随着大数据技术的兴起，一般认为大数据比小数据更具有客观性，因此提出要"让数据说话"的主张。大数据的客观性主要来自数据规模更加海量，更具有全面性；数据格式更加多样，更具有代表性；数据存在于挖掘之前，没有理论预设；数据主要由智能终端自动生成，避免了人为污染。但因为数据生成人为设计、数据挖掘渗透理论、数据算法存在偏见、数据决策存在黑箱等，大数据也就依然存在着人的主观性渗透问题。因此，小数据时代的观察渗透理论变成了大数据时代的数据挖掘渗透理论。

数据（data）是事物及其状态的量化描述。通过数据这一现象，我们可以认识事物的现象与本质，把握事物规律，解释事物发展的历史，预测事物发展的走向。因此，数据对我们认识事物现象及其本质极其重要，数据是否具有客观性直接关系到我们认识的真实性、客观性的问题。[1] 在智能时代来临之前，人们主要靠观察、受控实验、抽样调查等人工手段来获取数据，因数据规模较小而被称为小数据时代。随着智能时代的来临，数据的采集、存

---

[1] Christine L. Borgman, *Big Data*, *Little Data*, *No Data: Scholarship in the Networked World* [M]，Massachusetts: MIT，2015，p.17.

储、传输、处理以及应用等都主要依靠智能手段来自动完成，由此带来了海量数据因而被称为大数据时代。随着数据生产方式的变革，不但数据规模发生了重大变化，更重要的是数据性质发生了重大变化。真实性被认为是大数据的重要性质之一，这就意味着大数据可能比小数据更真实、客观。那么，大数据为什么会比小数据更具有客观性？大数据是不是具有完全的真实、客观性，可以完全排除数据的主观性呢？如果大数据也同样具有主观性，那么其主观性又因何而来？在越来越广泛"用数据说话"的大数据时代，这些问题尤其显得重要。

一、客观性、主观性与数据

客观性是哲学特别是认识论的一个核心概念，是人们在认识和实践过程中，认识和实践真实程度的刻画和反映，它往往与主观性相对。①

人本来是世界的一个构成部分，人类与世界融为一体。但是，随着人类认知能力的提升，人类自我意识逐渐觉醒，于是人类慢慢地将自己从世界中独立出来，形成了"我和世界"的关系，这就是所谓的物我对立、主客二分的开始。人类在认识世界的时候，开始将自己置于主人的地位，而把观察、认识的所有对象置于客人的位置上，于是人类将自己称为"主体"，而对象世界则被称为"客体"，世界的主客二分也就意味着世界对象化的开始，并意味着自我意识的觉醒。

什么是客观，什么是主观呢？这就要从观察、认识事物的立场和参照系说起。任何认识都必须要有原始站位，或立场，即从那个原始位置开始观察，或者是从哪里向哪里观察。而观察的结果则必须从某种参照系来进行刻画和度量。所谓客观就是以"客"观之，以物观物，从物自身的位置来观看自己，也就是站在客体世界的立场和角度来观察，作为主体的人不参与到观察活动之中。这样，所谓客观就排除了人为的干扰，事物按照自身的本来面目显现出来，这是一种真实的显现。所谓主观，就是以"主"观之，以作为

① 金延：《客观性：难以逾越的哲学问题》，载《厦门大学学报》2006 年第 1 期。

万物之主的人来观察物，从人的位置来观看物，也就是站在我们人类的立场和角度来观察物，作为主体的人参与到观察活动中。虽然事物本身在不断地自我呈现，例如四季更替，花开花落，但如果离开人类的观察，这些事物自身的呈现也就不可能为我们人类所感知，也就不能形成观察。所以，一切观察都属于人类的活动，离开人类就不可能有真正的观察。我们哲学上所谓的客观，无非是一种理想，就是让人类的观察尽量不干扰事物的本然状态，让人类观察的结果尽量接近事物自身的呈现状态。而所谓的主观就是人对事物的干扰较多，人没有完全遵循事物自身的本然状态，而是渗透了观察者自己的思想或行为。

客观性、主观性是对客观、主观问题的哲学反思，是哲学的一对重要范畴。特别是客观性已经成了认识论的核心概念。所谓客观性是人对事物的观察、认识与事物本然状态契合程度的刻画，它反映了人的观察、认识是否真实反映或遵循了事物自身的本然状态。人对外部世界的认识是人利用某种认识工具对对象性事物及其状态的反映。"本质上，客观性是一个标志事物处于意识之外之存在特性的哲学范畴，是人类对事物存在形式的指认结果。它在存在论上表征着独立性与自主性、确定性与必然性，在认识论上指示着精确性、普遍性、有效性，在社会影响上意味着正当性与合法性。追求客观性有着求真向善尚美等多方面意义。"① 这就是说，从存在论来说，所谓客观性就是不受人的干扰而保持事物独立的本然状态，就像辞海所解释的那样："客观，指不带个人偏见，按照事物的本来面目去认识。"从认识论上来说，虽然观察、认识不可能离开人，但所谓客观性是指观察、认识的结果尽量不掺杂个人的因素，能够接近事物的本来面目，因而观察、认识具有普遍性。

客观性是人类追求的重要目标之一，人类希望观察、认识能够保持事物的本来面目，这样认识的结果才能够反映事物的真实状态，才具有正当性和合法性。这样，客观的事实就能够不受人的思想、情感、工具、计算等主观

---

① 田方林：《论客观性》，载《四川大学学报》2012年第4期。

手段的影响，而能保持其真实性。但是事实上，任何认识都打上了人的烙印，不可能不受人的影响，完全不受主观因素影响的"纯客观"事实是不存在的。那么，怎样才能够判断观察、认识的客观性呢？哲学上引入了主体间性来判断观察、认识的客观性。所谓主体间性是指观察、认识的事实能够在不同的主体之间得到认可，即不同的主体，只要具备相同的条件和过程，那么其得出的结果也一定相同，我们就说这个事实具有主体间性。"主体间性既是客观性的条件，又是客观性的基础。没有主体间性就不可能有客观性。没有离开主体间性的客观性。"① 这样，我们就可以通过主体间性来刻画客观性。"一般而言，人类对客观性的追求就是以群居生活为现实背景，以主体间性为理论预设，以绝对的客观性为理想目标。"②

　　人类观察、认识的事实用什么工具来表征呢？最一般的工具是语言、文字，但是语言文字在文本解读中往往容易引起歧义，因此主体间性相对来说比较差。最好的工具是数据，因为数据具有不变性、精确性，便于在不同的主体之间传递和理解，不容易带来信息失真，因此主体间性较好。因此，自然科学、工程技术的观察、认识结果往往都是用数据的形式记录下来。所谓数据，字面意义就是"数＋据"，从狭义来说就是人们利用某种尺度对观察认识对象的一种测量和记录，包括数字及其计量单位，例如一头牛，两只羊，三里路等等。从广义来说，任何观察的事实都可以被称为数据，例如图像、音频、视频、文字等等。在计算机时代，任何最终可以表述为 0 和 1 的组合、能够被计算机处理的事实都可以被称为数据。所以百度百科的定义是："数据是指对客观事件进行记录并可以鉴别的符号，是对客观事物的性质、状态以及相互关系等进行记载的物理符号或这些物理符号的组合。它是可识别的、抽象的符号。"数据的获得必须有作为主体的人、采集工具、采集对象，主体在对对象的观测过程中难免带入主观因素，因此数据看起来精确、可靠，事实上不一定是完

---

① 吴国林:《主体间性与客观性》，载《科学技术与辩证法》2001 年第 6 期。

② 田方林:《论客观性》，载《四川大学学报》2012 年第 4 期。

全客观。特别是我们传统的观测、实验、抽样等过程中，由于观测渗透理论，数据中渗透了主观因素，这也就是数据污染问题。提高数据的客观性一直是人类认识的目标之一，为此在主体、工具以及观测对象上不断努力和改进。大数据时代的来临为数据的客观性提升带来了革命性的机遇。

二、大数据的客观性是如何可能的

数据的客观性直接反映出我们观测、认识的客观性，它也将直接影响我们对世界的认知，甚至影响我们的社会公平公正以及我们对真善美的追求。人类从观察、认识这个世界开始，就试图尽量能够真实反映出观察对象的本真状态，所有对观察结果的记录，从语言文字的记录，到量化数据的记录，就是为了尽量提高观察、认识的精确性和稳定性，从而提高客观性，因此，数据采集、存储和处理等技术一直在不断改进中。随着互联网、云计算、人工智能等技术的发展，我们迎来了大数据时代。在大数据时代，数据采集、存储、传输和处理等一系列技术都发生了革命性的变革，因此带来了数据性质的重大变化。

与小数据相比，大数据有 4 个特点，即 4V。虽然不同的学者有不同的看法，但有三个 V 是大家比较认同的，即 Volume（量大）、Variety（多样）、Velocity（高速）。在这 3 个 V 之外，不同的学者增加了不同的 V，例如 Value（价值），Veracity（真实性）。[①] 不管是否把 Veracity 作为大数据的特征之一，但大数据的提倡者其实都预设了大数据具有比小数据更高的真实性，因为在量大、多样等特性的论证中认为量大、多样更好地刻画了事物的属性，因此更能够"用数据说话"。大数据的所谓真实性其实就是客观性，换句话说，大数据更能够表征出事物的客观性。大数据是否提高了数据的真实性？它又是如何提高数据真实性的？

---

① Judith Hurwitz, Alan Nugent and Fern Halper, et al., *Big Data for Dummies*, New Jersey: John Wiley & Sons, Inc., 2013, p.16.

（一）海量的数据把对象刻画得更加精确

大数据的最大特征是数据量多，几乎到达海量规模，甚至到了用传统的数据处理技术难以处理的程度。虽然数据量的多并不能证明数据的真实性和可靠性，但海量的数据可以把对象刻画得更加细致，更加精准。在小数据时代，由于数据采集、存储和处理的难度，我们对认识对象的数据往往采集得不够多，只能用少量的数据做样本。对线性系统来说，因为可以线性外推，所以数据量少并没有多大问题。但对非线性系统，例如社会系统来说，数据量少就留下了许多空白区域，就像低像素的相机拍出的模糊照片一样。如果根据这少量数据简单外推，那就造成严重的失真。大数据的海量数据就像高像素相机能够让事物的每一个地方都有数据来精准刻画，这样就能够更加真实地刻画出对象的本真状态。海量的数据布满观测对象的每一个角落，我们无需再做外推就已经有了现存的真实数据，因此海量数据把事物刻画得更加全面、精准、真实，从而提高了认识对象的客观性。

（二）多样的数据把对象刻画得更加丰满

在小数据时代，数据的采集、存储和处理都比较艰难，因此除用少量的样本来代替全体之外，观察者对数据的格式也有特定的要求，例如全国人口普查，一般都用统一格式的数据表格来采集数据，以便更加方便地统一处理。单一格式的数据虽然方便处理，但由于格式单一，遗漏了观察对象的许多信息，难免造成对象认识的失真，从而难以保证认识的客观性。由于有了先进的数据采集、存储和处理方式，大数据可以方便地处理各种格式的数据，无论是格式化数据，半格式化数据还是非格式化数据，或者是数字数据、文字数据、音频数据还是图像数据，都能够还原为 0 和 1 两个符号并由计算机快速处理。大数据格式的多样化，让观察认识对象的信息更加丰富，能够更加真实地刻画认识对象。虽然大数据多样化的格式不一定带来数据自身的客观性提升，但由于数据信息更加丰富，因此大数据的多样性将带来认识的客观性提升。

（三）在线的数据把对象刻画得更加及时

数据的采集、传输、处理速度也是影响数据客观性的重要因素之一。舍恩伯格在《大数据时代》一书中曾经描述美国 20 世纪初人口普查的情形。[①] 在大数据时代来临前，人口普查主要依靠普查员走村串户，上门采集人口信息，然后汇集上报，最后由国家相关部门统一处理。由于数据处理技术的落后，全国人口普查数据的处理往往要花费 15 年左右的时间。这样，每 10 年一次的人口普查，在下一次人口普查前，上一次的数据还没有处理完毕。这种严重滞后的数据采集、传输和处理方式带来了数据的严重失真，这些人口数据根本无法精准刻画出某一时刻真实的人口数据。大数据技术通过计算机、互联网、云计算和人工智能等技术，带来了数据的采集、处理和传输的高速度，让数据实现在线化。高速、在线的大数据与采集对象的当下状态达到一致性，从而更加真实地反映出事物的真实状态。

（四）无特定主体的数据自动生成增强了数据的主体间性

在过去，人们获取数据的方式主要是由观察者直接使用肉眼或仪器对观察对象进行直接观察，或者实验者设计实验场景进行受控实验来获取数据。在社会科学研究中，人们则通过访谈、抽样等调查方式来获取数据。不管是自然科学还是社会科学，过去在数据的采集中，人的参与度都比较高，特别是与特定的采集者密集相关。由于宏观自然对象受观察者的干扰较少，因此自然科学取得的数据比较真实反映了对象的本真状态。但由于人的主体性和应变性，在进行社会科学访谈、抽样获取数据时，观察者和观察对象之间有互涉效应，观察者对观察对象的状态造成干扰，因此数据的真实性往往受到质疑，这就造成了数据的客观性难以保证。数据的人工生产方式，不同的人对数据生产的影响比较大，数据的主体间性较差，数据可能被人为污染，因此直接影响了数据的客观性。

在大数据时代，数据的生产方式发生了重大变化，数据的生成主要靠智能手段自动生成，实现了数据生产的自动化和智能化。大数据时代的数据主要有以下几种类型：1.感知数据：各种传感器所自动产生的数据；2.社交数据：

---

① ［英］维克托·迈尔-舍恩伯格、肯尼斯·库克耶：《大数据时代：生活、工作与思维的大变革》，盛杨燕、周涛译，浙江人民出版社 2013 年版，第 31—36 页。

人们利用智能终端在网络社交产生的数据，比如微信、推特等；3.行为数据：电商、网上购物、刷卡、网上浏览、监控录像等人类各种行为自动产生的数据；4.分享数据：人们自愿分享到网络的音频、视频、图像等各种生活数据。我们从大数据的生产途径可以看出，与小数据生产模式不同，大数据没有特定的采集主体，即不是某些特定的主体针对特定的目的而采集，而是由智能终端自动采集、储存。虽然这些智能终端也是由人设计、安装，但一旦被安装、使用，则对所有的主体一视同仁，不会被某个特定主体的思想、情绪所影响。这就是说大数据的采集摆脱了对特定主体的依赖和影响而变成了无特定主体，避免了采集主体对数据的污染，因而大数据具有了更高的主体间性，因此也就有了更高的客观性。

（五）无特定目的的数据采集减少了主体的理论预设

在小数据时代，数据的收集基本上都是预先带有某种目的性，因而带来观察渗透理论。① 数据收集者为了某种目的，预先做了理论假设，并设计好数据的收集手段，一切都按照预先设定的目的和程序而开展数据采集的活动。按照科学哲学中著名的观察渗透理论，观察者能观察到什么，能收集到什么样的数据，与观察者的理论背景和预先目的密切相关。小数据时代采集的数据都是目的在先，采集在后，数据难免被采集者的目的和理论背景污染，因此难以达到客观性的要求。但在大数据时代，数据是各种智能终端对自然、社会以及人类思想行为的无目的的历史记录。在被挖掘使用之前，许多数据根本不知道记录下来有何用处，被称为数据垃圾或数据废气，因此大数据在被挖掘之前往往呈现为比较原始的客观状态。大数据这种没有特定目的的数据采集和记录减少了采集者对数据的先入为主的主观性，减少了理论对观察的人为影响。在大数据时代，虽然数据采集也是有人的参与，但采集过程的智能化、自动化还是让数据保持了更加客观的状态，减少了理论对观察、数据的污染。特别是区块链技术让数据像地球的自然沉积一样，通过区块链技术更加保证了大数据的自然、客观特性。

---

① 邱仁宗：《科学方法与科学动力学》，高等教育出版社 2006 年版，第 77—79 页。

三、数据挖掘如何渗透理论

在小数据时代，由于数据规模小，因此数据处理的过程是透明的。但在大数据时代，由于数据规模巨大，必须应用数据挖掘和智能算法等数据处理技术才能够处理和运用。这数据挖掘和智能算法等处理过程对一般人来说是不透明的，因此可能隐藏着数据挖掘者和算法设计者的个人意志。数据挖掘和机器学习首先需要定义问题，然后开始数据收集、清洗、标注、分类等过程，并利用算法模型对数据进行处理和应用。"从问题定义到数据收集、清洗、分割等步骤，算法设计者自身的价值判断始终贯穿其中。可以说，机器学习的数据采集、标注等过程往往负载着价值判断，进而将数据所隐含的社会偏见和算法设计者自身的主观偏见等带入模型训练中。因此，机器学习偏见主要萌芽于问题定义，成熟于模型完善，强化于模型应用阶段。"① 因此，大数据虽然具有更好的主体间性，但数据挖掘和处理等过程中可能渗透挖掘、处理者的主观性。

（一）数据生成的主观性渗透

虽说大数据由于摆脱了特定目的和特定主体因而更具主体间性，但自然界和人类社会不会自然生成数据，也就是说，任何数据都是主体利用数据采集工具对自然、社会或人类自身的各种现象的观测和计量。虽然大数据主要是通过智能感知等先进的信息技术所采集，但任何采集设备皆由作为主体的人所设计、安装，因此必然打上了人的烙印。

从源数据来说，大数据天然地烙上了人的主观性。首先，采集对象设定的主观性：任何数据采集设备都只能采集自然和社会中一部分现象，究竟采集哪些对象的数据是有预先选择的，因此数据采集对象的设置是有主观性的；其次，采集工具选定的主观性：数据采集工具的不同，其采集的数据也可能不同，而采集工具的选择蕴含了主观性；最后，采集方法选择的主观性：数据采集方法的不同，其采集的数据也就不同，而数据采集方法是主体

---

① 刘友华：《算法偏见机器规制路径研究》，载《法学杂志》2019 年第 6 期。

选择的结果，因此也就蕴含了主观性。由数据采集对象、采集工具和采集方法的选择这三个要素来看，每个要素都渗透了主观性因素，所采集的大数据自然也就渗透了主观性因素，因此从源数据来说，大数据并没有彻底消除数据的主观性，只是增加了数据的主体间性。

大数据时代的数据还可能存在数据偏见和数据造假等问题。从目前来说，年轻人或文化人更多地使用数据设备，而老年人和文化程度低的人则较少甚至不使用数据设备，所收集的数据就无法反映这部分人的状态，因此大数据可能存在数据偏见。此外，大数据的生成过程中，可能存在有意造假的可能，例如目前网商刷销量和好评，投票中的刷票行为等，因此带来了数据造假行为。数据偏见和数据造假带来了大数据的人为污染。

（二）数据挖掘的主观性渗透

大数据主要通过各种智能手段自动采集数据并存储于网络空间或云端之中，数据使用者如果需要数据，则必须通过数据挖掘技术从网络云端中挖掘自己所需要的数据。这就是说，大数据时代的各种数据都是预先存储在网络云端中，数据采集者采集的数据都是从已经存在的数据中挖掘而来，因此数据挖掘在大数据时代极其重要。所谓数据挖掘是指从大量的数据中通过算法搜索隐藏于其中信息的过程，主要包括定义问题、数据理解、数据准备、数据建模、模型评估和模型部署六个阶段。[①] 这六个阶段中，前三个阶段主要是数据的准备阶段，相当于小数据时代的数据采集阶段，主要涉及数据本身的问题，是侠义的数据挖掘过程；而后三个阶段则属于数据处理的过程，也就是数据处理阶段，我们将在后面讨论。在狭义的数据挖掘三个阶段中，每个阶段都渗透着主体的主观性。所谓定义问题就是确定数据挖掘的目的和任务；数据理解主要是收集数据、熟悉数据、识别数据的质量，并探索引起兴趣的数据子集；数据准备就是从收集的数据集中选择必要的属性，并按关联关系将它们连接成一个数据集，即空集和异常值处理、离群值剔除，此外还需要进行数据清洗、数据标注和标准化、数据分类等操作。从这三个阶段中

[①] 张俊妮：《数据挖掘与应用》，北京大学出版 2009 年版，第 12—13 页。

可以看出，大数据时代所挖掘出来的海量数据，在挖掘的准备过程中已经深深地渗透了主体的影响。如果说大数据由于采集的智能化、自动化而带来了主体间性的增强，因此观察渗透理论的作用被削弱，那么在大数据挖掘过程中数据又渗透了理论，我们可以将其称为挖掘渗透理论，因此数据在挖掘过程中可能被理论污染。

（三）数据算法的主观性渗透

在广义的数据挖掘的后三个阶段主要涉及数据处理和应用，其中大数据的处理必须使用数据算法才能够实现。所谓算法，简单地说就是数据计算的方法，但在计算机领域里，算法就是解决某类特定问题的一组有限、确定且有效的操作指令程序或步骤。也就是说，输入有限数据，经过算法的有限计算步骤之后，就能够输出某种结果。从表面上来看，算法是作为计算机器处理数据的指令程序，而机器不会有人的欲望、情感，因此应该更加公平、公正因而更加客观，但是，从数据实践中人们发现，数据算法中同样隐藏着各种偏见或歧视，并没有人们想象得那么客观公正，被称为算法偏见。

所谓算法偏见"是指那些可以造成不公平、不合理结果的系统性可重复出现的错误，其最常见的是对不同人有不同的结果，或者是给两个相同的或相似条件的人不同结果"[1]。算法偏见大概可以分为三大类：损害公众基本权利的算法偏见、损害竞争对手利益的算法偏见和损害个人民事利益的算法偏见。[2] 第一种偏见将造成某大类人集体利益的损害，例如发现不少算法隐藏着种族、宗教、性别或地域的歧视。第二种类型则通过算法得出有利于一些利益集团而损害其他竞争对手利益的结果，例如百度搜索算法按照广告费来进行搜索排名。第三类则是通过对个人情况的全面了解而实行差别对待，例如算法杀熟、差别定价、定向推荐等等。

算法偏见是如何产生的呢？主要有两种途径，一是算法设计者，二是算法训练。从算法的来源来说，算法的本质是人们为了大批量地处理数据而设

---

① 刘友华：《算法偏见机器规制路径研究》，载《法学杂志》2019 年第 6 期。

② 刘友华：《算法偏见机器规制路径研究》，载《法学杂志》2019 年第 6 期。

计的可以反复使用的程序，也就是说算法的设计者是编程人员，反映了编程人员的思想和意志，因此自然带上了他们的偏见。有些算法是某些组织雇用程序人员去编写反映他们意图的算法，充满了算法使用者的主观意图。从算法训练来说，数据是算法的基础，但我们知道，源数据已经沾染上了人的偏见，而算法正是利用这些具有偏见的数据学习、驯养而来，因此数据算法中自然就染上了人类的偏见。

（四）数据决策的主观性渗透

数据决策是数据挖掘的最后阶段，属于数据应用。基于大数据的数据决策，被认为完全是用数据说话，因此排除了人的主观性。但通过对数据决策过程的分析后发现，数据决策虽比纯粹主观决策的客观性有了提高，但依然渗透了人的主观性。

首先，从决策过程来说，人类智慧是决策的要素之一，因此主观性渗入其中。决策过程是一个综合判断的过程，而所谓的综合判断是在各种数据的基础上提炼出一般规律的过程，其中既要有数据，又要有智慧，是一个信息、知识和智慧的综合集成过程。从目前来说只有人类才具有真正的智慧，因此决策必然会渗透人的主观性。数据决策虽然是基于数据和算法的决策，但决策目标的确定、决策环境的分析和决策优化的判断，都需要人的判断力，因此决策过程并非完全客观。

其次，从决策所依据的源数据来说，源数据的主观性带来了决策的主观性。计算机界有一个著名的说法，叫"垃圾进，垃圾出"（Garbage-In Garbage-Out），说的是源数据对知识发现和数据决策的影响。① 我们知道，大数据从源数据来说虽然主体间性提高了，但仍然不能完全排除数据污染，这就决定了数据决策不能完全排除主观性。

最后，从算法的黑箱性来说，算法的主观性也会影响决策的主观性。数据算法的内部结构极其复杂，一般外行人很难知道其内部机理，也很难给出

---

① ［美］威廉·立德威尔、克里蒂娜·霍顿、吉尔·巴特勒：《设计的法则》，李婵译，辽宁科技出版社 2010 年版，第 94 页。

清晰的因果解释，所以人们称其为"算法黑箱"。由于算法黑箱的存在，大数据时代的数据挖掘、计算和决策过程很难为外行人所理解，更为重要的是可能渗透利益相关者或算法设计者个人的意图。

随着大数据时代的来临，人们普遍开始迷信大数据，"用数据说话""用算法决策"的说法也变得越来越流行。由于数据生成、采集、处理等方式的变化，从数据源头来说，大数据的确减少了人为污染，观察渗透理论有所减弱，而其主体间性则有所增强。因此，从主体间性来说，大数据的确比小数据更具有客观性。但是，大数据从源头来说并不具有绝对的客观性，大数据的利用还必须依赖数据挖掘和算法技术，而数据挖掘和算法的各个步骤都可能被人为因素所污染，从数据集的选择、数据标注、数据分类、算法设计和数据决策，每一个环节都可能渗透人的主观性因素。因此，小数据时代的"观察渗透理论"可能变成"挖掘渗透理论"，即人为因素对数据的污染可能从生成阶段延后至处理和应用阶段。因此，我们不必过分迷恋大数据，其绝对客观性只是一个美好的传说。

第四章
大数据的方法论研究

　　大数据带来了思维方式的革命，它对传统的机械还原论进行了深入批判，提出了整体、多样、关联、动态、开放、平等的新思维，这些新思维通过智能终端、物联网、云存储、云计算等技术手段将思维理念变为了物理现实。大数据思维是一种数据化的整体思维，它通过"更多"（全体优于部分）、"更杂"（杂多优于单一）、"更好"（相关优于因果）等思维理念，使思维方式从还原性思维走向了整体性思维，实现了思维方式的变革。具体来说，大数据通过数据化的整体论，实现了还原论与整体论的融贯；通过承认复杂的多样性突出了科学知识的语境性和地方性；通过强调事物的相关性来凸显事实的存在性比因果性更重要。此外，大数据通过事物的数据化，实现了定性定量的综合集成，使人文社会科学等曾经难以数据化的领域像自然科学那般走向了定量研究。就像望远镜让我们能够观测遥远的太空，显微镜让我们可以观察微小的细胞一样，数据挖掘这种新时代的科学新工具让我们实现了用数据化手段测度人类行为和人类社会，再次改变了人类探索世界的方法。大数据技术让复杂性科学思维实现了技术化，使得复杂性科学方法论变成了可以具体操作的方法工具，从而带来了思维方式与科学方法论的革命。但变革背后的问题亦不容回避：可以解释过去、预测未来的大数据，是否会将人类推向大数据万能论？这是不是科学万能论的新形式？

第一节　大数据时代的思维变革

　　大数据正扑面而来，世界正急速地被推入大数据时代。随着大数据时代的来临，人类的思维方式也将产生巨大的改变，因此我们必须从以往的小数据思维迅速转换成大数据思维，以适应这场急速的变革。大数据思维具有整体性、多样性、平等性、开放性、相关性和生长性等特征，因此从本质上来说它是一种复杂性思维，但它得到了技术上的实现，因而影响更加巨大和深远。

大数据如今成了一个炙手可热的词汇，成了各行各业的人们热烈谈论的话题。许多有识之士都急切呼吁我们要热情拥抱这个"大数据时代"。种种迹象表明，大数据正扑面而来，世界正急速地被推入大数据时代。随着大数据时代的来临，我们的生产、生活、工作和思维方式诸多方面都将进行大变革，我们将一改往日的小数据思维和眼光，迅速以大数据思维和视角来看待世界，看待社会和生活。

一、何谓大数据思维

"大数据开启了一次重大的时代转型。就像望远镜让我们能够感受宇宙，显微镜让我们能够观测微生物一样，大数据正在改变我们的生活以及理解世界的方式，成为新发明新服务的源泉，而更多的改变正蓄势待发。"① 大数据正在改变我们的一切，其中最重要的是从改变我们的思维方式开始，从而引发思维大变革，并带来了所谓的"大数据思维"。

所谓思维方式，就是我们大脑活动的内在程序，是一种习惯性的思考问题和处理问题的模式，它涉及我们看待事物的角度、方式和方法，并由此对我们的行为方式产生直接的影响。任何人都生活在一定的时代和环境中，其思考问题和解决问题的习惯和模式都会受到时代和环境的影响，并由此决定他怎样观察和理解这个世界。例如，文艺复兴以来，由于牛顿力学的巨大成功，人们就用牛顿力学来看待一切，似乎世界就像一台巨大的机器，完全可

---

① ［英］维克托·迈尔-舍恩伯格、肯尼斯·库克耶：《大数据时代：生活、工作与思维的大变革》，盛杨燕、周涛译，浙江人民出版社 2013 年版，第 1 页。

以用牛顿力学的三大定律和万有引力定律来认识和解释一切现象，以至于活生生的人类自身也变成了"机器"，这就是著名的机械论思维方式。

随着谷歌、百度、腾讯、淘宝等网络公司的迅速崛起以及他们的迅速致富，数据致富成了新的致富神话。山西的煤老板、王石等房地产商、拥有数百万一线工人的富士康公司等，费了九牛二虎之力才取得亿万财富，而这些网络数据商则在短短的几年时间就迅速超越了这些实体公司的财富，并且所费人力、物力、和财力甚少。人们现在才如梦方醒，知道了数据在我们这个时代成了最重要的资源之一，数据就是资源，数据就是财富成了迅速深入人心的理念。一切皆用数据来观察，一切都用数据来刻画，一切数据也被当作财富来采集、存储和交易，这就是所谓的"数字化生存"。"大数据是人们获得新的认知、创造新的价值的源泉；大数据还是改变市场、组织机构，以及政府与公民关系的方法"。[①] 人们迅速地以数据的眼光来观察世界和理解、解释这个纷繁复杂的世界，这就是所谓的大数据思维。按照舍恩伯格的说法："所谓大数据思维，是指一种意识，认为公开的数据一旦处理得当就能为千百万人急需解决的问题提供答案。"[②]

二、大数据引发的思维方式变革

曾几何时，数据只是刻画世界的一种方便符号，而如今却成了财富，甚至有人提出世界的本质就是数据，因此随着大数据时代的来临，人类的思维方式必然会产生革命性的变革。这些变革主要表现在如下几个方面。

第一，整体性，即用整体的眼光看待一切，由原来时时处处强调部分到如今的强调"一个都不能少"，不能只有精英，其他只能"被代表"。西方科学从古希腊开始就有寻找"始基"的传统，以牛顿力学为代表的近代科学家们更是擅长分割整体，不断还原，通过研究作为基本构件的部分来把握整体

---

① ［英］维克托·迈尔-舍恩伯格、肯尼斯·库克耶：《大数据时代：生活、工作与思维的大变革》，盛杨燕、周涛译，浙江人民出版社2013年版，第9页。

② ［英］维克托·迈尔-舍恩伯格、肯尼斯·库克耶：《大数据时代：生活、工作与思维的大变革》，盛杨燕、周涛译，浙江人民出版社2013年版，第167页。

行为，由此就形成了西方科学的还原论传统。在还原论眼中，万事万物都可以分解为部分，部分比整体更加重要，只要把握了部分，整体就尽在掌握之中，这些部分也被称为要素，而整体则被称为系统。这其中的原因当然无非有两个：一是当时的科学还处于刚刚开始的阶段，通过简单的分解就可以取得丰硕的成果；二是当时的处理能力还不足以把握复杂的整体，于是采取迂回的办法，通过分解为更简单的部分来把握复杂的整体。当整体只是由简单的几个部分组成时，当然是所有部分都会被详细研究。但当整体由众多的部分构成时，由于处理能力所限，不可能对所有部分进行研究，于是只能选取其中的一些部分来研究，试图通过这些部分来代表全部，这就是统计学中十分著名的样本研究法。为了让这些部分能够代表整体，于是就有了如何科学抽样的研究。但是，无论如何科学抽样，都有可能走样，部分都未必能够代表整体。于是就有了以系统科学和复杂性研究为代表的整体论兴起以及以中国古代整体论的复兴。但无论是西方现代整体论还是中国古代的整体论，其整体都是抽象的整体，无法进行操作，只停留在抽象的概念层面。随着大数据的兴起，整体和部分终于走向了统一。大数据理论承认整体是由部分组成的，但面对大数据，我们不能用抽样的方法只研究少量的部分，其他众多的部分变成了"被代表"。在大数据研究中，我们不再进行随机抽样，而是要对全体数据进行研究，正如维克托所说："要分析与某事物相关的所有数据，而不是依靠分析少量的数据样本。"[1]"当数据处理技术已经发生了翻天覆地的变化时，在大数据时代进行抽样分析就像在汽车时代骑马一样。一切都改变了，我们需要的是所有的数据，'样本＝总体'。"[2] 大数据技术将整体论的"整体"落到了实处，整体不再是抽象的整体，而是可以进行具体操作的整体，而且能够真正体现整体的行为。在大数据时代，不再有"被代表"，整体真正体现了全部，反映了所有的细节。

---

[1]　[英] 维克托·迈尔-舍恩伯格、肯尼斯·库克耶：《大数据时代：生活、工作与思维的大变革》，盛杨燕、周涛译，浙江人民出版社 2013 年版，第 29 页。

[2]　[英] 维克托·迈尔-舍恩伯格、肯尼斯·库克耶：《大数据时代：生活、工作与思维的大变革》，盛杨燕、周涛译，浙江人民出版社 2013 年版，第 27 页。

第二，多样性，即承认世界的多样性和差异性，由原来的典型性和标准化到如今的"怎样都行"，一切都有存在的理由，真正做到了"存在的就是合理的"。在小数据时代，人们获取数据和处理数据都不是那么容易，因此要求每个数据都必须精确和符合要求，或者说按照某个格式或标准来采集统一结构标准的数据。例如我们的手机号码、身份证号码都是统一格式的，在人口普查、经济普查等各种普查中，都严格要求按照标准化的格式登记和填写。一旦产生不标准的数据就认为是无用数据而被排除。在计算机的数据结构中，这些标准化的数据叫作结构化数据。然而，在大数据时代，随时随地都在产生各类数据，而且这些数据并没有某个部门做统一要求，因此各自为政，产生了五花八门的数据。按大数据的视野看来，这些数据虽然没有标准化，但依然是宝贵的资源，无论是标准的还是不标准的数据都有其存在的理由。"我们乐于接受数据的纷繁复杂，而不再追求精确性。"① 科学哲学家费耶尔阿本德认为，在科学方法上应该提倡无政府主义，没有标准，"怎么都行"，大数据真正体现了这种科学方法论，也体现了德国哲学家的思想：凡存在的都是合理的，这些数据既然产生并已经存在，就有其存在的理由，就有其合理性。大数据时代真正体现了百花齐放的多样性，而不再是小数据时代的单调乏味的统一性。

第三，平等性，即各种数据具有同等的重要性，由原来的金字塔式结构变成了平起平坐的平等结构，强调了民主和平等。任何系统都有其组成结构，组成系统的各种要素按照某种结构组织起来而形成系统。在还原论的影响下，小数据时代的科学技术特别强调系统的层次结构，钟情于金字塔式的、不平等的递阶结构，由此来强调系统要素之间的不平等性。在递阶结构中，我们可以像剥洋葱一样层层剥离，通过层层还原来不断揭示要素之间的关系，并强调金字塔顶的基础作用以及上下级的领导关系。在大数据的海量数据中，所有的数据更多的是处于平等关系，因此不会特别突出某些数据的

---

① 〔英〕维克托·迈尔-舍恩伯格、肯尼斯·库克耶：《大数据时代：生活、工作与思维的大变革》，盛杨燕、周涛译，浙江人民出版社 2013 年版，第 29 页。

关键作用。在大数据时代，群众成了真正的英雄，而不再过分强调精英和英雄的突出地位。

第四，开放性，即一切数据都对外开放，没有数据特权，从原来的单位利益、个人利益到全民共享，封闭导致混沌和腐败，开放则带来有序和生机。由于处理能力的限制，以往的科学在对研究对象进行研究时，都要把对象与环境隔离开来，就像牛顿力学在做力学分析时那样，这种分离、封闭的方法也深深地影响了我们的思维方式。在社会生活中，我们也是把社会划分为不同的部门或利益共同体，整个社会就由大大小小诸多的部门或利益共同体构成。为了自身的利益，各利益共同体都各自为政，不愿意把信息对外公布和分享。当然，在以往的社会，即使想跟大众分享，也没有实现分享的技术途径。在大数据时代，互联网、云技术等信息手段为我们提供了便捷的共享技术手段。遍地可见的电脑、智能手机、摄影头以及其他诸多的信息采集设备和存储设备将海量数据置于公共空间，为公众共享信息提供了基础。因此大数据时代是一个开放的时代，一切都被置于"第三只眼"中，太阳底下无隐私，分享、共享成了共识，传统的小集团利益被打破，社会变得透明、公开。这也符合大众的期望，因为大众就希望通过公开透明来消除因封闭、封锁而导致的腐败，开放、共享带来社会经济的勃勃生机。

第五，相关性，即关注数据间的关联关系，从原来凡事皆要追问"为什么"到现在只关注"是什么"，相关比因果更重要，因果性不再被摆在首位。西方科学传统中，因果性是各门学科关注的核心，古希腊哲学家所谓的本源问题其实就是因果关系问题，物理、化学、生物等学科得到的所谓规律无非就是各种因果关系而已。在传统科学中，由于科学工具和处理能力所限，只能寻找和处理简单的几个量之间的线性关系。因为每个数据得来不易，所以几乎没有冗余数据，每个量总能找到其前因后果，因而形成一个长长的因果关系链。但是，在大数据时代，由于数据量特别巨大，几乎都是海量，要找出所有量与量之间的因果关系几乎是不可能的，因此只好把它们封装起来作为一个黑箱，我们只要关注这个黑箱的宏观行为，不甚关注其内部机制。通过比对来发现数据之间的相关关系，找到宏观行为中具有显著相关的数据之间变化关系。由于这些相关数据之间在黑箱内经过了十分复杂的相互作用，不再是小数据时代的简单、直接的线性因果关系，而是复杂、间接的非线性因果关系，因此大数据时代的相关关系比因果关系更重要。正如舍恩伯格所说："我们的思想发生了转变，不再探求难于捉摸的因果关系，转而关注事物的相关关系。"[①] 因此，大数据时代打破了小数据时代的因果思维模式，带来了新的关联思维模式。

第六，生长性，即数据随时间不断动态变化，从原来的固化在某一时间点的静态数据到现在的随时随地采集的动态数据，在线地反映当下的动态和行为，随着时间的演进，系统也走向动态、适应。在小数据时代，采集的数据都是某个时间点的静态数据，比如传统的人口普查，必须规定在某时点开始普查，经历一段时间到某个时点结束，然后用几年的时间来处理得到的静态数据。这些静态的人口数据不能及时反映出每时每刻人口生生死死的动态变化，而是具有很长时滞性，因此不能反映人口的实际状况。在大数据时代，由于基本上可以做到在线采集数据，并能够迅速处理和反映当下的状态，因此能够反映出实际的状态。大数据时代的最大特点就是采用各种智能数据采集设备，随时随地采集到各种即时数据，并通过网络及时传输，通过云存储或云计算进行即时处理，基本上不会滞后。此外，由于大数据时代采集、存储、传输、处理、使用数据的便捷性，因此我们可以做到不断更新数据。这些随时间流不断更新的数据正好反映了数据随时间的动态演化过程，这个过程构成了一幅动态演化全景图，而这种动态演化图景正好反映了数据的生长性。此外，系统可以根据即时的动态信息来随时调整系统的行为，从而体现出系统的适应性。

三、大数据思维是一种复杂性思维

大数据思维从诸多方面都体现了思维方式的重大变革，它代表着思维发

---

① [英] 维克托·迈尔-舍恩伯格、肯尼斯·库克耶：《大数据时代：生活、工作与思维的大变革》，盛杨燕、周涛译，浙江人民出版社 2013 年版，第 29 页。

展的新方向。① 不过，顺着时间的脉络和思维的逻辑，我们很快会发现，大数据思维与世纪之交兴起的复杂性科学和复杂性研究具有极大的相似性，更极端一点来说，大数据思维从本质上来说就是复杂性思维。

复杂性思想古已有之，古希腊的亚里士多德以及整个古代哲学都具有复杂性思想，黑格尔和马克思、恩格斯更是以辩证法的哲学形式做了表达，但复杂性科学却一直等到 20 世纪 90 年代才兴起。美国三位诺贝尔奖获得者因为不满现代科学的学科分裂，在新墨西哥州发起成立圣菲研究所（SFI），以便弥合学科裂缝，整合科学资源，特别是试图从思维方式和科学方法论上超越长期以来占统治地位的机械思维和还原论方法。所谓复杂性科学，并不属于某一门新学科，而是一种科学新思维和新方法论。② 复杂性科学认为，自然界和人类社会都纷繁复杂，并不像牛顿力学等近现代科学所认为的那样简单。大自然和人类的思维、行为并不完全严格按照线性因果关系来组织和行动，更多情况是随机、自由或非线性、多样性的。传统的机械自然观和还原方法论把一切对象都当作一架静止的机器，可以随意拆卸和组装，而且最终可以还原到某个基本原件。复杂性科学则持一种有机自然观，把一切对象都看作是有生命的、会生成演化的系统。即使是最简单的几个要素经过非线性相互作用，都有可能涌现出复杂的行为。正因如此，我们不能根据简单因果关系来推导系统的行为。这也就是说，因为非线性相互作用，简单要素经过分岔、突变，会涌现出复杂多样的斑斓世界。

牛顿力学、爱因斯坦相对论等传统的各门学科都基本上基于机械思维和还原方法论，因此全部被称为简单性科学。简单性科学与复杂性科学在世界观、本体论、认识论与方法论等诸多方面都有着革命性的差别，用美国科学哲学家托马斯·库恩的话来说，它们属于不同的科学范式，而且相互的通约性比较小。这也就是说，从简单性科学到复杂性科学，是科学范式的不同转换，是典型的科学革命，在本体信念、认识趣向、共有价值、方法特性和符

---

① Luciano Floridi, "Big Data and Their Epistemological Challenge [J]", *Philos. Technol.*, 2012（25）, pp.435–437.

② 黄欣荣：《复杂性科学的方法论研究》，重庆大学出版社 2011 年版。

号通式诸多方面都发生了根本的变化（见下表）。①

简单性科学到复杂性科学的五个转变

转变维度	转变内容
本体信念	从要素世界到网络世界 从统一世界到多元世界 从客观实在论到主观实在论 从坚信世界的简单性到承认世界的复杂性
认识趣向	从客观自然知识到包含社会知识 从单一逻辑到多种逻辑的对话 从分析思维到整体思维 从现实主义到工具主义
共有价值	从简单性到复杂性 从确定性到不确定性 从统一性到多样性 从科学预测到科学解释
方法特性	从由上而下的演绎体系到由下而上的归纳实践体系 从受控实验到进化模拟 从普遍性知识到地方性知识 从基于数学推导的定律到基于规则的实验模拟
符号通式	从以方程式表达到计算指令表达 从线性的静态性到非线性的动态性 从平衡的稳态到创造性的远离平衡态 从因果性到涌现性

　　表中所描述的从简单性科学到复杂性科学的五个维度的转变几乎也都适合用来描述从小数据时代到大数据时代的转变。我们已经知道，大数据思维具有整体性、多样性、平等性、开放性、相关性和生长性，这些特性其实正好就是复杂性科学的典型特征。因此，我们可以得出结论说，简单性科学与复杂性科学、小数据时代与大数据时代具有某种平行性和对应性，小数据属于简单性科学，而大数据属于复杂性科学。由此，我们不难看出，大数据的思维变革是简单性科学向复杂性科学的反映，而大数据思维其实也就是一种

---

① 　黄欣荣：《复杂性科学与中医》，载《中医杂志》2013 年第 19 期。

复杂性思维。①

　　从关系上来说，我们可以说，小数据时代属于简单性科学时代，而大数据时代属于复杂性科学时代，不过两者之间又并不是完全一回事，或者说，它们之间并不完全重叠，而是有时重叠交叉，有时各自发展。数据观的变革主要是与信息科学、信息论、计算科学以及人工智能相关。随着计算机技术、网络技术的发展，数据处理的技术和能力也有了翻天覆地的变化，从而引起了从小数据到大数据的革命性变革。可以说，数据观的革命主要是因为技术革命引起的，因而大数据最突出的表现是数据处理技术的革命性突破。正因如此，大数据技术立即对百姓的生活、工作与思维产生了巨大的影响。从简单性科学到复杂性科学的科学观的变革主要是与系统科学、系统论以及其他科学相关，因此它更多地属于科学思想观念和哲学思维等理念层次的变革，因而更多的是表现在各门学科的科学观念的革命转变，因此虽然也是一场革命，但它对生产、生活和经济等百姓的日常生活影响没有那么巨大，主要局限在科学和哲学界等学术界。

　　由此，我们可以说，从简单性科学到复杂性科学的革命，与从小数据时代到大数据时代在本质上是相通的，不过前者更多地表现在科学层面，而后者主要表现在技术层面；前者更多局限在思想领域，后者则直接对我们的生产、生活和思维产生了全方位的影响。因此，大数据技术革命与复杂性科学革命既有区别又有联系，但它们在思维变革方面是基本一致的。

　　当前正在轰轰烈烈兴起的大数据革命是一场影响巨大的科学技术革命，它必将改变世界、影响深远，必将使我们的学习、工作与生活彻底改观，对我们的思维方式产生彻底的变革。大数据思维体现了复杂性科学的思维方式，并且用最先进的数据采集、存储、传递和使用的技术让这种新思维得到全方位的落实，并带来大机遇、大挑战、大变革，最终"从大数据走向大社会"。② 在呼啸而来的大数据时代，一切坚固的东西正在烟消云散。大数

---

① ［美］艾伯特-拉斯洛·巴拉巴西：《爆发：大数据时代预见未来的新思维》，马慧译，中国人民大学出版社 2012 年版，第 245 页。

② 涂子沛：《大数据：正在到来的数据革命》，广西师范大学出版社 2013 年版，第 308 页。

据正在不断地重塑我们的社会以及我们看待世界的方式。因此，不管愿意与否，我们都必将被大数据时代的滚滚洪流席卷着，要么成为一个弄潮儿，要么彻底被时代淘汰。

第二节　大数据技术对科学方法论的革命

大数据技术的兴起对传统的科学方法论带来了挑战和革命。大数据方法论走向分析的整体性，实现了还原论与整体论的融贯；承认复杂的多样性，地方性知识获得了科学地位；突出事物的关联性，非线性问题有了解决捷径，由此复杂性科学提出的科学方法论原则通过大数据得到了技术的实现，从而给科学方法论带来了真正的革命。

大数据技术掀起了一场新技术革命，让我们的时代迅速进入信息时代。更为重要的是，大数据技术革命将为科学研究提供新的思维方式和新的科学方法，因此大数据技术必然会对传统的科学方法论产生巨大的挑战，带来科学方法论的革命。大数据权威维克托·迈尔-舍恩伯格论述了大数据带来的三大思维变革，即要全体不要抽样，要效率不要绝对精确，要相关不要因果。这三大思维变革如果更具体化地落实到科学方法论上，必然会对传统的科学方法论产生革命性的转变。大数据革命给我们带来了许多新的科学方法和技术手段，因此我们有必要从科学方法论的角度反思这场新技术革命的意义和影响。

一、走向分析的整体性

科学方法论从宏观来说主要由整体论和还原论两种方法论体系构成。整体论把研究对象当作一个完整的黑箱来看待，它不打开作为黑箱的研究对象，不破坏对象的完整性，主要从系统的输入输出中猜测黑箱内部的结构和内部机制。还原论也叫机械还原论，是一种与整体论相对立的科学方法论，它主张把研究对象尽可能打开，尽量还原到某个逻辑基点，找出系统的构成要素及其内部机制，以解释系统的行为和功能。

整体论由来已久，应该说它比还原论更久远得多，因为在人类的早期，由于科学技术手段的落后，先人们根本没法打开作为研究对象，只能把它作为一个整体来进行研究。无论是西方还是东方都是如此。例如中医把人体作为一个完整的研究对象，通过把脉、看舌等所谓的"望闻问切"等手段来诊断人体内部的运作状况，从而达到诊治疾病的目的。由于只从整体、宏观层面来考察对象，缺乏微观、深入的研究，只能依靠黑箱透露出来的少量信息猜测内部的结构和机制，难于对研究对象进行科学表述。随着西方科学的进步，特别是分析、还原科学的兴起，作为早期重要科学方法论的整体论慢慢走向衰落。

西方的分析、还原思想出现得比较早，当古希腊第一个哲学家、科学家泰勒斯提出水是万物的本源之时，还原论的思想就凸显出来。古希腊哲学家的所谓本原问题，其实就是试图将研究对象还原为其构成要素的基本成分，并试图为万事万物寻找到逻辑的出发点，也就是"始基"。亚里士多德的演绎方法就是还原论的哲学总结和逻辑表述。随着牛顿力学的巨大成功，还原论被当作一种万能的科学方法论运用于分析世间万物，而且一路高歌，纷纷取得辉煌成就。也就是说，万物都按照牛顿力学的隔离、分解的原则，打开黑箱，条分缕析，寻找其基本的构成要素及其运作机制。在还原论的帮助下，近代科学的各门学科先后从哲学中独立出来，成为现代科学的基础。物理学是所有其他学科的楷模，机器是当时各门学科的共同模型。通过解剖刀的逐一分解，人体也像机器一样不断被拆卸，所以拉美特里才会将人比拟成机器，因此机械自然观和分析还原论成了近现代科学取得巨大成就的重要哲学基础。还原论曾经为科学的发展立下了汗马功劳，也正因如此才成为近现代科学方法论的主流，而早期的整体论在还原论面前几乎没有还手之力。

随着科学问题越来越复杂，特别是面对有机世界的各种生命现象，还原论显得越来越力不从心，各种问题和矛盾越发突出。因此，20世纪80年代末，美国的3位诺贝尔奖获得者才会带头"老帅倒戈"，起来造还原论的反，正式提出超越还原论的口号，并成立从事整体、综合研究的圣菲研究所。90年代，基于超越还原论的复杂性科学逐渐兴起，并很快被称为"21世纪的科学"，而将以前的所有基于还原论的科学都称为"简单性科学"。由此，沉寂千年的整体论随着复杂性科学而逐渐复兴，还原论被批得体无完肤，甚至大有用整体论来彻底取代还原论之势。① 不过复杂性科学兴起近30年来，虽然取得了不少成绩，甚至曾形成复杂性科学运动，各门学科都试图用复杂性科学方法来突破原来的学科瓶颈。但因整体方法没有得到具体的落实，所以目前复杂性科学并没有因此取得真正革命性的成果。

在小数据时代，由于采集数据和处理数据的能力都极其有限，因此我们就尽量减少数据量，例如试图通过还原来找到撬动整体的杠杆，只要几个数据便可知晓研究对象的一切。后来随着数据量的增加，例如人口统计数据、社会经济调查等，需要处理的数据量急剧增加，但由于处理能力有限，我们必须进行简化，以便有能力处理。于是统计学发明了抽样统计方法，通过抽样出来的少量数据能够反映出研究对象的全貌。这些数据并没有"全息"功能，不一定能够完全反映对象的真实情况，因此带来了现代科学的种种问题。从本质上来说，这两种方法虽然有所不同，但其本质是相通的，都是还原论思想的体现，都是我们企图以少御多的反映，也是简单性科学思想的体现。

随着计算技术和网络技术的发展，采集、存储、传输和处理数据都已经成了易如反掌的事情。面对复杂对象，我们再没有必要做过多的还原和精简，而是可以通过大量数据甚至是海量数据来全面、完整地刻画对象，通过处理海量数据来找到研究对象的规律或本质。正如舍恩伯格所说："当数据处理技术已经发生翻天覆地的变化时，在大数据时代进行抽样分析就像在汽车时代骑马一样。一切都改变了，我们需要的是所有数据，'样本＝总体'。"② 在大数据中，这个"总体"正好刻画了整体论中的所谓"整体"，但

---

① 黄欣荣：《复杂性科学的方法论研究》，重庆大学出版社2011年版。
② [英] 维克托·迈尔-舍恩伯格、肯尼斯·库克耶：《大数据时代：生活、工作与思维的大变革》，盛杨燕、周涛译，浙江人民出版社2013年版，第27页。

这个整体是由科学、具体的全部数据集合构成的，而每个具体的数据正是数据集合的部分，也就是对象系统的部分。在大数据中，整体和部分都有了科学、具体的所指，整体和部分的关系是一种具体、实在的关系。这样，在大数据技术中，由于处理了所涉问题的全部数据，这就让整体论中所说的全面、完整把握对象有了科学的表述并落实到了具体的数据。而这全部数据是由一个个具体的数据构成的，因此还原论中的要素、部分也得到了科学的表述。因此，大数据方法论通过处理所涉问题的全部数据实现了科学、具体的整体论和还原论，实现了还原论与整体论的贯通和辩证统一。总之，大数据技术给科学方法论带来的第一项革命就是为实现复杂性科学的还原、整体辩证统一的融贯方法论提供了具体的技术实现途径。

二、承认复杂的多样性

由于西方近代科学的飞速发展及其对社会的巨大影响，西方近现代科学成了科学的"标杆"和代名词，以至于我们在说到科学之时基本上指的都是西方近现代科学，而与西方近现代科学不一致的其他知识，例如中医药知识，都被排斥在科学的大门之外。

西方科学哲学从逻辑实证主义起就有一个重要议题，那就是科学与非科学的划界问题。所谓科学的划界问题就是试图用某种标准将科学和非科学区分开来，并且将非科学或伪科学赶出科学的阵营。此外，科学被当作一切学科的标杆和榜样，凡是要加入科学阵营的知识，必须具备西方近代科学所具有的特征，否则不但会被拒斥，而且有可能被贴上非科学或伪科学的标签。

那么，西方近现代科学最根本的特征究竟是什么？西方科学哲学一直没有统一的意见，逻辑实证主义认为是理论的逻辑表述与结果的经验证实，波普尔则认为是理论的逻辑表述与结果的经验证伪。库恩则认为一门学科是否是科学要看这个学科是不是有了成熟的学科范式，而费耶尔阿本德则认为根本不存在这样一条明确的分界线。不过不管各家观点怎么样，基本上都认为科学必须建立在理性与逻辑的基础上，特别是各门学科必须找到自身的逻辑基点。

从科学方法论上来说，西方科学强调还原论，除了任何理论，不管有多复杂，都必须能够还原到逻辑原点之外，各门学科还存在还原关系。物理学是各门学科的基础，其他学科最后都可以还原到物理学。通过还原，整个西方科学的大厦都可以建立在统一的基础之上。例如爱因斯坦毕其一生追求着统一场理论，法国著名的布尔巴基学派试图将整座数学大厦建立在统一的基础上。有了统一性，科学就具有了可重复性和可检验性。这也就是说，任何科学理论，最终都可以而且必须具有统一的理论表述，而且可以在世界不同的场合用相关设备进行重复实验，以便检验科学理论的真与假。

但是，科学哲学家费耶尔阿本德以及后来的后现代主义者却不太认可上述观点，认为科学并没有一个统一的基础和标准，任何知识和经验都有其存在的理由。复杂性科学更是从科学视野强调了知识的多样性、语境性和多样性。不过，以往的科学和哲学批判都还停留在理论层面，缺少了技术层面的具体操作。直到大数据技术的兴起才为打破统一性、提倡多样性找到了具体的方法和实现途径，从而真正实现了科学方法论的革命。

追求统一性、标准化是小数据时代的标志。过去为什么要还原、统一？因为过去我们没有有效的科学手段来处理复杂、多样、多变的海量数据。为了能够用简单手段和设备进行处理，便首先在理论上进行简化，把复杂、多样的东西首先通过还原论还原到一个基点，而且按照统一标准来进行统一，这样数据便简单方便，容易处理。在计算机发展的早期，所有数据都要用统一的数据格式，即按照标准化的数据结构对所有要处理的数据首先进行标准化、格式化处理，这就是所谓的结构化数据，以便达到更加精确无误的目的。例如在人口统计中，每个人都必须按照标准格式进行填表登记，凡是不符合统一标准的都被当作无效或不精确的数据而废弃。"对'小数据'而言，最基本、最重要的要求是减少错误、保证质量。"① 在大数据时代，时时处处都在产生各种数据，这些数据没有按照某种标准或某种指令而产生，之后也

---

① ［英］维克托·迈尔-舍恩伯格、肯尼斯·库克耶：《大数据时代：生活、工作与思维的大变革》，盛杨燕、周涛译，浙江人民出版社 2013 年版，第 46 页。

没法进行标准化处理，各种数据类型都同时存在，例如除了标准化的结构化编码数据之外，微博、聊天记录、网络日志、视频、图片、地理位置信息等等非结构化或无结构数据都成了大数据这个大家庭的成员。随着网络技术的发展，个性化成了潮流，因此结构化、标准化数据所占比例越来越少，非结构化或无结构数据越来越多。大数据技术不要求数据的标准化和结构化，真正体现了兼容并包的原则，用费耶尔阿本德的话来说就是"怎么都行"。一切都有其存在的理由，存在的就是合理的，因此再也不像小数据时代那样按照统一标准对数据精挑细选，而是容纳了多样性的存在，并能够从沙里淘金。

复杂性哲学和科学实践主义哲学都提出了知识的多样性和地方性的主张，认为知识的形式和内容都允许不同的存在，除了全世界都统一的标准化科学知识外，还存在地方性知识。例如中医药、藏医药、伊斯兰医药等不同地方的医药知识都有着悠久的历史，并为当地不同民族的人民健康做出过巨大的贡献，因此尽管其形式和方法都与西医有很大的不同，但都有存在的必要。① 另外，有些实践性知识有时候就是一次性的经验知识，不具备可重复性和可检验性，但不能因此就否认这种知识的存在及其价值。复杂性哲学与科学实践主义哲学的这些主张都是革命性的，但这些主张并不那么容易实现，因此在实践中往往仍然按照理性主义的主张来判断知识的科学性。

大数据技术的兴起，使复杂性哲学和科学实践主义哲学的主张得到了真正的落实。大数据方法论认为："执迷于精确性是信息缺乏时代和模拟时代的产物。只有5%的数据是结构化且能适用于传统数据库的。如果不接受混乱，剩下95%的非结构化数据都无法被利用，只有接受不精确性，我们才能打开一扇从未涉足的世界之窗。"② 所以大数据技术把语境性知识、地方性知识、多样性知识统统纳入知识的范围，科学不再挑三拣四，不再排斥异己，而是体现了更多包容心。"要想获得大数据带来的好处，混乱应该是一

① 黄欣荣：《复杂性科学与中医》，载《中医杂志》2013年第19期。
② ［英］维克托·迈尔-舍恩伯格、肯尼斯·库克耶：《大数据时代：生活、工作与思维的大变革》，盛杨燕、周涛译，浙江人民出版社2013年版，第45页。

种标准途径，而不应该竭力避免的。"① 因此，舍恩伯格得出结论说："相比依赖于小数据和精确性的时代，大数据因为更强调数据的完整性和混杂性，帮助我们进一步接近事实的真相"。② 总之，大数据技术给科学方法论带来的第二项革命是复杂性、多样性得到了承认，多样性、地方性知识获得了科学的地位。

三、突出事物的关联性

我们说过，按照西方科学的还原方法论传统，理性、逻辑和因果性是科学的基本特征，也是科学的核心问题及基本追求。从古希腊开始，西方科学与哲学就一直苦苦追寻着事物间的因果关系，试图从事物间的因果关系中捕捉到事物间的基本规律。例如古希腊自然哲学家都热衷于寻找世界的本源，这就涉及因果性的问题，因为他们就是循着因果链条去寻找世界的"始基"，也就是找到因果链的起点。欧几里得几何学从五条公理出发，循着因果链推演出整个几何世界。科学之所以能够存在而且最令人信服，就是因为科学中的所有理论都有其因果推演。所谓的逻辑、理性其实最终都可以归结为因果性的问题，没有因果性就没有了科学存在的基础。

文艺复兴之后，西方哲学遵循两条发展路径，即唯理论与经验论，而且相互争论了数百年。唯理论认为知识的出发点是更普遍的正确理论作为推演前提，从正确的前提中推出正确的结论。经验论则认为知识的出发点是人类的各种经验事实，我们可以从经验中归纳出具有普遍必然性的知识。就出发点来说，它们是有分歧的，但在承认事物之间的因果性这一点上，这两派是完全一致的。后来英国经验论哲学家休谟由于将经验推到极致最后导致了因果性危机并引发人们对科学信念的动摇。德国哲学家康德的名著《纯粹理性批判》之所以出名就是因为他试图通过对因果性的辩护来挽救科学信仰的危

---

① [英] 维克托·迈尔-舍恩伯格、肯尼斯·库克耶：《大数据时代：生活、工作与思维的大变革》，盛杨燕、周涛译，浙江人民出版社 2013 年版，第 60 页。
② [英] 维克托·迈尔-舍恩伯格、肯尼斯·库克耶：《大数据时代：生活、工作与思维的大变革》，盛杨燕、周涛译，浙江人民出版社 2013 年版，第 46 页。

机。后来逻辑实证主义以及波普尔的证伪主义都建立在因果性的基础上，从而强化了科学的标杆地位。

因果性问题其实就是我们平时所说的"为什么"的问题。人类天生有一种追根究底的好奇心，万事都要问个为什么。我们也已经习以为常，觉得只有追问为什么才能掌握事物的规律。但是，随着大数据技术的兴起，这条天经地义的方法论原则被动摇了。大数据学者认为，追求因果性是小数据时代的标志，而在大数据时代，知道"是什么"就够了，没必要知道"为什么"。我们不必非得知道现象背后的原因，而是要让数据自己"发声"。①

什么叫事物的相关性呢？所谓相关性就是一种现象的变化有可能会引起另一种现象产生相应的变化。当然，这里只能说"有可能"，如果是"一定"和"必然"的话，那就变成了因果性了。从这里可以看出，相关性是一种比因果性更弱的事物间的关系，也许两现象间根本没有必然的联系，只是偶然巧合罢了。是必然还是巧合？大数据技术根本不想去追究，只要会引起变化就认为有相关关系。"相关关系的核心是量化两个数据之间的数理关系。"②

小数据时代为什么更关心因果关系，而大数据时代更关注相关关系呢？在小数据时代，可获得的数据比较少，每个数据都比较珍贵，基本上不会有冗余的数据，而且数据结构和类型单一，数据之间一般都是呈线性因果关系，因此我们可以详细地研究每个数据之间的细节，并从中找出它们之间的因果关系和微观规律。但是，在大数据时代，数据量特别巨大，冗余数据也特别多，数据结构不同、类型不一，可谓纷繁复杂。要从微观上从大数据中找出它们数据之间的所有因果关系几乎是不可能的，因此我们退而求其次，把所有相关数据当作一个黑箱。通过黑箱的输入输出，我们从宏观上去寻找有关联的数据，即找出有显著变化的关联关系，以便找到海量数据间的宏观规律。这也是大数据学者强调在大数据中关联关系比因果关系更重要的

---

① [英] 维克托·迈尔-舍恩伯格、肯尼斯·库克耶：《大数据时代：生活、工作与思维的大变革》，盛杨燕、周涛译，浙江人民出版社 2013 年版，第 67 页。

② [英] 维克托·迈尔-舍恩伯格、肯尼斯·库克耶：《大数据时代：生活、工作与思维的大变革》，盛杨燕、周涛译，浙江人民出版社 2013 年版，第 71 页。

原因。

在小数据时代，我们面对的线性因果关系是比较容易处理的问题，例如通过解线性方程可以找到问题的答案。但是，大数据的海量数据之间往往都是非线性关系。我们知道，非线性方程目前来说很难得到通用解，一般只能通过数值方法来得到一些特殊解。大数据技术通过寻找相关数据之间的关系，从而忽略中间过程，忽略其中的因果细节，只管最后的宏观关系。"相关关系很有用，不仅仅是因为它能为我们提供新的视角，而且提供的视角都很清晰。而我们一旦把因果关系考虑进来，这些视角就有可能被蒙蔽。"① 这样我们又找到了解决非线性问题的一种比较便捷的科学方法。

解释和预测是科学理论的两项基本功能。所谓解释就是对已经发生的现象找出因果或相关关系来说明现象之间的规律或关系。所谓预测就是已知一些现象，通过因果或相关关系来预见未来即将发生的现象。对于小数据及其线性因果来说，解释和预测都比较简单。但面对大数据，解释和预测都比较复杂。在大数据方法之前，我们往往无能为力，但大数据方法为我们找到了具体实现的技术途径。在大数据时代，新的技术分析工具和思路为我们提供了一系列新的视野和有用的预测，"我们看到了很多以前不曾注意到的联系，还掌握了以前无法理解的复杂技术和社会动态"。更重要的是，"通过探求'是什么'而不是'为什么'，相关关系帮助我们更好地了解这个世界"。②

大数据时代更重视相关关系，而对因果关系有所忽视，那么有了相关关系是不是就不要因果关系了呢？或者说，相关关系是不是否定了因果关系呢？答案是否定的。大数据技术并不像哲学家休谟一样怀疑或否定事物之间的因果关系。相反，它充分肯定事物之间的因果关系。只是因为有太多数据，我们无法一一找出它们之间的微观因果联系，只好忽略中间的因果关系过程，从宏观、从最后结果来把握它们的相关关系。或者说，相关性并没有

① 〔英〕维克托·迈尔-舍恩伯格、肯尼斯·库克耶：《大数据时代：生活、工作与思维的大变革》，盛杨燕、周涛译，浙江人民出版社 2013 年版，第 88 页。

② 〔英〕维克托·迈尔-舍恩伯格、肯尼斯·库克耶：《大数据时代：生活、工作与思维的大变革》，盛杨燕、周涛译，浙江人民出版社 2013 年版，第 83 页。

否定因果性，只是忽略了其细节。舍恩伯格也承认这一点，他说："因果关系还是很有用的，但是它将不再被看成是意义来源的基础。"① 总之，大数据技术带来的第三项方法论革命就是凸显事物间的相关关系和非线性特征，而不再特别关注其因果关系。

大数据时代的来临给我们带来了许多观念的变革，更带来了许多科学新方法、新工具，从而改变了人类探索世界的方法。复杂性科学为我们提供了科学的新思维和新方法论，但缺少具体的实现途径。大数据技术的兴起弥补了复杂性科学的不足，使得复杂性科学方法论变成了可以具体操作的方法工具，从而带来了科学方法论的真正革命。"大数据时代将要释放出来的巨大价值使得我们选择大数据的理念和方法不再是一种权衡，而是通往未来的必然改变。"②

第三节　数据密集型的科学发现

随着大数据时代的来临，科学发现的模式将发生重大变化。在传统的实验科学、理论科学和计算科学这三种科学发现模式的基础上，产生了第四种类型的发现新模式，即知识密集型科学发现模式。这种新模式带来了科学发现逻辑起点的变化，从"科学始于观察"变为"科学始于数据"，并引发了从"观察渗透理论"变为"挖掘渗透理论"，而且科学发现的检验方式和科学划界的判断标准也随之发生了相应的变化。

随着各种智能终端和互联网络的兴起，数据的采集、传输、存储发生了巨大的变化，各种各样的数据呈爆发性的增长，以至于用传统的数据处理方

---

① ［英］维克托·迈尔-舍恩伯格、肯尼斯·库克耶：《大数据时代：生活、工作与思维的大变革》，盛杨燕、周涛译，浙江人民出版社 2013 年版，第 83 页。

② ［英］维克托·迈尔-舍恩伯格、肯尼斯·库克耶：《大数据时代：生活、工作与思维的大变革》，盛杨燕、周涛译，浙江人民出版社 2013 年版，第 94 页。

式难以进行处理。数据的爆发性增长让我们迅速地进入了大数据时代。① 由于数据收集和处理方式的巨大变化，科学研究的方式也发生了革命性的变化，于是出现了基于数据密集型的科学发现新模式。② 这种新模式带来了数据性质的变化，③ 也带来了科学发现模式的变化，为此我们有必要对这种新模式的来龙去脉及其特点，以及它将给科学哲学带来哪些问题进行比较全面的探讨。

一、历史上的科学发现模式

按照科学实践主义与建构主义的观点，科学活动是人类认识世界的一项重要的活动，而科学知识是人类科学活动所生产出来的精神产品。更直接一点说："把科学作为一种生产性活动和生产性制度，科学知识是这种社会劳动的直接产品。"④ 科学研究以往总被认为是"高大上"的伟大事业，跟我们的日常生活或者物质生产活动等活动有着巨大的差别。但是，最近的科学实践主义研究发现，科学研究虽然有其特殊性，但从本质上来说，它也是人们的一种实践活动，只是它的目标和手段有些不同罢了。从建构主义的观点来看，科学知识也是科学工作者建构的产物，也就是说科学知识也是人类生产出来的。就像工人生产工业产品，农民生产农产品一样，科学工作者同样也从事生产活动，他们生产的是科学知识产品，他们靠生产科学知识来领取薪资。因此，从事科学工作也是人们的一种生产方式和生活方式，科学哲学中被称为科学发现。

任何一项生产活动都需要劳动者、劳动工具和劳动对象，而所谓的生产方式其实就是这三种要素的结合模式，结合模式的不同就带来生产效率以及

---

① Steve Lohr, "The Age of Big Data [N]", *The New York Times*, February 11, 2012.

② Tony Hey, etc., *The Fourth Paradigm: Data-Intensive Scientific Discovery*[C], Redmond: Microsoft Research, 2009. 中文版见 Tony Hey 等：《第四范式：数据密集型科学发现》，潘教峰、张晓林译，科学出版社 2012 年版。

③ 黄欣荣：《大数据时代的哲学变革》，载《光明日报》（理论版）2014 年 12 月 3 日。

④ 李正风：《科学知识生产方式》，清华大学出版社 2006 年版，第 57 页。

生产产品的不同，因此我们可以根据这三种生产要素来对科学发现或科学知识生产活动进行历史分期和类型划分。根据这三种生产要素，古代科学的生产方式是业余生产模式，近代科学是小作坊模式，而现代科学是大规模生产模式。在古代，从事科学研究的人都不是专业工作者，他们都是在从事其他工作的业余时间里凭着个人兴趣，利用日常生活用具对大自然及其纷繁复杂的现象进行观察、记录，并且进行分类、总结，于是出现了经验科学。在近代，科学工作者在某些有钱人或组织的帮助下，利用比较简陋的仪器设备（比如自制的望远镜、显微镜），对天文现象、物理现象、化学现象和生物现象进行观察与实验，并且利用已有理论对观察、实验中所得现象进行归纳、推理和提炼，形成相关的理论。现代科学变成了国家行为，国家对科学活动进行大规模的投资，组织专业团队开展攻关协作，并利用大量的仪器设备和处理工具对结果进行处理以获得科研成果，这就是所谓的大科学时代或者说大规模生产模式。

美国计算机专家、图灵奖得主吉姆·格雷在 2007 年 1 月 11 日的一次学术会议上发表了《e-Science：科学方法的一次革命》的学术演讲，明确提出了科学分期和分类的新方法。① 他按照时间和研究工具两个维度将历史上的科学划分为经验科学、理论科学、计算科学和数据密集型科学等四大类型，并对这四大科学类型的内涵与特点进行了初步的论述。虽然他本人在演讲之后不幸失踪于大海之中，但他的独特观点却引起了国际学术界的巨大反响，没有因为人的失踪而带来观点的消失。② 格雷把上述四种类型的科学称为四种科研范式。所谓科研范式，就是科学知识的生产方式，或科学发现的模式。

格雷所说的第一种科研范式叫经验范式，也有人把它翻译为实验范式。

---

① Tony Hey，etc., *The Fourth Paradigm: Data-Intensive Scientific Discovery*[C]，Redmond: Microsoft Research，2009. 中文版见 Tony Hey 等：《第四范式：数据密集型科学发现》，潘教峰、张晓林译，科学出版社 2012 年版，第 ix–xxiv 页。

② Rob Kitchin，"Big Data，New Epistmologies and Paradigm Shift[J]"，*Big Data & Society*，2014（April-June），pp.1–12.

这两种称呼具有类似的地方，但经验的范围更广，包括人类早期尚未进行受控实验阶段所进行的体验、观察阶段。从时间维度来说，经验范式应该包括人类最早期对自然现象的生活体验和初步观察阶段，也包括人类后来制造了仪器设备进行受控实验阶段。人类在其早期就对纷繁复杂的自然奥秘产生好奇，并用肉眼或日常生活设备对自然现象进行观察和记录，对观察结果进行初步整理，发现了大自然的部分规律。在这个阶段里，业余科学家们的工作主要是观察和记录，而很少使用数据来对物理量进行精细刻画。文艺复兴之后，科学家队伍开始了半职业化，开始制作一些专门的仪器设备，并且将研究对象与自然隔离开来进行比较理想化的控制性实验，这就是所谓的受控实验。通过专门仪器和研究对象的孤立、静止等理想化工作，研究者可以获取比较理想的实验数据，通过对实验数据的归纳、提炼，能够发现自然界的一些基本规律。这个阶段的最大特点是人类开始对所观察、实验的对象进行数据化的记录和描述，不过依靠人工设计的有限实验，人们所能取得的数据也是极为有限的。

格雷所说的第二种科研范式是理论范式。欧洲近代哲学从古希腊的侧重本体论走向了重点探讨认识论，实现了哲学研究重点的认识论转向。近代西方哲学的认识论主要有两条认识路线，一条叫经验论，一条叫唯理论。经验论是上述第一种科研范式的哲学基础，认为一切科学认识都建基于人类经验的基础上，不管这个经验是来自现象观察还是受控实验。唯理论则是这第二种科研范式的哲学基础。西方科学与哲学中，这两种传统都早已存在。就唯理论传统来说，古希腊的自然哲学家们就一直在探讨世界的本原问题，后来一直追究到抽象的存在。而人文哲学家们（例如柏拉图），也将世界追究到现象背后的所谓理念世界。唯理论的代表人物笛卡尔、斯宾诺莎、莱布尼茨都试图将这个科学的大厦建筑在可靠的理论基石上。例如笛卡尔通过"我思"来推演出世界的存在，莱布尼茨则试图用 0 和 1 推演出整个世界。如果说经验范式为近现代科学打下了坚实的经验事实基础的话，那么理论范式则为近现代科学确立了逻辑推理的基础。理论范式偏重于理论概括和逻辑推演，重视科学假说、演绎和理论的检验。

传统的经验范式与理论范式所针对的科学研究对象都相对简单，因为仅仅凭着个人的经验、观察或实验，所取得的数据是有限的，有限的数据能够刻画的对象也是有限的。好在当时的科学，其所研究的都属于线性、孤立、静止的现象，因此少量的数据能够刻画出研究对象的特性和规律。而对理论范式来说，仅仅凭借人类思想的力量，很难超越当时人们的思想高度，所以理论范式也主要是针对简单现象及其规律。随着科学研究的深入，人类所接触的现象越来越复杂，特别是人们希望将研究对象置于真实世界之中，而不再对研究对象做线性、孤立和静止的理想化处理，于是传统的经验范式和理论范式就难以对付复杂的科研对象。这些研究真实世界的复杂现象的科学被称为复杂性科学，而过去做了理想化处理的科学如今被统称为简单性科学。为了处理真实世界的复杂现象，人们就开始利用计算机的强大功能，通过建立科学模型来模拟真实世界的复杂现象。通过计算机的模拟和计算来模拟复杂研究对象，并通过计算来发现规律的这种知识发现新方法就是格雷所说的第三种科研范式，即计算范式。这种范式是最近数十年随着计算机的出现而兴起的。

二、数据密集型科学发现的兴起

近年来，随着智能感知技术、计算机技术、网络技术、云计算等技术的发展，数据的采集、传输、存储和处理等环节都发生了重大变化。智能芯片越来越微小、价格越来越低廉而功能则越来越强大，于是智能芯片被广泛应用于各个领域，而智能芯片可以自动采集和记录信息，并且可以将信息自动以数字化的方式存储和传输，于是产生了大量数据。特别是智能手机、智能可穿戴设备、物联网以及社交网，随时随地都可以产生无数的数据。如今各种观测、实验设备（例如天文望远镜、粒子加速器、环境监测系统）都装备了智能系统，实现了数据的智能采集和管理。人们浏览网页、网上购物、视频音频播放等一切网上行为也都被自动记录下来，成为人类的行为数据。总之，随着智能技术和网络技术的发展，数据规模发生了爆炸性的增长，人类迅速进入了大数据时代。大数据时代的来临带来了科研方式的巨大变化，带来了科学发现的新方式，这就是格雷最先提出的数据密集型科研范式，即第四种科研范式。①

大数据时代的来临，对科学研究带来的最大变化是数据规模及其采集方式的不同，并且由此带来了数据性质的变化。过去所说的数据，是一种狭义的数据，它是由"数"和"据"两部分构成，"数"就是数字，而"据"就是根据，简单来说就是表达具体对象的数字，或者说具有度量单位的数字。这种狭义的数据主要由我们通过设计观察仪器，或者通过理想化的控制实验，来获取测量数据。大数据时代的数据是一种广义的数据，不管它是数字，还是文字、视频、音频、图片等等，任何信息都可以被看作是数据。这样，我们就大大地拓展了数据的来源和类型。从来源来说，以往的数据都是人们主动观测的结果，而现在的数据主要是智能终端自动生成的结果。除了初始的智能终端是由人研制、安装外，随后的数据基本上都是由智能终端自动记录、采集而产生的，不再有人的参与。特别是大数据时代的许多数据是事物或人类活动的轨迹记录，是人或物的物理轨迹背后的一条数据轨迹，有时也被称为"数据垃圾"或"数据尘埃"。用大数据的眼光来看，万事万物都是数据，即万物皆数据，"万物皆比特"。② 由于数据类型多样，数据来源广泛，因此数据规模急剧增长，大数据时代迅速来临，并由此也给我们的科学研究带来了极其丰富的数据资源。

由于数据采集方式的智能化，万事万物都可以映射为数据，就像柏拉图的著名洞喻，洞内影像是洞外之物的映射，这样，数据与事物之间具有一种对应关系。事物的客观实在性基本上得到了公认，但是由事物映射而成的数据是否也有实在性呢？数据是事物属性的刻画，反映出事物的信息，就像运动、时空是事物的基本属性一样，数据作为事物的基本属性也与事物本身具有依随性，不存在没有数据足迹的事物。因此，事物的数据就成为反映事物的一种实在，我们可以称之为数据实在。由反映事物实在的数据实在聚集到

---

① CODATA 中国全国委员会：《大数据时代的科研活动》，科学出版社 2014 年版，第 4—6 页。

② ［美］詹姆斯·格雷克：《信息简史》，高博译，人民邮电出版社 2013 年版，第 7 页。

一起而构成了一个虚拟世界，我们可以称之为数据世界。大数据时代的来临以及数据世界的形成给科研方式和知识发现模式带来了巨大的变革。

首先，科研对象发生了变化，数据世界的形成为科学研究提供了新对象。

以往的科学研究一般都是直接面对自然界或人类社会，直接与研究对象打交道。例如天文学家直接将天文望远镜对准太空，观察星象；物理学家直接与物质世界打交道，设计实验、记录结果等等。大数据时代随着数据量的暴增以及数据世界的形成，科学工作者不再把全部精力用于同物质世界打交道，而是开始直接挖掘反映物理实在的数据世界。通过数据世界的挖掘，科学家们可以发现数据里面所隐藏的各种秘密，找到数据规律并从中挖掘出所隐含的自然或社会规律。数据是科学研究的基础，即使在小数据时代，科研工作者也是从数据中寻找规律。但是，小数据时代的数据与物理对象的距离更近，数据及其对象不可分离，而大数据时代，数据及其对象相互分离，独自形成了自己的世界。在大数据时代，"人们事实上并不用望远镜来看东西了，取而代之的是通过把数据传递到数据中心的大规模复杂仪器来'看'，直到那时他们才开始研究在他们电脑上的信息"①。

其次，科学发现的工具发生了变化，数据挖掘成了科学发现的主要工具。

原来的科学发现需要科学工作者从最原始的准备工作开始，需要许多专业的装备，而且这些昂贵的装备往往很难共享，占有装备的往往独享装备和数据。传统的独占式科研方式迫使科学工作者到处建设自己的实验室，各部门都购置设备，重复建设多，人员和资金浪费严重。在大数据时代，数据采集、存储、传输和处理都成为相互独立的工作，特别是数据可以实现远程共享，只要具备数据挖掘的能力就能够从事科学发现的工作。因此，大部分科学工作者不再需要昂贵的装备，只要具备数据挖掘工具和能力即可。"在 21

---

① Tony Hey, etc., *The Fourth Paradigm: Data-Intensive Scientific Discovery*[C]，Redmond: Microsoft Research，2009. 中文版见 Tony Hey 等：《第四范式：数据密集型科学发现》，潘教峰、张晓林译，科学出版社 2012 年版，第 xi 页。

世纪，人们通过各种新工具不间断地采集着海量的科学数据，也通过计算机模型产生着大量的信息，其中大部分已经长期存储在各种在线的、可以公共获取的、得到有效管理的系统上，可以支持持续的分析，这些分析将引发许许多多新理论的发现。"①"数里淘金"是大数据时代科学工作者最重要的工作，科学工作者几乎都变成了数据挖掘者。大数据为科学研究带来了重大的机遇，"基于对大数据的分析，我们能更好地理解世界，解决以前认为难于解决的或甚至认为不可能解决的很多科学问题，产生意料之外的科学发现"②。

再次，科研数据与知识产品发生了变化，出现了全数据模式和数据规律。

由于数据获取与处理的成本昂贵，传统的科学数据都是通过实验获取的所谓"精准"数据，或者通过精心设计的抽样调查获取的具有代表性的样本数据。③ 但是，随着大数据技术的发展，数据的采集、存储、传输和处理等过程都实现了智能化，成本大大降低，效率却有极大的提高。因此，大数据时代的科研数据不再精细设计、精挑细选，而是海量的混杂数据，所有数据都是粗糙的、原始的，而且数据的种类也不再仅仅限于数字化的数据，而是还包括了文本、视频、音频、图片以及传感器的各种数据等等，这就是所谓的大数据时代的"全数据模式"④，所有数据都被包揽无遗。

最为关键的是，我们从数据中寻找的目标发生了重大变化，我们不再追求数据之间的因果关系，而是相关关系。⑤ 传统的方法是预先有理论预设，

① Tony Hey, etc., *The Fourth Paradigm: Data-Intensive Scientific Discovery*[C]，Redmond: Microsoft Research，2009. 中文版见 Tony Hey 等：《第四范式：数据密集型科学发现》，潘教峰、张晓林译，科学出版社 2012 年版，第 iv 页。
② ODATA 中国全国委员会：《大数据时代的科研活动》，科学出版社 2014 年版，第 1 页。
③ ［英］维克托·迈尔-舍恩伯格、肯尼斯·库克耶：《大数据时代：生活、工作与思维的大变革》，盛杨燕、周涛译，浙江人民出版社 2013 年版，第 30 页。
④ ［英］维克托·迈尔-舍恩伯格、肯尼斯·库克耶：《大数据时代：生活、工作与思维的大变革》，盛杨燕、周涛译，浙江人民出版社 2013 年版，第 37 页。
⑤ ［英］维克托·迈尔-舍恩伯格、肯尼斯·库克耶：《大数据时代：生活、工作与思维的大变革》，盛杨燕、周涛译，浙江人民出版社 2013 年版，第 67 页。

然后通过数据建立具有因果关系的数学模型。大数据挖掘方法主要是试图"让数据说话",不再先做理论预设,只是试图通过海量数据处理来发现科学数据的相关性特征,从而得出科学问题的数据规律。因此,知识产品不再全部是因果规律,更多的是反映相关性的数据规律。①"今天,科学发现并不能仅仅通过定义好的、严格的假设检验过程来完成。庞大的数据量,复杂且难以发现的相关关系,学科间密切且不断变化的合作方式,以及新的、接近实时的成果出版方式,都在为科学方法增添科学发现的新模式和新规则。"②

最后,科学发现的分工、流程发生了变化,科研工作以数据为中心而展开。

在科学研究中,科学工作者是主体。传统的科学研究机构往往是一个小社会,因为他们要从最原始的实验室建设、使用和管理开始,涉及各种人、财、物的工作,每个部门都要涉及知识生产过程中的所有环节和工作。在大数据时代,数据密集型科研范式的特点是"以数据为中心来思考、设计和实施科学研究,科学发现依赖于海量数据采集、存储、管理和分析处理的能力"③。数据密集型科学发现主要由三项基本活动组成:采集、管理和分析数据。在传统的科学研究中,科学数据一般都是靠自己或自己的团队采集、存储,而在大数据时代,科学数据往往是由智能终端自动产生或者网上无意中留下的。"新的研究模式是通过仪器收集数据或通过模拟方法产生数据,然后用软件进行处理,再将形成的信息和知识存储于计算机中。科学家只是在这个工作流程中相当靠后的步骤才开始审视他们的数据。"④ 因此,在大数据时代,部分科学工作已经被社会化或自动化,许多民众在不知不觉中参与了

---

① 黄欣荣:《大数据对科学认识论的发展》,载《自然辩证法研究》2014年第9期。

② Tony Hey, etc., *The Fourth Paradigm: Data-Intensive Scientific Discovery*[C], Redmond: Microsoft Research, 2009. 中文版见 Tony Hey 等:《第四范式:数据密集型科学发现》,潘教峰、张晓林译,科学出版社2012年版,第114页。

③ CODATA 中国全国委员会:《大数据时代的科研活动》,科学出版社2014年版,第13页。

④ Tony Hey, etc., *The Fourth Paradigm: Data-Intensive Scientific Discovery*[C], Redmond: Microsoft Research, 2009. 中文版见 Tony Hey 等:《第四范式:数据密集型科学发现》,潘教峰、张晓林译,科学出版社2012年版,第 xi 页。

科学数据的生产工作。以往的科研程序往往很复杂，涉及众多的工作，而数据密集型科研则比较简单，科研工作变成了比较单纯的数据挖掘。① 在天文学发展的早期，第谷的助手开普勒曾幸运地直接从第谷对天体运动的系统观察记录中去挖掘数据，发现了行星运动定律。如今在大数据时代，我们每个人都有可能成为开普勒这样的幸运者。只要我们掌握专业知识，具备数据挖掘能力，就有可能在对自动采集、存储的数据进行挖掘和分析的基础上建立起新的理论。"我们不再受制于数据，而是受限于抓住事物内在本质的洞察力。"②

三、数据密集型科学发现的哲学问题

数据密集型科学发现模式的兴起带来了科学发现本质的变化。其中最重要的变化是科学研究的逻辑起点是经验、问题还是数据？对客观数据世界的挖掘是否渗透了挖掘者的主观意识？从数据挖掘中得出的数据规律是否具有客观性？其客观性又该如何去检验？大数据是否将引发科学边界的移动？这些问题都是数据密集型科学发现模式带来的哲学新问题，需要我们用科学哲学的相关理论进行回答。

（一）科学始于数据

科学发现的逻辑起点在哪里？这是科学哲学研究的一个核心问题。历史上也有过"科学始于经验"和"科学始于问题"的长期争论，甚至还有"科学始于机会"的说法。③ 随着大数据时代的来临以及数据密集型科学发现模式的出现，科学发现的逻辑起点会不会有所变化呢？

数据是科学研究的基础，即使在小数据时代，科学研究也离不开数据。

---

① Nick Couldry and Alison Powell, "Big Data from the Bottom up[J]", *Big Data & Society*, July-December 2014, pp.1–5.

② Tony Hey, etc., *The Fourth Paradigm: Data-Intensive Scientific Discovery*[C], Redmond: Microsoft Research, 2009. 中文版见 Tony Hey 等：《第四范式：数据密集型科学发现》，潘教峰、张晓林译，科学出版社 2012 年版，第 113 页。

③ 吴彤：《科学研究始于机会，还是始于问题或观察》，载《哲学研究》2007 年第 1 期。

无论科学的出发点是经验论的经验还是唯理论的理论或问题，最终都必须能够转化为数据观测和计量，否则都无法转换成科学问题、科学表述和科学检验。以往由于数据获取比较困难，因此数据属于稀缺资源。我们的科学研究一般都是预先有了问题和想法，然后才设计实验方案取得实验数据以便证实或证伪自己的猜想。在大数据时代，由于数据采集的智能、自动和便捷，往往都是预先采集、存储了海量数据，这些数据像垃圾或尘埃一样预先存在着，等待着人们的发掘和利用。在海量的数据中，人们有可能从数据中突然发现一些意外的现象或规律，例如沃尔玛超市从已有销售数据中发现，啤酒与尿布片往往呈正相关关系，于是沃尔玛利用这个规律将两者堆放一起，以便顾客更方便购买，为超市创造更大的销售额。还有人发现，美国飓风发生时，蛋挞的销量往往飙升，于是商家在每次天气预报说飓风要来临之前都准备好充足的蛋挞。因此，从现有海量数据的挖掘、分析中，我们有可能发现现象背后存在的某些规律。这就是说，在科学发现中，我们既不是从观察现象开始，也不是从理论假设或问题开始，而是先从数据开始发现某些异常或关联，从数据中发现问题进而进一步发现科学规律。这是科学发现的一种新途径，我们可以称之为"科学始于数据"的科学发现逻辑新路径。

大数据时代的来临以及数据的海量存在，为"科学始于数据"的发现路径提供了客观条件，"科学始于数据"为大数据时代的科学发现逻辑提供了一种可行的发现模式。当然，即使在大数据时代，观察和问题也是特别重要的，也有可能成为发现的触发器，因此，"科学始于数据"的出现并不完全否定"科学始于观察"或"科学始于问题"等逻辑路径，只是大数据带来了另一种发现的触发器，我们有可能在数据的触发下做出科学知识的新发现。

（二）挖掘渗透理论

"观察渗透理论"是美国科学哲学家汉森提出的著名理论，说的是任何科学观察都不是纯粹的观察，而是渗透了观察者的理论预设。[①] 波普尔更是

---

① [美]N.R.汉森：《发现的模式》，邢新力、周沛译，中国国际广播出版社1988年版，第1—3页。

用汉森的这个理论来反对逻辑经验主义"科学始于观察"的观点，认为既然观察已被理论污染，那么观察就没有了价值中立性，因此它也就不可能成为科学发现的逻辑起点。①

小数据时代的数据都是在观察或实验者精心设计下取得的数据，因此渗透了观察者或实验者的理论预设。但在大数据时代，海量的数据大部分都是智能终端、传感器、物联网等智能设备或上网浏览时无意留下来的副产品，是在数据使用前往往并不知道这些数据有什么用途的"数据垃圾"。这就是说，大数据时代的数据大部分没有被数据生产者污染，因而比较客观、真实，因此"观察渗透理论"在数据实在中有可能失去效力，即数据未必渗透了理论，或者说，原始数据也许并没有被理论污染。

在数据密集型科学发现中，数据挖掘工具成了科学发现的重要技术手段。虽然被挖掘的原始海量数据一般比较客观真实，但是，挖掘工具和数据库的选择却反映了数据挖掘者的偏好。不同的挖掘工具和不同的数据库所挖掘出来有价值的数据就可能不同，这就像江河湖海里的鱼并没有反映渔民的主观性，但渔民使用的渔网以及下网区域的选择却反映了渔民的主观意志，渔网和区域不同，鱼的品种和大小自然也就可能不同。这就是说原始数据是客观的，但数据挖掘却渗透了挖掘者的主观意识，因此，在大数据时代，科学发现被理论污染的阶段有所不同。在小数据时代，原始数据就已经渗透了理论；而在大数据时代，原始数据未被污染，但在数据挖掘过程中渗透了理论，因此我们可以说"（数据）挖掘渗透理论"，即数据挖掘的过程有可能被挖掘者或者说理论污染。

（三）科学发现的数据检验

科学检验是科学知识生产的重要环节，科学发现只有最终经过检验之后才能成为知识，而可重复性是科学性的重要保证。传统的科学哲学主要是论述科学知识最后成品的观测或实验检验，对生产过程中的中间环节缺

---

① ［英］卡尔·波普尔：《猜想与反驳》，傅季重等译，上海译文出版社1986年版，第47—83页。

少必要的审核。在小数据时代，由于版面的限制，科学论文发表之时，大部分初始数据都留在作者手中，公开发表的只是其中极少的一部分，甚至是最终的结论部分。这样，除了极少部分同行在重大疑问面前会重复作者所做的观测或实验外，其他大部分人只能姑且相信，甚至不断被引用而导致以讹传讹。

在大数据时代，科学观测或实验数据可以使用可视化技术将难读或难懂的数据进行可视化处理，让读者更加清晰明了，而且更容易检验。作者发表文章之时，可以像标识参考文献一样，同时标明自己所使用的数据库系统，或者将所使用的数据置于网络上，让其他人可以下载、查询和检验。"我们很快会进入这样的时代：数据会像纸本文献一样被长期保存，而且能够通过数据云被人和计算机公开获取。"① 这样，"在阅读某人的一篇论文时查看他们的原始数据，甚至可以重做他们的分析；或者可以在查看某些数据时查出所有关于这一数据的文献"②。

大数据时代的来临赋予了可重复性新的内涵，大数据留下了发现者发现过程的数据轨迹，我们可以循着其轨迹进行科学检验。我们不一定要耗时费力地重复观测或实验就可以查询发现者的原始科学记录。③ 因此，在大数据时代，"科学记录应该提供足够的数据，其中包含足够的方法信息和操作信息，使得另一位科学家从同样的数据开始就能够重复同样的结果，而且能够通过新的研究，把初始的研究结果放到更好的情况中，调整假设和分析方

---

①　Tony Hey, etc., *The Fourth Paradigm: Data-Intensive Scientific Discovery*[C], Redmond: Microsoft Research, 2009. 中文版见 Tony Hey 等：《第四范式：数据密集型科学发现》，潘教峰、张晓林译，科学出版社 2012 年版，第 iv 页。

②　Tony Hey, etc., *The Fourth Paradigm: Data-Intensive Scientific Discovery*[C], Redmond: Microsoft Research, 2009. 中文版见 Tony Hey 等：《第四范式：数据密集型科学发现》，潘教峰、张晓林译，科学出版社 2012 年版，第 xviii 页。

③　Sabina Leonelli, "Why the Current Insistence on Open Accessto Scientific Data? Big Data, Knowledge Production, and the Political Economy of Contemporary Biology [J]", *Bulletin of Science, Technology & Society*, Vol.33, 2013, pp.6–11.

法，看看这些变化导致什么新的结果。"① 大数据让我们在不重复观测或实验的情况下，可以检验发现者的发现过程以及发现结果的可靠性。"在新的世界里，科学家们正在协同工作，期刊正变成包含数据和其他实验细节的网站。"② 因此，大数据时代的科学检验有可能变得更加便捷、可行。

（四）科学划界的数据化标准

科学划界一直是科学哲学关注的重要问题，逻辑经验主义者认为必须在科学与非科学之间划出一条分界线，以便拒斥形而上学和其他非科学、伪科学，并且用经验证实的方法就科学做出区分。波普尔也认为科学与非科学存在界限，并且可以用证伪的方法划分。虽然也有像费耶尔阿本德这种彻底否定分界的科学哲学家，但大部分学者还是同意存在分界而且认为必须分界，只是分界标准有所区别罢了。

科学哲学家先后用经验证实、经验证伪、科学范式、研究纲领等做科学划界的标准，但好像都不太让人满意。大数据时代的来临，让数据的地位得到了前所未有的凸显。数据会不会是科学划界的新标准呢？自古以来，科学家们就用量化指标来测度事物，而且物理量一旦能够被测量、量化，那么科学家就可以据此建立模型、构造公式、发现规律，从而将其科学化。马克思曾说，一门学科只有发展到数学化的程度，才能被称为真正的科学。康德也把量、质、关系、模态四大类范畴看作是建构科学的基本指标。因此，数据化与科学化基本上是同步的。

自然界的各种物理量由于可以被量化，自然科学各学科率先进入科学共同体中。但是，人文学科却由于缺乏量化指标而一直被科学共同体拒之门外。社会科学由于借用自然科学的研究方法实现了部分指标的量化而初步跨

---

① Tony Hey, etc., *The Fourth Paradigm: Data-Intensive Scientific Discovery*[C], Redmond: Microsoft Research, 2009. 中文版见 Tony Hey 等：《第四范式：数据密集型科学发现》，潘教峰、张晓林译，科学出版社 2012 年版，第 183 页。

② Tony Hey, etc., *The Fourth Paradigm: Data-Intensive Scientific Discovery*[C], Redmond: Microsoft Research, 2009. 中文版见 Tony Hey 等：《第四范式：数据密集型科学发现》，潘教峰、张晓林译，科学出版社 2012 年版，第 xxii 页。

进科学的门槛，但因没有被全面数据化所以没有被科学共同体全面接纳。由此可见，数据化是科学化的一项重要指标，是划分科学与非科学的重要分水岭。随着大数据时代的来临，我们有可能用数据化作为标准来划分科学与非科学，更为重要的是，随着大数据技术的发展，原来不能被数据化的人类思想、行为、心理、偏好、情绪等等，如今都可以被数据化，因此人文、社会科学各学科也可以实现数据化的要求，也就有资格加入科学共同体，从而成为科学共同体的新成员。[①] 这样一来，科学与非科学的边界随着数据化的脚步而不断移动。大数据有可能让所有学科都实现数据化，所有学科都加入科学共同体，从而实现科学大同，由此，科学划界也就成了多余，划界问题也就成了一个伪问题。

　　随着大数据时代的来临以及大数据在各领域的广泛应用，科学发现的模式将发生重大变化。继实验科学、理论科学、计算科学之后出现了被称为"数据密集型科学"的第四种科学发现新模式，采集、存储、管理、分析和可视化数据成为科学研究的新手段和新流程。这一科学发现新模式强调数据作为科学发现的基础，并以数据为中心和驱动、基于对海量数据的处理和分析去发现新知识为基本特征。数据密集型科学发现模式不仅意味着科学研究方法的新变革，而且促使科学哲学诸多基础问题发生新变化。

第四节　大数据：人文社会科学研究的新工具

　　正在兴起的大数据对人文社会科学研究具有重要的意义，大数据将给人文社会科学带来全新的数据密集型研究新范式。大数据是描述社会生活复杂行为的新工具，从海量的社会数据中可以发现隐藏于其中的社会科学规律，并据此对未来的社会走向做出精准的行为预测。因此，大数据必将成为人文

---

① Rob Kitchin, "Big Data, New Epistemologies and Paradigm Shifts [J]", *Big Data & Society*, April–June 2014, pp.1–12.

社会科学研究的科学新工具。作为社会科学的一门代表性学科，从政治学所得出的结论，同样适用于整个社会科学，因此本节以政治学为例来探讨大数据带来的人文社会科学方法论变革。

大数据革命是一场正在发生的信息革命，它同时也是一场认知革命和社会革命，并即将为我们带来政治、生产、生活、认知等全方位的大变革。[1] 大数据将万物映射为数据，让原来难于被数据化的哲学社会科学研究领域也能像自然科学一样实现数据化，因而实现科学化。作为一门重要的社会科学分支，政治学也将在这场大数据革命中获得新的科学认识工具，从而实现政治学研究的科学化。本节以政治学为例，探讨大数据对社会科学方法论带来的巨大变革。从政治学这个学科案例所得出的结论，也可推广到整个社会科学研究中。

一、数据范式：社会科学研究的新范式

政治学是以人类的政治生活为研究对象，重点研究人类及其社会的政治行为、政治体制以及其他政治问题的学科。从狭义来说，政治学的研究对象是国家，它主要研究国家的政治活动、政治形式、政治关系及其规律；从广义来说，政治学的研究对象是一切政治现象，是研究社会中各种政治关系的科学，是研究关于社会政治及其发展规律的科学，或者说是研究社会各种政治力量关系发展规律的科学。[2]

无论是广义还是狭义，从学科属性来说，政治学都属于社会科学门类，它是社会科学的重要分支之一。所谓社会科学，就是其研究对象是复杂的人类及其社会，但其研究方法是借助自然科学技术的研究方法，简单说来就是用自然科学技术方法研究人类及其社会。这样，看起来与自然科学不太相关的政治学，在研究方法上却与自然科学技术有着千丝万缕的联系。历史上的

---

① Steve Lohr, "The Age of Big Data", *The New York Times*, February 11, 2012.

② 杨光斌：《政治学导论》，中国人民大学出版社 2011 年版，第 1—3 页。

每一次科学技术革命或科学方法论的重大变革，都会对政治学研究产生重大的影响。

科学研究的信念、认知、方法的体系也被称为科学研究范式。范式意为具有共同信念、认知模式和方法工具的科学共同体所所遵循的共同规范与模式，它是美国科学哲学家托马斯·库恩引入的科学哲学词汇。科学家们从事科学研究的时候，在不同时期遵循着不同的范式。美国计算机专家、图灵奖获得者吉姆·格雷将科学研究范式按历史发展依次分为经验范式、理论范式、虚拟范式和数据密集型范式四大类。① 古代科学基本上采用的是经验范式，近代科学更多运用理论范式，计算机模拟技术的兴起带来虚拟范式，而正在兴起的大数据革命则带来了第四种范式，即数据密集型科学研究范式。由于主要借用自然科学技术的研究范式，因此政治学的研究范式与自然科学研究范式基本上是同步的，历史上也经历过经验范式和理论范式，在近数十年则有学者引入虚拟范式，而大数据也为政治学带来了革命性的研究范式，即政治学研究的数据密集型范式。②

荷马时期是政治学研究的开端，尚未形成学科的范式。柏拉图的《理想国》、亚里士多德的《政治学》应该是政治学研究的最早范式。亚里士多德自己就是科学家，因此其政治学研究自然也就依照其自然科学范式。自然科学在其早期属于收集、整理材料的阶段，基本上是依靠人类的自身经验和自然观察，因此人们将科学的早期范式称为经验范式。早期的政治学研究也仿照自然科学，从观察政治现象开始，然后进行归纳提炼，例如亚里士多德的《政治学》就是古希腊各城邦政治实践的经验总结。经验范式是政治学研究的第一种范式。

文艺复兴之后，在伽利略、牛顿等科学大师的努力和示范下，科学研究除了继续观察经验现象之外，科学家们开始了受控实验，更重要的是重视理

① Tony Hey，Stewart Tansley and Kristin Tolle: *The Fourth Paradigm: Data-Intensive Scientific Discovery*，Redmond: Microsoft Research，2009，pp.xvii–xxxi.
② 孟广天、郭凤林：《大数据政治学：新信息时代的政治现象机器探析路径》，载《国外理论动态》2015 年第 1 期。

性和理论的作用。虽然经验论特别强调经验在自然科学中的地位和作用，但唯理论对理性、理论的强调则从另一方面修正和补充了经验论的不足。例如笛卡儿的"我思故我在"就特别突出了思想、理论的巨大作用。近代政治学研究也在经验范式的基础上开始重视理论的作用，逐步进入理论范式。理论研究范式突出了理论的地位，强调演绎逻辑，它从理论假设出发，进行推理论证，然后再用经验进行检验理论的对错。例如卢梭的《社会契约论》、斯宾诺莎的《神学政治论》等都是从理论假设出发进行推理论证。理论范式是政治学研究的第二种范式。随着计算机技术的兴起，模拟技术逐渐进入科学研究之中，并被科学研究者用于模拟自然条件下难以进行观察、实验的复杂系统研究，例如气象研究、核能研究等，因此形成了科学研究的第三种范式：虚拟范式。虚拟范式在政治学中也有所表现，而最著名的例子要数 20世纪 70 年代罗马俱乐部使用模拟方法研究诸多全球问题。在涉及国际政治关系及其走向问题之时，虚拟方法可以在计算机模拟的环境里预先进行某些仿真实验，以便为实际操控提供参考。不过虚拟范式似乎并没有成为政治学研究的主流范式，只能作为经验范式和理论范式的有益补充而用于关系复杂的政治研究之中。

随着大数据技术的兴起，数据的采集、传输、存储、处理都发生了革命性的变化，作为科学研究重要资源的数据突然变得唾手可得，于是我们的社会迅速进入大数据时代，科学研究范式也随之发生重大变革，诞生了科学研究的最新范式：数据密集型科学研究范式。吉姆·格雷之所以把它称为第四种范式，因为它是前面三种范式之后出现的第四种科学研究的重要范式。数据密集型研究范式在自然科学与技术中已经得到了比较广泛的应用，例如环境科学、海洋科学、天文学、神经科学等学科都已经开始运用大数据来进行科学发现。作为研究人类及其社会政治生活的政治学，其研究对象更加复杂多变，需要大数据才能够刻画其行为，探究其规律，预测其未来，因此更需要引入科学技术最新的数据密集型研究范式。这就是说，大数据技术革命将引发政治学研究范式的革命，数据密集型研究范式可能成为政治学研究的最新研究范式，是继经验范式、理论范式和虚拟范式之后的第四种范式。①

　　政治学研究的数据密集型范式将使政治学研究从重视经验观察、理论假设和虚拟计算转向重视反映政治现象与政治生活的各种原始数据，即通过智能设备将政治生活的一切行为转换成数据，通过大数据来描述复杂的政治现象，而且通过数据挖掘来"让数据自己发声"，以发现各种政治现象之间的相关关系，并能够用图表等可视化的手段把复杂的政治关系形象地表现出来。数据密集型范式的本质是通过海量的数据来更加精确描述政治现象，并使用程序来发现规则，以使政治学研究不易受研究者的偏见所影响。政治学研究的数据密集型范式的出现为政治学研究提供了一种新的研究范式，让政治学研究更加重视数据的收集与使用。它强调了数据作为科学方法的特征，这种新方法与经验、理论和模拟等三种研究范式平起平坐，共同构成了政治学研究的科学方法体系。

二、大数据：描述社会科学现象的新工具

　　人们对世界的各种现象都充满着困惑和兴趣，并试图用某种理论对未知现象进行合理的解释，语言和文字的出现为现象的解释提供了一种便捷的解释工具。在早期，无论是宗教、科学还是哲学人文学科，都使用语言、文字对自然或社会现象进行描述，然后寻找其中的定性规律，揭示其中蕴含的内在机制。数字的出现，特别是阿拉伯数字的出现，为人类描述现象提供了更加精致、准确的科学工具。应用数字工具，我们不但可以对现象进行量化，从而对事物进行精确测度，而且可以揭示现象之间精确的数量关系，从而更加深入地认识现象背后的定量规律。自然、社会现象的语言、文字描述只是一种定性研究，或者说只是对现象的初步认识，如果要把握事物的本质，我们就必须进行定量研究，以便揭示现象之间的精确关系。正如马克思所说，一种学科只有在成功地运用数学时，才算达到了真正完善的地步。因此，数据化是精准描述对象并探索其内在规律的重要手段。

---

① 黄欣荣：《数据密集型科学发现及其哲学问题》，载《自然辩证法研究》2015 年第 11 期。

人类对世界的数量化过程已经具有数千年的漫长历史。古埃及人就创造了数字并用之丈量土地、计量财富、计算税负等，实现了财富资产的数据化。文艺复兴开始，开普勒、伽利略、牛顿等天文学家和物理学家们逐渐实现了对自然世界的数据化，从而带来了科学技术革命。当人们试图将对人类自身及其社会进行数据化时，却发现困难重重。在人类及其社会面前，数据化脚步有点止步不前。为什么人类自身及其社会难以被数据化呢？这主要是因为财富资产的数据化比较简单，只是一些简单的测量、计算工作。而近现代科学技术对自然世界的研究主要也只是停留在线性区域内，属于简单性科学，用相对简单的测量和数据就能够实现对自然现象的认识和把握。

然而，政治生活是人类的重要活动之一，也是人类区别于其他动物的重要标志。人类是具有主体性、群体性的高级动物，其思维和行为都具有非线性的复杂特征，很难用少数几个数据来描述其复杂思想和行为。人类结成社群后，由于其相互作用，思想、行为更加复杂、多变、多样，因此政治现象的描述和政治规律的把握就具有相当大的难度。传统的政治学对复杂的政治现象也试图用数据、模型来进行刻画，比如历史上就曾经有过"政治算术"之类的数据化、科学化尝试，但当时存在着两大困难，其一是当时缺乏科学的数据采集、处理手段，其二是没有分析复杂系统的科学理论。从数据来说，我们传统的采集、处理手段主要依靠访谈、普查或抽样调查等人工手段。这一方面需要大量的人力、物力和财力，另一方面由于人工的过分参与，数据缺乏客观性和可靠性，而且大量的数据也没法用人工来得到及时的处理。从理论上来说，所有的理论都是针对线性系统的简单性科学理论，只能针对少量的参数建构比较简单的理论模型，尚不足以解释像政治活动这类人类社会的复杂现象。

随着互联网（特别是移动互联网、物联网）、智能终端和云计算等信息技术的出现，数据的采集、传输、计算、存储等问题都出现了革命性的突破，各类数据像洪水一样爆发，聚集到一起成了数据的海洋，这就促成了所谓"大数据革命"这样一场数据技术革命。通过各种智能终端、传感器等智能感知设备，世界上的万事万物都能够转换为以 0 和 1 为基础的数据。由此，万事万物除了以实体的形式存在于实体世界之外，还以数据的形式对应着一个数字镜像，我们可称这个镜像世界为"数据世界"。数据世界是一个以 0 和 1 为基础的比特世界，与实体世界具有映射、对应的关系，但它更方便计算机等智能设备进行自动处理。2000 多年前，古希腊哲学家、数学家毕达哥拉斯就曾经宣称"数是万物的本原"，这当然颠倒万物与数之间的本末关系，但他揭示了实体与数据之间的对应关系。大数据理论认为，"万物皆数"，或者说"万物皆比特"，通过各种智能感知手段，能够实现"量化一切"的目标。①

　　大数据怎样对政治现象实现量化以实现政治现象数据化呢？第一，从采集存储来说，从人工到自动化。自古以来，数据都是靠人工采集，例如观察测量、问卷调查等，存储、处理也全靠人工，因此需要大量的人、财、物力。而在大数据时代，数据的获取主要通过各种智能终端，例如安装在物品中的智能芯片、随处可见的各种监控设备、网络点击的自动记录、智能手机和可穿戴设备记录的各种数据。这些数据都是在没有人工参与的情况下自动留下的数据轨迹，因此数据采集实现了智能化、自动化。此外，数据存储云端化、数据传输网络化、数据处理云计算等，让复杂的政治数据采集、存储、传输和处理都变得极为便捷，为量化政治打下了数据基础。第二，从数据规模来看，从小数据到海量化。由于采集的困难，人类在漫长的历史中留下的数据量极为有限，但随着数据采集的智能化、自动化，近年来数据规模暴增，呈几何级数增长，大概 2 年左右数据规模就翻番，这就是所谓的摩尔定律。数据总规模从 TB（240）级迅速到达 PB（250）级甚至是 EB（260）、ZB（270）级别，从而出现海量数据。第三，从数据来源来说，从单一性走向多样性。以往我们研究政治现象时，似乎只有各种数值才算数据，也就是说，我们以往所说的政治数据是单一的数值式数据，只有这种数据我们才能用统计手段进行处理。但随着数据挖掘技术的发展，任何信息，例如文字、

---

① ［英］维克托·迈尔-舍恩伯格、肯尼斯·库克耶：《大数据时代：生活、工作与思维的大变革》，盛杨燕、周涛译，浙江人民出版社 2013 年版，第 105—109 页。

音频、图片、视频、方位等等，都可以转化为 0 和 1 表示的数据，真正实现了"万物皆数据"的理想，因此数据来源呈现出多样性。

在大数据时代，政治现象数据化将对政治学研究带来哪些变革呢？传统的政治学由于缺少合适的研究手段，只好把复杂的政治系统当作一个简单系统，所做研究主要是"局部、静态、主观、定性"的简单系统研究，而大数据把政治系统恢复为复杂系统，并用处理复杂系统的方法进行"全面、动态、客观、定量"的复杂系统研究。第一，从数据量来说，大数据带来了更加"全面"描述政治复杂性的海量数据。复杂的政治现象如果要进行客观、科学的分析，就必须有数据做支撑，例如西方国家的总统选举之时，必须及时了解民意，拿出科学的数据，"让数据说话"。而在小数据时代，由于数据获取不易，往往采取问卷调查、电话访问等抽样调查，只能获取少量的数据，并以极少的数据做出统计推断以便把握选情。这种"以少概多"往往偏差较大，因此准确度较低。在大数据时代，人们的情绪、偏好、心情都通过智能设备反映在网络之中，因此各种论坛、社交网络、评论等都透露了民众的政治态度。这样，大数据更加全面、多维地反映了政治生活的复杂性。第二，从数据的活性来说，大数据带来了"动态"的过程数据，特别是在线数据。以往的政治学研究一般只能截取每个时间节点来获取部分数据，进行静态的研究。在大数据时代，由于万事万物都留下了数据轨迹，也就是说以往的数据都有完整的储备，因此我们可以描述政治系统从过去到现在的完整轨迹，获得更加完整的理解。更为重要的是，通过智能感知和网络在线，我们可以获取当下的信息，能够反映政治的即时状态，可以随时跟踪、观察政治系统的动态变化。第三，从数据的客观性来说，大数据时代的数据更加客观、科学。以往的数据一般都是预先设计好的访谈或抽样数据，这些数据由于人们的过多参与，渗透了观察者和被观察者的主观意识，因此数据被污染。大数据时代的政治数据则是智能感知留下的数据轨迹，没有渗透数据采集者和被采集者的主观意愿，或者说没被污染，因此大数据更具有客观可靠性，更能反映真实的政治行为和政治现实。第四，从数据的密集程度来说，大数据时代的政治学研究将会采用数据密集型研究范式。在小数据时代，描述政治现象的数据难以采集，因此政治学研究主要还停留在定性研究之中，尽量不用数据或少用数据。在大数据时代，一切都用数据说话，于是政治学研究也从定性研究走向定性定量相结合的研究，特别是数据密集型研究范式，一切政治现象、政治行为都将变成数据，并从大数据中发现政治规律。

三、数据挖掘：发现社会科学规律的新方法

政治学研究的重要任务之一是发现政治现象之间的规律。怎样发现政治规律？不同的研究范式，其方法与途径也有很大的差别。经验研究范式试图通过归纳人类的历史经验来发现政治规律，政治行为的各种经验是发现政治规律的基础，而归纳方法是从经验中发现规律的基本科学方法。理论研究范式则试图通过理论的假设和推演来发现政治规律，逻辑假设是该研究范式的基础，一切政治研究都是从基本假设出发，然后使用逻辑演绎方法从理论假设开始进行严格的逻辑演绎，从推演中发现政治运行规律。虚拟研究范式则首先建立数学模型，然后让计算机对模型进行计算模拟，从模拟中发现现实政治生活的规律。基于大数据的数据密集型研究范式则是从海量的大数据出发，通过数据挖掘来发现数据之间的相关关系，以便找出政治生活的数据规律。数据密集型研究范式的基础是大数据，而其基本方法则是数据挖掘。

所谓数据挖掘就是从大量、不完全、有噪声、模糊的实际应用数据中提取隐含在其中而人们事先不知道的有用信息和知识的过程。[1] 该定义包含着四层含义：首先，数据源必须真实，数量巨大但含有噪声；其次，能够发现用户感兴趣的有用知识；再次，发现的知识要可接受、可理解、可运用；最后，所发现的知识不需要具有放之四海而皆准的普适性，只要能支持特定的发现问题。[2] 这里所谓的知识包括概念、规则、模式、规律和约束等，因此

---

[1]　朱明：《数据挖掘》，中国科技大学出版社 2008 年版，第 4—5 页。

[2]　朱明：《数据挖掘》，中国科技大学出版社 2008 年版，第 4 页。

数据挖掘也被称为数据库中的知识挖掘、知识提炼、模式分析、数据考古、数据采矿等，其本质都是把数据当作形成知识的源泉，从数据中发现知识就像从矿石中采矿或淘金一样。通过数据挖掘，我们能够从大量的混杂数据中找出那些令我们感兴趣的、隐含而先前未知的有用知识或信息。

政治学研究为什么要用数据挖掘来发现规律？这主要是因为政治行为数据具有大数据的所谓"4V"特征。第一，Volume（数据量大）。人们的政治生活是丰富多彩的，几乎任何活动最终似乎都关乎政治。例如，我们每天在网站中浏览新闻，在博文中表达观点，在朋友圈中点赞，对热点事件的围观，甚至购物消费、旅游、聚会等等，似乎都透露出我们的政治偏好和态度。人们的一切行为、兴趣、偏好恰好又遇上了万物智能化、互联化的大数据时代，一切都被记录在网络之中。因此，人们的政治生活细节被智能芯片转化成了数据，而且通过有线或无线网络迅速汇聚在一起，沉淀为无所不包的大数据。随着智能技术、网络技术和云计算技术的快速发展，反映政治生活的各类数据也呈爆炸性增长，如今数据规模特别巨大，用一般的数据处理手段难以应付，必须运用数据挖掘技术才能从海量数据中"数里淘金"。第二，Variety（类型繁多）。以往的政治学研究也重视数据的收集和运用，例如问卷调查，但那时的数据仅指数值型数据，而且事先规定了某种结构，这就是所谓的结构型数据。但在大数据时代，反映政治生活的数据复杂多样，不再局限于结构化数值型数据，例如我们日常生活所使用的文档、图片、音频、视频、位置、上网痕迹等等，一切行为都能够被数据化，也有可能反映人们的政治活动。如此类型繁多的数据，必须使用先进的数据挖掘技术才能找出有用的信息和规律。第三，Velocity（快捷便利）。由于技术的限制，以往我们只能收集少量的静态数据，并且处理结果严重滞后于迅速变化的政治生活，例如面对突发性事件，我们无法及时处理，更缺少全程跟踪和反馈。利用智能、网络、存储、计算等大数据技术，我们可以即时了解时态，在线跟踪反馈，使一切政治行为都尽在掌握之中。数据挖掘技术是从快速多变的政治行为中迅速找出规律的技术利器。第四，Value（蕴含价值）。随着互联网、物联网的广泛应用，信息感知无处不在，信息海量，形成规模巨大的数据库，但这海量的数据并非价值均等，因此数据的价值密度较低。如何通过强大的机器算法更迅速地完成数据的价值"提纯"，是数据挖掘技术的重要任务。例如在反恐行动中，反恐专家要从浩如烟海的数据中挖掘出恐怖分子的数据痕迹，捕捉到有价值的关键数据。从大数据的上述特点中，我们可知，数据挖掘技术是从政治行为大数据中找出有用知识或规律的必备工具。

　　数据挖掘数据怎样挖掘政治行为大数据呢？随着计算机软件、硬件技术及计算技术的发展，数据挖掘技术已经具备了从混杂、海量的数据中找出有用信息或规律的能力，并已经出现了比较成熟的数据挖掘公司和挖掘软件，例如 Hadoop、MapReduce 等就是已得到比较广泛应用的软件。政治数据的挖掘要经历定义问题、数据收集与预处理、数据挖掘实施以及挖掘结果的解释与评估等过程。要在海量的大数据中找到规律性的东西并不容易，不能像小数据时代那样直接寻找数据之间的因果关系，而是通过数据的清洗、分类、聚类、关联等挖掘技术去寻找数据之间的特征量及它们之间的相关关系。第一，数据清洗：大数据中的原始数据由于来源混杂，数量众多，所以泥沙俱下，数据中混杂着噪声，有些数据不完整或不清晰。例如网络舆情数据就是这类数据，要从海量网民的片言只语、监控视频、聊天语音等含噪声的原始数据中寻找有用信息，首先就必须对这些原始数据进行清洗。第二，数据分类：政治大数据混杂多样，有结构化数据、非结构化数据，也有半结构化数据，有文档、音频、视频、图片等，用决策树方法、贝叶斯方法、遗传算法等方法将数据分类是数据整理、挖掘的初步工作。第三，数据聚类：把政治大数据中类似的数据归类到一起，形成一个新的类别进行分析，能够进一步发现有用信息。聚类分析是数据挖掘的重要手段。第四，数据关联：万事万物之间都是相互联系的，从海量的大数据中发现某一数据与其他数据之间的依赖关系，找出数据间的关联规则，这就找到了大数据的有用信息或规律。识别或发现频繁发生的事件是关联规则发现的核心，关联也就是某种规则，其实也就是规律。

　　数据挖掘只能从大数据中挖掘出数据的相关关系，呈现出来的是数据规律。① 数据规律仅仅是数据之间的相关关系，这是一种表象关系，具有偶然性，并不一定反映表象背后的因果关系，因此它与具有必然性的因果规律有着本质的区别。面对海量的数据，要找到每个数据的前因后果关系几乎是不可能的，就像分子物理学不可能找到每个分子的因果链一样。数据规律是否属于客观规律呢？虽然数据规律没有揭示表象背后的具体因果机制，但它具有倾向性和规律性，在实践中能够向我们提示事物发展的方向，具有帮助发现的功能。因此数据规律也是规律的一种，它与因果规律互补，共同帮助我们认识世界，认识人类及其政治行为规律。因此数据规律也是客观规律，是政治规律的数据表现形式。

四、大数据预测：认知社会发展态势的新途径

人们对未来要么充满期待，要么心存恐惧，所以未来的走向趋势，自古以来都是人们关心的焦点。政治事件的发生与我们的日常生活密集相关，深刻地影响着国家、民族、政府和个人的生活，所以政治事件的预测及其防控就显得格外重要。因此，无论是国家、组织和个人，都在有意无意地预测着未来。从科学哲学的科学标准来说，一门学科若要被称为科学，除了能够解释已经发生的各种现象之外，最重要的是必须能够预测未来。我们认识政治现象背后所隐藏规律的目的，一是解释已经发生的政治现象、政治行为，发掘现象之间的关联关系，二是通过以往规律揭示政治的未来走向，预测未来的趋势。因此，政治预测是政治学研究的核心问题。例如网络舆情、选民态度、政治倾向、突发事件等等，都需要我们提前做出准确的政治预测。

所谓预测，就是根据过去的历史经验去推测未来走向。不同的时代有着不同的预测方法，预测方法与科学技术的发展水平密集相关，传统的政治预测方法主要有经验猜测、理论推演、统计推断等。在科技不发达的年代，由于数据的缺乏，人们主要凭着过去的政治经验来推测未来的政治形势，国家

---

① David Chandler, "A World without Causation: Big Data and the Coming of Age of Posthumanism", *Millennium: Journal of Interna- tional Studies*, 2015.Vol.43（3）.

兴衰、民意涨落等一切政治事件都靠经验来猜测。所谓理论推演就是根据事物之间的因果关系，把过去已经发生的事件作为"因"，把未来即将发生的事件作为"果"，这样就能够获得未来走向。统计推断是根据少量数据，利用统计插值方法，由反映过去的少量数据通过插值外推，得出未来的走势，由此推断未来。这些传统的政治预测主要是以经验为依据进行大胆的猜测，或者利用不太完整的数据进行建模、推测，这些预测方法在数据欠缺的条件下为政治预测做出了贡献，但是，因为缺乏完整的数据体系和科学的数据挖掘手段，传统的政治预测方法存在着不少问题，预测手段落后，预测结果准确度不高。

大数据时代的来临为科学的政治预测带来了坚实的数据基础和科学的挖掘手段，我们可以利用大数据预测方法改进传统的政治预测手段。政治行为数据已经聚集成为海量的规模，这海量的数据不但反映了政治行为的过去历史，也反映了各种变量之间的相关性。由海量数据做基础，再根据相关性，就可以比较精确地预测出未来的政治行为，这就是大数据预测。大数据预测是正在发生的数据技术革命的结果，是政治预测的科学新方法。

政治行为为什么要用大数据才能更准确地预测呢？政治行为是人类最复杂的行为，其中充满着智慧、博弈甚至狡诈，传统的依靠经验猜测、理论推演或统计推断，不但难以把握过去的政治现象和规律，更难以预测未来的政治现象。因为数据不但是描述、认识政治现象和规律的工具，更是科学化预测的基础，反映过去的数据越多，预测就会越精确。经验猜测法是在严重缺乏数据的情况下全凭过去的经验去猜测，而经验是缺乏主体间性的个人体验，以此依靠猜测当然难以精准预测未来。理论推演是一种逻辑演绎，全凭作为演绎前提的理论假设是否正确，而缺乏数据基础的理论假设往往属于虚假性的假设，因此其推演结果也就难以让人信服。统计推断虽然利用了统计理论，但由于依据少量的样本数据难以全面刻画复杂的政治行为，因此难免出现以偏概全。作为复杂行为的人类政治，必须用大量的数据才能刻画其行为和状态，数据越多，刻画的维度就越多，其行为、状态就描述得越精确。政治大数据记录了人类及其组织的几乎所有行为的原始数据，充分反映了政治的各种状态，是人类政治行为最没有遗漏的完备描述。大数据对未来政治的一切预测都建立在海量数据的基础之上，完全是"让数据说话"，尽量减少主观臆测的成分，这样，政治学就从凭灵感猜测的"艺术"走向了靠数据说话的"科学"。

政治现象纷繁复杂，似乎难以把握，大数据怎样实现政治预测的呢？这主要是因为大数据的海量数据构成了一个复杂世界、复杂网络，政治行为虽然复杂，但数量达到 PB 级别的数据足以从各个极其微观、精细的维度刻画其复杂性；只要用复杂性、统计学等科学理论就能够在混沌之中找出秩序，揭示规律，做出预测。首先，人类及其政治组织虽然存在复杂性和多变性，但它也有路径依赖性，有其行为习惯，未来的走向会依赖过去的行为，依其惯性运行，因此我们可以以政治大数据预测政治的未来走向。其次，根据复杂性理论，政治行为的大数据虽然看似纷繁复杂、眼花缭乱，但会显现出小世界特征。复杂系统经过相互作用会显现出简单行为，由此我们可以对其未来做出预测。最后，由大数据构成的复杂系统会遵循幂律分布，幂律决定了数据网络的结构及其行为走向，主宰着我们的真实活动的节奏。如果了解了人类及其政治行为的历史数据，那么其未来就不会有多少令人惊讶之事发生，一切都在掌握之中。

政治行为大数据预测，使得组织和个人的政治趣向、政治意图和政治行为都可以被预测。政治复杂网络研究权威巴拉巴西说："当我们将生活数据化、公式化以及模型化的时候，我们会发现其实大家都非常相似。我们都具有暴发模式，而且非常规律。看上去很随意、很偶然，但却极其容易被预测。"[①]他认为93%的人类行为都可以预测的，通过大数据可以揭开人类行为背后隐藏的规律和模式，并对其做出精准的预测。大数据能够海纳百川，记录复杂多变的政治动态，并精确预测未来的政治态势。大数据政治预测，可以让我们提前预知国际、国内，组织、个人等政治走向，并及时做好政治决

---

① ［美］艾伯特−拉斯洛·巴拉巴西：《爆发：大数据时代预见未来的新思维》，马慧译，中国人民大学出版社 2012 年版，第 289 页。

策，提前采取适当的政治应对。对于那些有利的政治走向，我们可以适当加以助推，而对于那些不利的政治走向，我们可以提前采取预防措施。

第五节　大数据时代的还原论与整体论及其融合

还原论与整体论在历史上是两种对立的科学方法论，但随着大数据时代的来临，它们逐渐从对立走向融合。在大数据时代，还原论更多地从物理还原走向了数据还原，万事万物最终将由可被计算机处理的 0 和 1 两个最基本的数据比特所表征；而整体论则表现为海量数据的综合集成，它把数据碎片集成为整体，并从中发现科学规律。大数据将还原论与整体论融会贯通，数据化的过程就是碎片化的还原过程，而数据挖掘的过程就是数据集成的整合过程。数据还原与数据整合通过数据这一中介桥梁贯通在一起，它们相反相成而共同构成大数据时代的科学方法论体系，实现"致广大而尽精微"的人类理想。

还原论和整体论是科学研究的两种方法论，不过它们所持的观点和研究路径针锋相对，在历史上一直难以融通，也就是说它们从世界观、认识论和方法论上都彼此反对，谁也说服不了谁。① 从历史渊源来说，整体论的历史更加悠久，更加原始，而还原论则是人类认知能力发展到一定程度之后才出现的观点和方法。自古希腊开始，西方哲学和科学还原论的观点占主流，而东方哲学和科学则自古以来由整体论占领主流。人们曾经试图对还原论、整体论进行调和与融通，但一直难以实现。② 随着大数据技术的发展，万物皆可实现数据化，人类进入大数据时代。③ 随着大数据时代的来临，人们的世界观、认识论和方法论都将发生彻底的变革。作为基本方法论的还原论和整

---

① Abächerli, "A. Holism and Reductionism: How to Get the Balance Right", *Open Access Library Journal*, 2016（3）: e2628. http://dx.doi.org/10.4236/oalib.1102628.

② 董春雨：《从因果性看还原论与整体论之争》，载《自然辩证法研究》2010 年第 10 期。

③ Steve Lohr: "The Age of Big Data[N]", *The New York Times*, Feb.11, 2012.

体论，在大数据时代将发生哪些变革呢？这两种对立的方法论在大数据时代是否走向融合呢？这就是本文所要探讨的问题。

一、数据还原：大数据时代还原的新形式

还原论（reductionism）这一概念是在 20 世纪 50 年代由美国哲学家蒯因（W.V.O.Quine）在其著名论文《经验论的两个教条》中提出的，但还原论的观念和方法却是源远流长。古希腊第一位哲学家泰勒斯提出"水是万物的本原"的时候，还原的观念就深深地埋在古希腊哲学家们的头脑中。古希腊哲学家们探索的世界"本原"或"始基"，在组分上寻找 element，在时间上寻找 beginning，其实这就是典型的还原思想和方法。所谓还原论就是认为存在着一个或几个"始基"或"原点"，通过层层剥离，万物皆可最终返回到"始基"或"原点"中。① 为什么要返回到"原点"呢？古希腊哲学家们认为，万物皆有其最原初的生长点，从最基础的"始基"或"原点"出发，通过不断推导，可以推演出世界万物，这样"始基"或"原点"就成了万物的"原因"，就像欧几里得几何学从五条不证自明的公理（原点）出发推演出具有必然性的几何体系一样。反过来说，任何复杂的事物或现象，通过层层还原，都可以找到其原点，这样就可为复杂事物找到简单原因，这就是所谓的还原论或还原方法，因此还原论也与演绎方法紧密联系在一起。这套还原思想和方法被亚里士多德总结为演绎方法或演绎逻辑，并成为哲学思维和科学研究的主要方法论。

怎样找到世界万物现象背后的原点呢？那就是还原，剥开表面现象的画皮找到背后深藏的原因。古希腊自然哲学家们为了找到自然万物的原点，不断诉诸"水"、"气"、"火"等各种具体物质，后来再诉诸"原子"这个抽象元素，而毕达哥拉斯则还原到更加抽象的"数"。苏格拉底、柏拉图等哲学家们则试图找到人类及其社会现象背后的原点，他们诉诸"理念"，而亚里士多德则认为有"四因"。中世纪哲学家们认为是上帝，因为上帝造万

---

① 赵林:《西方哲学史讲演录》，高等教育出版社 2009 年版，第 36—37 页。

物。从文艺复兴开始，哲学家们借助新兴科学技术，在寻找万物原点的基础上不断推进，直到 19 世纪近代原子论的提出而到达高潮。其中笛卡尔从哲学上对还原论进行了深入的阐述，从而使还原论成了科学研究的万能方法。借助还原论，近代科学各门学科取得了惊人的成就，带来了两次激动人心的科学革命，出现了牛顿、拉瓦锡、达尔文、爱因斯坦、普朗克等一大众科学大家，现代科学更是在还原论的推动下形成了严密、完整的学科体系。可以说，没有还原论就没有近现代科学的迅猛发展。

还原论之所以能够取得这么大的成就，就在于它为复杂现象寻找到简单原因。第一，还原论打开万物的黑箱、发现了世界的深层奥秘；第二，还原论对世界系统的构件进行了深入的考察，提供了丰富的细节材料；第三，还原论为各门科学建立了逻辑清晰的学科体系；第四，追根寻源的还原方法成了最重要的科学方法之一。但是，在还原论所向披靡的同时，人们发现并非所有现象都能够找到简单原因，仅用还原还不能解释大千世界的所有问题。面对线性系统，还原论节节胜利，而面对非线性涌现现象则难以突破。还原论的局限性主要表现在如下两点：第一，强调物质世界的构成要素和时间演化上的原点，但现实中却难以找到这样的原点；第二，强调学科之间的物质联系，认为物理学科是一切学科之母，但很难找出学科间单一的因果关系，因此难以实现学科的统一。面对复杂系统，特别是生物、生态、社会系统，还原论遇到了前所未有的困难，不少科学家呼吁复杂性科学研究必须超越还原论。①

如何超越传统还原论呢？有不少学者提出现在是回归整体论的时候了，即应该用整体论取代还原论。不过经过数十年的尝试，人们发现整体论面对复杂系统同样也无能为力。大数据时代的来临，还原论迎来了发展的新机遇。大数据认为，将复杂事物进行分解和还原的确是深入认识世界的正确途径，不打开黑箱，不分解、还原，试图完全从外在和整体认识事物是不可能深入、精准的。但是，传统的还原论仅仅从物质、物理的层面对复杂事物进

---

① 黄欣荣：《复杂性科学与还原论的超越》，载《自然辩证法研究》2006 年第 10 期。

行层层剥离和还原，试图找到物理时间和构成的原点，事实证明是艰难的。从时间来说，目前还无法确认时间的起点；从构成来说，目前发现原子、原子核、质子、电子、中子甚至夸克都还不是不可分的原点。因此，物质、物理的分解、还原仅仅是还原的路径之一，从信息层面的还原可能是更加本质的还原。

大数据认为，比特（Byte）是比原子更基础的构成元素。[①] 原子、夸克等微观粒子还不是物质构成的原点，但从信息角度来看，比特是信息的最基本要素，是事物信息的原点。也就是说，一切信息最终都可以还原为由最基本的 0 和 1 两个数字构成，不可能再继续往下分解。大数据认为，世界万物皆可数据化，万物都最终可以用数据来表征，而再复杂的数据最终都可以分解、还原为 0 和 1 这两个基本数字。[②] 这样，从信息的角度来看，万物最终都可以还原到比特，即万物皆比特。[③] 这样，从物理上找不到原点的还原论，在大数据时代却找到了比特这一信息原点。因此大数据从另一个路径挽救了还原论，世界的还原从原子时代的物理还原走向数据时代的数据还原，数据还原成为大数据时代还原的新方式、新路径。因此，大数据技术及其对世界的数据化给传统还原论带来了重大变革：在大数据时代，还原论更多地从物理的还原走向了数据的还原，万事万物最终将由可被计算机处理的 0 和 1 两个最基本的数据所表征，比特是万物的信息原点。

二、数据整体：大数据时代整体的新表述

整体论（holism）是一种与还原论在路径、方法上都相反的方法论，它认为任何事物都是一个不可分割的有机整体，一旦分割就将失去其本来的结

---

① ［英］维克托·迈尔-舍恩伯格、肯尼斯·库克耶：《大数据时代：生活、工作与思维的大变革》，盛杨燕、周涛译，浙江人民出版社 2013 年版，第 125 页。

② ［英］维克托·迈尔-舍恩伯格、肯尼斯·库克耶：《大数据时代：生活、工作与思维的大变革》，盛杨燕、周涛译，浙江人民出版社 2013 年版，第 105 页。

③ ［美］詹姆斯·格雷克：《信息简史》，高博译，人民邮电出版社 2013 年版，第 350—351 页。

构或功能，因此必须把它当作一个整体来看待。由此可见，整体论主张，我们在认识世界现象、把握事物本质的时候，不能把对象当作机械一样进行分拆、解剖，不能打开事物本来的黑箱来窥探事物内部的结构，只能把对象当作一个不可分割的整体并且从外部现象来猜测、判断事物的内部结构和机制。

从时间维度来看，整体论应该比还原论的历史更悠久。远古的人们由于没有先进的科学技术手段来观察、研究世界及其万物，不得不把世界当作一个个整体的事物来看待。比如人体结构，远古的人们没有现代解剖技术，只能从外部整体来看待人体。中国古代医学和哲学发展出一套比较完整的整体论思想和方法，成为整体论早期成果的标本。比如中医一直通过"望闻问切"等观察人体外部表现的方法来洞察人体内部的结构、功能及其健康状态，由此发展出一整套中医理论。随着近代科学技术的发展，还原论逐渐占领上风，整体论逐渐衰落。但随着生物学、生态学和生命科学的发展，还原论遇到了不可克服的危机，于是 20 世纪 50 年代开始，系统科学中的老三论、新三论逐渐兴起，20 世纪末的复杂性科学更是提出要超越还原论，整体论思想和方法逐渐被西方世界所接受，而东方世界也更加坚定了复兴整体论的信念。

与还原论相比，整体论的优势是：第一，不分解事物，力图保持研究对象的整体结构；第二，把研究对象与其环境紧密结合，从还原论向事物内部深入还原转向整体论的向事物外部环境的关联；第三，保持了事物的整体功能及其涌现性。但是，传统整体论的局限也特别明显：整体论的所谓整体是一个模糊、空洞的整体，缺少对象的细节内容。这是因为如果不打开对象黑箱，仅仅从表现出来的某些现象来猜测内部结构和功能，很难真正把握事物的内部结构，更难以认识要素相互之间的关系和运行机制。正因如此，整体论往往停留在朴素阶段，在科学技术不发达的古代曾经发挥了重要作用，但在科学技术高度发达的今天如果仍然坚持不打开黑箱，不深入事物内部，肯定不可能真正认识事物的本质，更无法认识和把握复杂系统。用一句话来概括，传统的整体论是没有经过还原论洗礼的朴素整体论，面对复杂系统，它比还原论还更加无能为力。大数据时代的到来，整体论迎来了发展的新机遇，并可能随着大数据革命而发生重大变革。

首先，大数据带来了整体思维的变革：大数据的综合集成即整体。究竟什么是整体？传统整体论认为不被还原分解就是整体，但这样定义仍然特别模糊，不具有可操作性。所谓整体论，其主要特点是侧重于从研究对象与其环境的关联来研究，即从更大的外部环境来观察对象，这样系统将变得越来越复杂。怎么来描述这个越来越复杂的系统？大数据为描述这种复杂性提供了技术手段。在大数据看来，所谓整体论无非就是将与研究对象相关联的全部数据汇聚在一起，是大数据的综合集成。如果说还原就是不断数据化、碎片化，那么整体就是数据的不断综合和集成，用更加完整、全面的数据来描述对象。

其次，大数据带来了整体认知的变革：可计算化。传统的整体论如何实现整体认知？这是它的重大短板。传统整体论一直停留在要从整体、全面的视角看问题，但如何来描述整体、全面？如何深入分析过去、预测未来？它并没有可行的具体办法，正因如此，相比还原论，整体论发展更加缓慢，对科学技术发展的贡献也更少。但是，大数据把整体定义为研究对象大数据的综合集成，那么事物的整体就具有可操作性。这种可操作性表现在可描述、可计量、可建模、可计算、可预测。所谓可描述就是可以用数据化语言来精准描述对象，可用海量的数据把对象描述得更加完整、全面，特别是用数据语言对事物已经发生的历史进行精准描述，从而不再停留在空洞的整体上。所谓可计量就是描述事物整体的语言是数量化的，是可测度和统计的，这样就可以对整体性进行计量化操作。所谓可建模是指在用海量数据描述事物的基础上，可以从数据中寻找数据间的各种规律，比如数据间的相关性或因果性，甚至可以建立数据之间的算法模型或数学模型，用于刻画事物的精准规律。所谓可计算性是指在事物数据及其模型的基础上，对其状态进行算法分析，对其过去的历史进行还原、计算和解释。所谓可预测性是指在数据、模型和计算的基础上，利用海量的历史数据可以对事物的未来状态进行精准的预测，由此可以对事物的未来行为进行更加精准的把握。总之，从传统整体论空洞的整体观到大数据时代具有丰富内容的数据整体认知，这是整体认知方式的重大变革。

最后，大数据带来了整体方法的变革：数据挖掘。传统的整体论所提供的整体方法往往是比较粗糙、笼统的经验猜测方法，无法像还原论一样提供各种比较数据化、逻辑化的具体科学方法。但是随着大数据时代的来临，整体方法有了新的内涵和可操作的具体方法，那就是数据挖掘和知识发现方法。所谓数据挖掘就是通过智能算法从大数据的海量数据中发现有价值的东西，在更加完整、全面的数据中找出隐藏在其中的某些知识或规律。我们已经知道，大数据技术已经将与对象相关的各类数据皆集成到一起，形成了更加全面、完整刻画对象的大数据集合，这就是整体观念的具体化。对海量数据进行综合集成，将数据碎片集成为整体，并从中发现科学规律，这就是大数据时代的整体方法。数据挖掘包括数据的关联、分类、聚集、寻异和演变等科学方法，从而实现数据准备、规律寻找和规律表示等知识发现的步骤。[①] 在大数据时代，整体方法不再是空洞的说辞，而是实实在在的可用计算机实现的科学方法。

三、数据统一：大数据时代还原论与整体论的新融合

还原论和整体论作为两种主要的科学方法论，都具有悠长的历史，但它们理念不同、方向相反，长期以来相互对立，相互反对，在科学史和人类认识史上所发挥的作用也不同，历史地位在不同的时期也有所不同。虽然整体论的思想和方法比还原论的思想和方法历史可能更长，特别是在东方世界长期流行，但它在近代科学技术的发展中没有占领主流地位。还原论虽然历史较短，但从古希腊开始，西方世界便主要采纳还原论的思想和方法，并在近代科学技术发展中大放异彩，立下了汗马功劳。在西方哲学中，一直有唯理论和经验论、分析方法和综合方法的分野。唯理论强调从正确的前提出发通过演绎、推导来发展科学，获得科学新结论；而经验论则强调从大量的人类

---

① 张俊妮：《数据挖掘与应用》，北京大学出版社 2009 年版，第 14—15 页。

历史经验或实验的具体数据中归纳提炼来获得新知识。分析和综合成了近代科学和哲学长期对立的两种科学方法和路径，这是还原论和整体论对立在近代的表现。由于近代科学主要是依据还原论发展而来，因此还原论思想在西方世界根深蒂固，以至于从根本上排斥整体论，甚至把整体论与神秘主义联系在一起。但随着生物学、生态学及其他生命科学的发展，还原论遇到了前所未有的难题，于是20世纪40—50年代出现了具有整体论思维的系统论，随后整体论思想和方法有所复兴。特别是20世纪末开始，自组织理论和复杂性理论更是将整体论发扬光大。不过从根本上来说，还原论和整体论的对立并没有从根本上改变。

化解还原论与整体论的对立，甚至实现两者的有机融合，一直是人们的理想和追求。① 在整体论为主的东方世界，并不是没有一点还原论的影子，在坚持整体的基础上偶尔也会有人主张打开黑箱看看内部结构。例如中医很早就有解剖的尝试，而庖丁解牛则是典型的中国还原论思想。在西方科学与哲学中，分析和综合、演绎与归纳一直相互并存，这也就是说，还原、分析之后也需要实现综合，也需要适当考虑整体。德国古典哲学家康德就试图调和唯理论与经验论，并将分析和综合进行统一，解决先天综合判断是如何可能的问题。系统论、自组织理论和复杂性理论兴起之后，更多学者试图把还原论和整体论调和、融贯起来。比如复杂性科学就提出要超越还原论，走向整体论，特别是调和还原论和整体论的融贯方法论。但从现实来看，目前复杂性科学还没有实现调和、融贯的理想。就拿还原论和整体论的两种代表西医和中医来说，中国医学界开展了数十年的中西医结合探索，虽然取得了一定的成绩，但两种方法论还没有找到有机的融合路径。

随着大数据时代的来临，还原论和整体论找到了融贯的共同基础，即数据。世界的数据化让物质世界映射为数据世界，无论是还原论还是整体论都以数据为基础，数据成了连接两者的桥梁。通过数据，还原论和整体论这两种方向相反的方法论，从反对关系走向了相反相成的伴生关系。一方面，世

---

① 　马晓彤：《融合整体论与还原论的构想》，载《清华大学学报》2006年第2期。

界的数据化过程就是世界的还原过程，数据化越彻底，世界就被还原得越彻底，从而数据就越丰富；另一方面，数据量就越大，世界也就被刻画得越精细，数据的综合集成内容就越丰富，从而更能够刻画事物的整体。换句话来说，数据还原的过程就是数据生产的过程，数据整合就是数据加工集成的过程。中国哲学早就提出过"致广大而尽精微"这种相反相成的美好愿望，如今通过数据这一中介桥梁，还原论把世界越变成"精微"的数据碎片，整体论则能够以更加"广大"的数据规模来刻画事物整体。

我们先来分析大数据如何通过数据化这一还原、分解手段来实现"尽精微"，从而为数据集成和整合奠定基础的。[①] 大数据的数据化过程从本质上来说就是数据的生产过程。大数据技术通过智能感知和其他数据采集手段将自然世界和人类社会的各种现象转换为数据，数据通过储存、传输聚集到一起而形成大数据。数据量的大小取决于数据采样尺度的大小。根据分形理论，海岸线的长度取决于丈量工具的尺度，越大的丈量单位，海岸线越短，反之越小的丈量单位其海岸线越长。同样的道理，数据化的尺度越小，则采集的数据越多，对事物的刻画就越精细，这就像智能相机的像素，像素越高图片越精细。也可以将大数据比喻为一张数据之网，网眼越小，数据越多。数据量大小反映了对事物的还原程度，数据化的尺度越小也就意味着对事物的数据还原越深入；反过来说，对事物数据还原得越深入，我们就能够得到越多的数据，由此对事物的认识也就越"精微"。随着大数据和智能技术的发展，数据采集精度会越来越精微，从而数据规模会越来越巨大。大数据技术对世界的分解、还原并生产出海量的精微数据，这正好为数据整合提供了更加丰富的数据资源。世界的数据化、碎片化，是对宏大叙事的解构，用比特这一最微小的尺度观察世界，世界显得更加巨大。在分解、还原的过程中，数据成为世界的信息原点。大数据在追求精微的过程中，放大了细节，凸显了精微。

---

① 黄欣荣：《大数据与微时代：信息时代的二重奏》，载《河北师范大学学报》（哲学社会科学版）2017年第1期。

我们再来分析大数据如何通过集成化这一整合、聚集手段来实现"致广大",从而通过数据整合来实现数据还原的目的。① 通过大数据技术采集而来的海量数据还仅仅是知识的原材料,还只是一盘散沙,并不会自动显现出我们所需要的规律或知识,因此数据还原并不是大数据的根本目的,数据的集成、整合并从中找到隐藏的规律或知识才是最终目的。大数据的海量性让还原论的思维和方法失效,因为不可能跟踪和分析每一个数据与其他海量数据之间的因果关系,只能像热力学与统计物理学一样,通过聚集、分类、关联、寻异等统计手段来发现更加宏大的行为、规律。这就是说,大数据技术的数据化把世界分解、还原为数据碎片,整体论的整合、集约的整体思维和方法又要将数据碎片重新聚集起来,从重聚之后的海量数据中,用大尺度观察、寻找隐藏在海量数据中的宏观、整体规律。大数据时代的数据整合之所以可以实现,正是因为数据还原过程中形成了无数的数据碎片,数据碎片的集成和整合,为整体论更加整体、全面地观察和分析问题提供了数据源泉。因此,大数据时代的数据整体论是基于数据还原的整体论,是经过数据还原的洗礼并具有丰富细节的整体论。它不再空洞,不再难以操作,是实实在在对数据碎片的整合和重构,是数据密集型的科学研究,而数据密集型科学研究方法已经成为大数据时代极其重要的科学研究新方法。

大数据时代的来临给还原论和整体论都带来了革命性的变革。传统还原论的物理还原逐渐被大数据时代的数据还原所取代,而传统整体论的空洞整体被丰富的海量数据所取代。通过大数据,还原论与整体论融贯在一起,数据化的过程就是碎片化的还原过程,而数据挖掘的过程就是集成化的整合过程。数据还原为数据整合打下基础,数据整合则将数据还原后的碎片重聚并显现规律。也即是说,世界的碎片化为大数据和数据整合提供了丰富的素材,数据的集成化为规律的发现提供了技术手段,这正好契合了中国哲学的"致广大而尽精微"的两个相反相成的过程。

---

① 黄欣荣:《大数据与微时代:信息时代的二重奏》,载《河北师范大学学报》(哲学社会科学版)2017年第1期。

第六节　大数据促进科学与人文融合

以数理化为代表的科学文化和以文史哲为代表的人文文化，是当前文化的两种主要形式，被称为"两种文化"。最早从学理上将文化分为科学文化和人文文化，并注意到它们之间分裂现象的是英国学者斯诺（C. P. Snow），他于1959年在剑桥大学发表《两种文化与科学革命》、《再论两种文化》等演讲，并以《两种文化》为题结集出版后引发了科学文化与人文文化及其分裂现象的广泛讨论，并将两种文化及其分裂问题称为"斯诺问题"。随后，世界各国的诸多学者纷纷开出弥合两种文化的各种药方，其中包括斯诺本人提出的教育改革和科学普及的方案，但两种文化还是没有找到融合的根本途径。

一、人文学科为何难以数据化

两种文化之所以难以融合，主要是因为它们建立在不同的方法论平台之上。自然科学之所以能够一路高歌，主要是由于其主体间性、可解释性、可预测性、可检验性等，而人文学科则通常缺少这些特征。自然科学的这些特征建立于经验化、数据化和逻辑化的基础上，不同自然科学学科之间虽然存在不同研究视角，但基本都建立在观察、实验的基础上，通过观察、实验获取数据，通过数据找出其因果性或相关性规律，即自然科学"用数据说话"。这些数据可观察、可检验、可解释、可预测，不因人而异。反观各人文学科，则较为注重个人体验，其主要方法为体悟、思辨等，多建立于个人假设基础上，用思辨的方法建构具有个性化的思想理论体系。人文学科由于缺少具有客观性的数据，从而无法用数据说话，造成因人而异、各说一辞的局面，主体间很难取得共识。因为建立在不同的方法论平台上，科学文化与人文文化分裂为两个对立的共同体，相互之间基本不可通约，各种融合方案多以失败告终。

人文学科为什么不向自然科学学习，也通过数据化手段来"让数据说话"？这主要是自然科学与人文学科的研究对象不同因而使用不同的方法，从而造成人文学科很难用自然科学的方法取得相关数据。

自然科学研究的是自然的各种现象及其规律，自笛卡尔以来，作为主体的研究者与作为客体的研究对象间拉开了距离，人可以对研究对象进行孤立、静止的客观性观察，甚至按照研究目的对研究对象进行受控实验，通过观察和受控实验获取研究对象的输入—输出数据，并根据这些数据建构数学模型来刻画、模拟研究对象，由此发现研究对象的内在规律。

但是，人文学科的研究对象是人类自己，而人具有自我意识和主体性，研究者和研究对象都是人本身，我们很难像研究自然现象一样对人进行观察、实验。这样，我们很难获取刻画人类的客观数据，因此人文学科也就很难用数据说话，只能通过猜想、假设和推理的方法进行思辨性的研究。

二、大数据成为社会科学新工具

虽然人文学科很难用数据说话，但以人类群体为研究对象的经济学、社会学、法学等社会科学，常模仿、借鉴自然科学的方法，试图用数据说话，这或许能够成为人文文化与科学文化间的纽带。

不过，传统社会科学还难以担当纽带的重任，因为它依靠访谈、抽样等方法得到的数据有时很难反映对象的真实状态。自然科学的研究对象多呈线性或类线性关系，通过少量关键数据便能够刻画对象间的关系和规律，而社会科学的研究对象复杂多变，访谈、抽样所获的少量数据不足以刻画对象间复杂多变的关系，因此很难通过少量数据反映人类及其社会规律。由此可见，数据采集技术的落后是限制社会科学走向客观化、科学化的主要因素，并导致了社会科学无法像自然科学一样"用数据说话"。社会科学正在等待像自然科学的"望远镜"、"显微镜"那样的数据采集新工具。

随着信息科学技术的发展，特别是计算机、互联网、云计算、人工智能等技术的快速发展，人类正逐渐走向大数据时代。随着大数据时代的来临，社会科学迎来了数据采集的革命性新工具，并进入了与自然科学共享方法论平台的新时代。大数据革命让社会科学的数据采集进入智能化、自动化时代，并带来了客观、精准、在线的海量数据，让社会科学与自然科学一样，能够实现"让数据说话"。

第一，大数据发展带来数据的海量化。大数据技术将万物数据化，不但能够把自然世界数据化，而且还能将人类行为以数据形式记录下来，形成数据轨迹。大数据技术还能将传统社会科学难以数据化的文档、语音、影像、图片、方位、心理、生理等研究对象都转化为可存储、可计算的数据，并通过网络汇聚到云端，形成与自然、社会相映射的数据世界。因此，社会科学在大数据的支持下变成了数据密集型的计算社会科学。

第二，大数据发展带来数据的客观化。在大数据时代，从数据采集者视角来看，数据主要依靠智能感知、网络存储等自动生成，不再依赖某个具体的采集者，因此大数据是无主体的数据，从而具有主体间性。从被采集者视角来看，大数据基本上是在人们不知不觉的情况下智能、自动生成的数据轨迹，因此不会被采集对象的情绪、态度等主观因素干扰。由此，常被人诟病的社会科学数据污染问题在大数据时代被数据的智能、自动采集所解决。

第三，大数据发展带来数据的精准化。传统的访谈、抽样所采集的少量数据很难刻画由人的主体性带来的社会科学的复杂性，只能是"盲人摸象"式的以偏概全。但是，大数据技术所带来的海量数据则将人类的举止言谈一网打尽，每个细节都留下了数据轨迹，或者说大数据像"上帝之眼"一样全面记录每个人每时每刻的言行，用"高像素、高分辨率"的海量数据精准刻画人类的方方面面，这样每个人都有了详细的生活细节，数据精准刻画了每个人的一切。

第四，大数据发展带来数据的在线化。大数据时代的数据皆以分布参数的形式储存于网络、云端，能够随时被挖掘和计算，因此世界的历史成为在线的活历史，历史事实可以随时被复原和解读。在数据世界里，数据打通了万物的在场与不在场、此在与彼在，也联通了过去、现在与未来，一切都以在线的形式存在。数据的在线化为社会科学的研究提供了丰富、鲜活的材料。

三、社会科学数据化成为科学与人文融合纽带

大数据技术对自然世界及人类思想、行为的数据化，将自然、社会和人类思维映射为一个由数据构成的数据世界，无论是自然科学还是社会科学，其实质都是对数据的挖掘、计算和预测。大数据精准刻画了人类行为，精细地记录了我们每一个历史瞬间，因此大数据将成为对人类行为进行科学描述的新工具，让社会科学能够像自然科学一样客观记录和描述人类行为。自然科学通过观察或受控实验所获取的数据寻找自然规律，而社会科学有了大数据同样可以获取客观、真实、精准的数据，并通过挖掘经验数据，发现数据间的相关关系，寻找蕴藏在其中的社会规律，因此社会科学与自然科学一样可以用数据的形式表征其规律，并实现算法化。更为重要的是，数据化和算法化之后，可以通过数据计算的方式实现对人类行为的精准预测，人的未来行为会像自然现象一样可分析、计算和预测。

综上所述，社会科学与自然科学虽然研究对象、复杂程度不同，但在大数据时代皆可以被数据化，并通过大数据来进行精准描述、计算和认知。从科学方法论角度看，它们已经建立在统一的数据密集型方法论平台上，从而实现了社会科学的可表征、可计算和可检验，长期以来被人诟病的社会科学的不可计算性和不可检验性得以克服。一旦被数据化，那么社会科学也就可以建立数据模型，并进行计算、推理等数学和逻辑操作，满足逻辑实证主义的经验化、逻辑化、数学化的要求，从而也走向科学化，由此获得了与自然科学对话的基础。

当然，并不是说社会科学要完全改变原来的研究路径，走向自然科学化道路，恰恰相反，社会科学仍然保持着自身特色。因为大数据技术能够对原来难以数据化的符号、声音、心理等参数进行数据化，传统社会科学也将自动纳入数据化的平台。由于大数据的兴起，社会科学可以作为人文文化和科学文化的纽带，通过大数据方法论平台使两种文化进行交流、融合。

第五章
大数据的伦理治理研究

大数据技术通过智能终端、物联网、云计算等技术手段来"量化世界"，从而将自然、社会、人类的一切状态、行为都记录并存储下来，形成与物理足迹相对应的数据足迹。这些数据足迹通过互联网络和云技术实现对外开放和共享，因此带来了我们以前从未遇到过的伦理与责任问题，其中最突出的是数据权益、数据隐私和人性自由三个重要问题。首先，构成大数据的各种数据都是从个人、组织或政府等采集而来的，这些作为一种新财富的数据产权该属于谁呢？是数据采集者、被采集对象还是数据存储者？谁拥有这些数据的所有权、使用权、储存权和删除权？政府数据是否应该向纳税人开放？如此诸多的问题都需要我们重新思考和解决。其次，人们在享受大数据时代的便捷和快速的同时，也时刻被暴露在"第三只眼"的监视之下，从而引发隐私保护的危机。例如，购物网站监视着我们的购物习惯，搜索引擎监视着我们的网页浏览习惯，社交网站掌握着我们的朋友交往，而随处可见的各种监控设备更让人无处藏身。更令人担忧的是，这些数据一旦上传网络就被永久保存，几乎很难被彻底删除。面对大数据，传统的隐私保护方法（告知与许可制、匿名化、模糊化）几乎无能为力，可以反复使用的数据通过交叉复用而暴露出诸多隐私信息，因此大数据技术带来了个人隐私保护的隐忧，而棱镜门事件更加剧了人们对个别组织滥用数据的担心。最后，根据大数据所做的人类思想、行为的预测也引发了对于可能侵犯人类自由意志的担忧。大数据可以根据过去数据预测未来，在这个意义上，我们未来的一言一行都有可能被他人掌握，人类的自由意志因此有可能被侵犯，这给传统伦理观带来了新挑战。

第一节 大数据技术的伦理反思

大数据正扑面而来，我们正快速进入大数据时代。大数据要求实现数据的自由、开放和共享，我们的时代也因此被称为"共享时代"，但因此我们也时刻暴露在"第三只眼"的监视之下，由此带来了有关个人隐私保护的隐忧，产生了大数据时代人类的自由与责任问题并对传统伦理观带来了新挑战。

随着互联网与各种智能设备的普及，各类数据出现了爆炸性增长，而云存储、云计算等技术正帮助我们存储海量信息并从这些信息中挖掘出人们需要的东西，因此我们的时代被称为大数据时代。大数据技术要求实现数据的自由、开放和共享，我们由此进入了数据共享的时代，但我们同时也时刻暴露在"第三只眼"的监视之下。因此，大数据技术带来了个人隐私保护的隐忧，也带来了个别组织对数据的滥用或垄断的担心，特别是人类神圣的自由意志有可能被侵犯，由此产生了大数据时代人类的自由与责任问题并给传统伦理观带来了新挑战。①

一、大数据时代及其分享精神

大数据技术是目前正在兴起的一场新技术革命，从本质上来说是信息革命的延续，它让托夫勒所设想的第三次浪潮或丹尼尔·贝尔所描绘的后工业社会真正走向了现实。数据就是有根据的数字编码，也就是数字编码加上其背景知识，它是信息的一种科学表达。所谓大数据，从字面意义来说，是指数据库里的数据容量特别巨大，目前已经达到所谓的 PB 或 ZB 字节甚至更大。② 但数据容量的大，只是一种表面现象，大数据的真正本质还是其数据

---

① 王芳：《大数据带来的伦理忧思》，载《香港经济导报》2013 年第 14 期。

② Michael Wessler，*Big Data Analytics for Duminies* [M]，New Jersey: John Wiley & Sons，Inc.，2013，pp.5–6.

化的世界观和思维方式。在大数据世界观看来，世间万物皆可量化，整个世界就是一个数据化的世界；而按照大数据的思维方式，我们分析任何问题都应以数据化的整体论眼光、以相关性分析手段分析来自不同途径多样性的全部数据。①

大数据技术革命是计算机技术、智能技术、网络技术和云技术等多种科学技术的迅猛发展所促成的。事物的数据描述与分析早已有之，古埃及、古希腊以及古代中国等各文明古国都早已用数据来记录财产、计算财富、统计人口、征收赋税等。文艺复兴后的近代科学更是将自然世界数据化，并用数学、计算手段把握自然界的规律，带来了近代科学技术革命。随着大数据技术的兴起，以前难以数据化的领域，例如人类精神、行为，皆可以数据来刻画，因此数据化的领域不断扩大，现已基本上实现了量化一切的愿景。2012年被称为世界的大数据元年，而 2013 年则被称为中国的大数据元年，人类社会迅速跨进了大数据时代。

与传统数据技术相比，在智能技术、网络技术、云存储、云计算、物联网等先进技术的支持下，大数据技术具有如下四个特点：一是数量大（Volume），即数据规模极其庞大；二是类型杂（Variety），即数据来源多样，结构类型复杂；三是速度快（Velocity），数据采集、传输和处理都可实现在线即时；四是价值高（Value），即数据的商业价值高，但价值密度低。

大数据技术不但带来了数据采集、存储、传递和使用的技术革命，更引发了人们思想观念的巨大变革，带来了大数据时代"自由、开放、分享"的精神。在小数据时代，由于数据资源有限，人们一般把相关数据当作秘密而封存起来，例如实验室的科学实验数据、日常生活的个人消费数据等。人们都各自为政，不愿让他人知道自己的行踪、想法，同样，我们也无法获知他人的数据。但在大数据时代，我们生活在数据的汪洋大海之中，各种数据都存储网络中，存储云端里，因此是一个完全开放的数据海洋。人们徜徉在数据世界里，自由地挖掘、获取自己所需要的数据。在大数据时代，人们更愿

---

① 黄欣荣：《大数据时代的思维变革》，载《重庆理工大学学报》2014 年第 5 期。

意在网络中晒出自己的一切，与人们共同分享。因此"自由、开放、分享"成了大数据时代的共同宣言。

二、"第三只眼"与数据足迹

技术与科学的不同之处在于，科学的影响更多停留在对人们认识能力和思维方式的改变上，而技术则能够对人们的生产方式、工作方式和生活方式产生深刻的影响。可以说，科学必须通过技术才能真正对百姓生产、生活产生影响，因此技术对人类及其社会的影响可能会更加深刻，也会引发更多的正面或负面的影响。这就是为什么我们总喜欢说，技术是一把双刃剑，既可以为人类造福，也可能给人类带来灾难。大数据技术作为一场新的数据技术革命必然也是一把双刃剑，它除了给人类带来数据采集、存储、传输和使用的便捷，并从数据中挖掘出难以预测的价值外，也带来了诸多新问题，其中最引人瞩目和亟须解决的是其引发的伦理问题。① 我们很快能够发现，大数据的伦理问题主要是因为大数据技术的"第三只眼"留下的"数据足迹"引起的，因此要探讨大数据伦理，就必须从"第三只眼"和数据足迹出发。

现代智能技术为数据的采集提供了方便的技术手段，并形成了从天上到地下的全方位的监控，构成了立体的天罗地网。前东德曾雇佣了数十万的秘密警察来监控其国民的言行，花费了巨大的人力物力。如今利用现代智能技术，可以在无人的状态下每天 24 小时全自动、全覆盖地全程监控，毫无遗漏地监视人们的一举一动。例如，卫星系统从太空中俯视众生，国土资源管理部门利用卫星足不出户就可监视每一寸国土，人们的一举一动都无法逃过卫星据监控的法眼。GPS 监控着每辆利用导航仪的车辆，遍地的监控摄像头则无间断拍摄、储存和处理着监控视野内的一切。如今，利用智能芯片，任何事物都可以变身为数据采集设备。借助智能技术、物联网、互联网、云存储和云计算等技术，一年所产生的数据量比以往小数据时代数千年所产生的数据总和还要多，人类真正进入了信息爆炸时代。

---

① *Kord Davis and Doug Patterson*, *Ethics of Big Data* [M]，O'Reilly Media，Inc.，2012.

　　在大数据时代，我们的一切都被智能设备时刻盯梢着、跟踪着，让人真正感受到被天罗地网所包围，一切思想和行为都暴露在"第三只眼"的眼皮底下。① 令人震惊的美国"棱镜门"事件是最典型的"第三只眼"的代表。美国政府利用其先进的信息技术据对诸多国家的首脑、政府、官员和个人进行监控，收集了包罗万象的海量数据，并从这海量数据中挖掘出其所需要的各种信息。

　　除了这种早已设计好的数据收集之外，更多的是无意中留下的各种数据。只要使用了网络或智能设备，我们的一举一动都已经被记录，并可能永久存储云端。例如我们几乎每天都在使用谷歌、百度等搜索工具，只要进行过搜索，我们的搜索痕迹就被谷歌、百度永久地保存。我们现在都喜欢网上购物，在亚马逊、当当购书，在淘宝、天猫、京东商城购物，只要进入过这些网站，哪怕只随便点击了其中的某种物品信息，我们的兴趣、偏好、需求等等就被记录下来，并时不时收到各种推荐广告。我们使用 QQ、微信、Facebook 等网络社交工具聊天，以为及时删除了聊天记录就万事大吉，其实网络早已偷窥了我们的秘密，并永久记录了下来。现在几乎人人都手机不离手，通话、短信、导航、搜索……功能数不胜数，我们以为只要注意及时删除，就只能天知地知，殊不知我们的一切早已记录在案。博客、微博、云空间等，也永久记录着我们的所思所想。我们的一切都以数据化的形式被永久记录下来，这些数据有些是被人强行记录的，有些是我们自己主动留下的。

　　在小数据时代，人类的思想和行为也可以通过文字、图片以及人类对自然的改变印记等留下人类活动的轨迹。例如我们可以把思想以文字或音像的形式记录下来，可以通过雕塑、画作、摄影等记录轨迹，农民耕地、工人生产等工作、生活、学习都会留下印记，不过以往只能用物理方式记录下轨迹，我们可以称之为物理足迹。在大数据时代，我们的一切活动除了留下传

---

① ［英］维克托·迈尔-舍恩伯格、肯尼斯·库克耶：《大数据时代：生活、工作与思维的大变革》，盛杨燕、周涛译，浙江人民出版社 2013 年版，第 16 页。

统的物理轨迹之外，还会留下另一种轨迹：智能设备将我们的一切思想和行为都以数据的形式记录下来，通过网络快速传输并可能存储云端，因此留下了永久的数字记录，我们把这种轨迹叫作数据足迹。物理足迹与数据足迹有着诸多的差异：物理足迹以物理模拟信息的形式保存下来，在时空上都受到一定的限制，难扩散、易消逝，而且容易抹去记忆痕迹；而数据足迹是智能设备自动将人类的一举一动进行信息采集，以数据编码的形式保留下来，它可通过互联网快速传遍世界并存储云端，易传播、易存储，一旦进入网络就难以彻底清除，因此也就容易永久保存，不易消逝。

三、数据权与隐私保护

随着大数据时代的来临，数据成了一种独立的客观存在，成了物质世界、精神世界之外的一种新的信息世界。此外，数据还成了一种在土地、资本、能源等传统资源之外的一种新资源，这种新资源已成为新时代的标志，也成为煤炭、石油之后的新宝藏。因此，数据的所有权、知情权、采集权、保存权、使用权以及隐私权等，就成了每个公民在大数据时代的新权益，这些权益的滥用也必然引发新的伦理危机。[①]

我们个人使用智能设备（例如智能手机、谷歌眼镜、智能手表等）所产生的各种数据，访问网页产生的访问记录，QQ、Facebook 等网络社交工具所产生的交往数据以及在微博、推特等发表的各种言论，这些数据都被相关公司储存和记录，并汇集在一起而形成大数据。通过数据挖掘，许多人从这些大数据中可以挖掘出前所未有的信息资源。现在的问题是，与我们如影相随的数据足迹作为一种新资源，是否有所有权的问题？这些数据应该归属于谁？这些数据是否该属于我们个人？他人使用，包括那些记录、存储数据的公司是否有权存储和使用这些数据？传统的资源，其产权相对来说比较明晰，而由我们的数据足迹形成的大数据，其所有权归属就没有那么分明。如果说属于我们个人，那么他人使用就必须得到授权，否则就是侵权。但事实

---

① 涂子沛：《大数据：正在到来的数据革命》，广西师范大学出版社 2013 年版，第 185 页。

上，大数据由于涉及海量主体，又不可能得到所有个体的授权。

政府是数据的最大拥有者，它通过各种途径收集了全国人口、经济、环境、个人等各类数据，其中许多数据本身就涉及大众的工作、生活和其他各方面的信息，这些用纳税人的钱所收集的数据，我们是否有权利知晓和使用呢？从传统来看，各国政府往往以涉及国家安全为由拒绝公开政府数据，这让百姓永远被蒙在鼓里，从而滋生出政府的各类腐败。如今不少国家通过制定相关法律，逐渐公开各种数据，只要不是涉及国家安全的数据，都必须向公众公开。① 政府数据的公开让政府的一切行为都暴晒在阳光下，更加体现了公开、公平、公正的原则，让政府的行为随时处于大众的监督之中，因此，大数据带来了公民的自由与公正。用美国技术哲学家芒福德的标准来分类，大数据应该属于民主的技术，它为大众的民主、自由和公正提供了有效的技术手段。② 大数据带来的最大伦理危机是个人隐私权问题。我们的个人信息，例如出身、年龄、健康状况、收入水平、家庭成员、教育程度……只要是我们不愿意公布的，都可以看作是个人隐私。在小数据时代，纸质媒体相对来说比较难以传播这些隐私，而且即使传播，其传播的速度、范围和查询的便捷性都受到一定的限制。此外，小数据时代，有两条措施来保证个人隐私的安全：一是模糊化，二是匿名化。③ 然而，在大数据时代，这些举措不再有效，那些限制条件也不再存在，因此对隐私保护形成了巨大的挑战。

首先是数据采集中的伦理问题。以往的数据采集皆由人工进行，被采集人一般都会被告知，而在如今的大数据时代，数据采集都被智能设备自动采集，而且被采集对象往往并不知情。例如我们每天上网所产生的各种浏览记录，在网上聊天时候的聊天记录，我们手机的通话和短信记录，我们在公共场合出入的监控记录，如此等等，都在我们不知情的情况下被记录和储存下来。更有甚者，许多智能设备在设计之时就预留了"后门"，随时可以监控

---

① 涂子沛：《大数据：正在到来的数据革命》，广西师范大学出版社 2013 年版，第 274 页。

② 黄欣荣：《现代西方技术哲学》，江西人民出版社 2011 年版，第 90—94 页。

③ ［英］维克托·迈尔-舍恩伯格、肯尼斯·库克耶：《大数据时代：生活、工作与思维的大变革》，盛杨燕、周涛译，浙江人民出版社 2013 年版，第 77—78 页。

使用者的一切，例如具有庞大用户群的苹果手机就承认预留了"后门"，用户的许多数据都会自动发送回苹果公司。据报道，有些充电宝就被偷偷安装了窃听器，使用者的诸多信息都被窃听。斯诺登所爆出的"棱镜门"事件更让人们感受到，在大数据时代，我们每个人的一切事情都可能成为他人的数据，我们每个人随时都在成为大数据源端。以前只有明星、政要等公众人物经常被狗仔队追踪，因此成为没有隐私的透明人，而如今我们每个人几乎都不再有隐私，都成了透明人，也就是说，在大数据面前，我们每个人似乎都在裸奔。

其次是数据使用中的隐私问题。小数据时代，人们采集的数据基本上都是一数一用，采集时通过模糊和隐匿，可以防止在数据使用或再使用中隐私被泄露的问题。此外，数据与数据之间相对来说比较难建立起联系，因此难以发现隐藏在其中的秘密。但在大数据时代，各种数据都被永久性地保存着，这些数据汇集在一起形成大数据，这些大数据可以被反复永久使用。从单个数据来说，经过模糊化或匿名化，隐私信息可以被屏蔽，但将各种信息汇聚在一起而形成的大数据，可以将原来没有联系的小数据联系起来。大数据挖掘可以将各种信息片段进行交叉、重组、关联等操作，这样就可能将原来模糊和匿名的信息重新挖掘出来，所以对大数据技术来说，传统的模糊化、匿名化这两种保护隐私的方式基本失效。[1] 只要有足够多的数据，数据挖掘技术就能挖掘出任何想要的信息。我们每个人都有无限多的信息被采集和储存着，所以从原则上而言，数据挖掘者可以挖掘出我们每个人的几乎所有信息，所以从信息挖掘的角度来看，我们也都成了透明人。

最后是数据取舍中的伦理问题。在以往看来，博闻强记是最令人羡慕的事情，而遗忘几乎成了每个人的苦恼，所以过目不忘成了聪明人的标志。这就是说，在小数据时代，遗忘是常态。但是，在大数据时代，这些希望遗忘

---

[1] ［英］维克托·迈尔-舍恩伯格、肯尼斯·库克耶：《大数据时代：生活、工作与思维的大变革》，盛杨燕、周涛译，浙江人民出版社2013年版，第195页。

的事情则永远都无法遗忘，而且随时都有可能引发当事人再经历一番痛苦的回忆。例如，由于不小心而没有及时偿还银行信用卡的透支，这不良信用将跟随一辈子，成为当事人的噩梦。有些人做过某种错事，大数据将此事永远存储下来，时不时又被人翻起而成为一个永远的伤疤。这种永久存储的技术让不少人失去了重新做人的机会，给当事人带来永远的灾难。因此，当事人是否有权要求删除自己的相关信息？"在大数据时代，究竟由谁来决定数据的取舍？"①

此外，大数据还存在安全问题，稍不注意就可能外泄而伤及许多人。大数据的自由、公开、共享很容易将一些隐私或隐秘数据上传网络，有时候也是无意之中造成数据外泄。这种外泄事件往往会伤及许多的相关人员，甚至造成躺枪事件。

四、大数据预测与预防惩戒

大数据因为收集了迄今为止全部的相关数据，被称为"全数据模式"。有别于传统统计学只抽取具有典型特征数据的抽样模式，全数据模式囊括了已经发生的过去全部数据，因此涵盖了相关事件的过去历史。通过数据挖掘技术可以从大数据中发现数据间的相关关系，我们可称之为数据规律。②这种数技据规律与由因果关系演绎而来的传统因果规律的具有本质的差别。它虽然也没有因果规律的普遍必然性，而是继承了传统归纳法的某些不足，即数据规律也是或然性的规律，但因为大数据属于全数据模式，其归纳接近于完全归纳法，所以所归纳的结论具有比较高的普遍性和必然性。也就是说，数据规律是对传统因果规律的重要补充，是大数据时代科学规律的重要表现形式。

除了作为过去经验的概括和总结外，规律的最重要功能是用来对未来做出预测。利用大数据技术，我们可以归纳过去，形成规律，然后根据规律预

---

① ［英］维克托·迈尔-舍恩伯格：《删除：大数据取舍之道》，袁杰译，浙江人民出版社2013年版，第11—14页。

② 黄欣荣：《大数据对科学认识论的发展》，载《自然辩证法研究》2014年第9期。

测未来，所以维克托说大数据的核心就是预测。"①大数据由于其数据库接近海量，几乎所有的情况都已经被包括，因此未来出现的情况也不会与过去相差太远，也许是重复，也许是类似一句话，未来与过去差不多，未来的一切都隐藏在过去之中。翻开老唱本，什么腔调都能够找到相似的原本，难怪八九十岁的老人家有倚老卖老的资格。比如著名的谷歌翻译不是让电脑掌握了词汇和语法规则，而是有了过去翻译的海量语料库，一切语句在其中差不多都能找到类似的句子，从而用来翻译现在的语句。

大数据如今为什么会这么热门？就是因为过去的经验性现象如今可以用数据来刻画、描述，然后挖掘出数据规律，最后根据这些数据规律对未来进行预测，达到先人一步的目的。近代科学革命将自然界和自然界的规律数据化，带来了自然科学和工程技术各门科学技术的迅猛发展，以及对自然界规律的掌握、预测和广泛应用。在现代科学技术面前，大自然掀开了它那神秘的面纱，似乎一切都在人类的掌握之中，人类如今可以上天探月，下海探底，自然世界变成了具有规律性的必然王国。然而人类对自身和社会的把握却极其有限，所以人文和社会科学不可能像自然科学一样实现数据化和数学化。在小数据时代，人类的思想、行为都极其神秘，人类社会好像也很难找到什么规律，于是只好用历史描述的手法进行定性描述，人类世界还属于不被规律所控制的自由王国。大数据技术的兴起，为人文社会科学的数据化和数学化提供了有效的技术手段。我们每个人的思想、言语、行为等，一切都会留下踪迹，而这些踪迹能够被智能设备记录下来并上传网络、存于云端，因此留下了人类的数据足迹，这也就留下了人类数据化的历史。②利用数据挖掘技术对人类数据足迹进行挖掘之后，我们可以把握人的思想、言语和行为规律，并可以对其下一步的思想、言语和行为进行预测，从而对他人的下一步举动了如指掌。利用大数据，我们好像掌握了科学读心术，隐藏在内心

---

① ［英］维克托·迈尔-舍恩伯格、肯尼斯·库克耶：《大数据时代：生活、工作与思维的大变革》，盛杨燕、周涛译，浙江人民出版社2013年版，第198页。

② ［英］维克托·迈尔-舍恩伯格：《删除：大数据取舍之道》，袁杰译，浙江人民出版社2013年版，第19页。

深处的东西都可以提前被人发现。

　　从大数据的视角来看，人类及其社会也与自然界一样，通过数据挖掘可以被完全认识和掌握，并对其进行精确预测，这样，人类的精神世界在大数据面前也被揭开了神秘的面纱，因此从自由王国变成了一个必然王国。X光、CT等医院的医疗检测仪器可以查出我们身体内部的五脏六腑，身体之内再也没有什么秘密。弗洛伊德心理学试图窥探人类内心的潜意识，虽然窥探出一点秘密，但只能用文字进行叙述。大数据技术则深入我们隐秘的内心，查探我们的喜怒哀乐，挖掘我们自己都没有意识到的潜意识，用数据的形式清楚明白地表示出来，而且还可以做出对未来趋势的预测。这种大数据读心术是否会让我们每个人都变成思想裸露人呢？据《纽约时报》报道，有一家购物网站根据某女中学生在网站中的浏览，挖掘出该女中学生怀孕的信息，于是寄去了妇婴用品的优惠券。不知情的父亲对网站的行为大发雷霆，要求网站道歉赔偿。然后，经过了解，该女中学生已经怀孕多时，不过身边的父母还懵然不知，而购物网站却在尚未谋面的情况下仅根据其浏览习惯就挖掘出其怀孕信息，并及时准确地寄上商品优惠券。①

　　当我们的一切思想和行为都被他人悉数掌握的时候，是否会为此感觉不安呢？任何技术创新，都既会带来好处，也会带来风险。如今全世界几乎都笼罩着恐怖主义的阴影，恐怖分子专挑无辜群众最多的地方下手，达到滥杀无辜、挑战政府的目的。怎样预防恐怖袭击？传统的刑侦，主要靠孙悟空、福尔摩斯之类的英雄人物用火眼金睛识破坏人的伎俩。然而，在大数据看来，恐怖分子再狡猾，在实施恐怖活动之前也会留下某些蛛丝马迹，从而形成其数据足迹。我们可以通过大数据挖掘，提前预知恐怖分子的未来行动，从而可以早预防、早防范，把恐怖活动消灭在萌芽之中，达到保护无辜群众的目的。

　　但是，大数据预测也可能带来对人权的侵犯，甚至误伤无辜。例如，银

---

① ［英］维克托·迈尔-舍恩伯格、肯尼斯·库克耶：《大数据时代：生活、工作与思维的大变革》，盛杨燕、周涛译，浙江人民出版社2013年版，第200页。

行、保险公司可以通过大数据挖掘出我们许多隐私的东西，让我们处于不利的地位，而警察则可能根据大数据预测提前采取措施控制嫌疑人。① 例如，某人在网上或聊天中表现出某种不满，正巧购置了刀具之类的东西，警察根据大数据挖掘认为此人在未来某时有杀人嫌疑，于是提前采取行动并据此进行定罪。问题是人的思想并不像自然界一样遵循物理学等自然规律，而是具有自由、随意、自主的特点，我们随时都有可能改变想法，从而终止犯罪。大数据预测否定了人的自由本性和自主特点，将人纳入了物的范畴，损害了人类社会的自由、公平、公正的原则，从而可能侵犯人的基本权利。

五、唯数据主义与数据独裁

数据是对事物的精细刻画，因此是我们对事物的深入认识。马克思曾说，一门学科只有能够用数学来加以描述的时候才能称之为科学。西方广泛流行这样一句话："我们相信上帝，除了上帝，其他任何人都必须用数据说话。"② 由此可见数据在我们科学认识中的作用，以及人们对数据的偏爱和执着。随着越来越多的事物被数据化，人们所做的第一件事就是得到更多的数据。人们希望用数据来进行科学刻画，让数据说话更体现出客观性和公正性，不会渗透先入为主的人类偏见。

任何事物都有其局限性，如果超过适度，必然会走向其反面。以前由于缺少必要的科学刻画工具，人们在许多事情上都用大概和估计，于是出现了胡适先生所讽刺的"差不多先生"。但如今人们走向了另一个极端：万事皆须用数据说话，除了数据似乎再也不可能认识、衡量和判断事物的真假、对错或优劣，也没法对事物做出决策，即数据是判断事物的唯一标准，我们可以将它称为唯数据主义。

唯数据主义把数据当作迷信，当作信仰，当作判断一切的唯一标准，从

---

① [英] 维克托·迈尔-舍恩伯格、肯尼斯·库克耶：《大数据时代：生活、工作与思维的大变革》，盛杨燕、周涛译，浙江人民出版社 2013 年版，第 208 页。

② [英] 维克托·迈尔-舍恩伯格、肯尼斯·库克耶：《大数据时代：生活、工作与思维的大变革》，盛杨燕、周涛译，浙江人民出版社 2013 年版，第 210 页。

而导致了人们对数据的过分依赖，出现了一种新的独裁形式"数据独裁。"①
现实生活中不乏唯数据主义的种种事例。每年的高考季节，各类媒体都要大
肆炒作各省各地的高考状元，状元们成了诸多考生、家长膜拜的对象，集
万千荣誉于一身。那些考试成绩不理想的考生则不得不低下自己的头。又有
好事者统计，改革开放以来的数百位高考状元，几乎在政、学、商各界都成
绩平平，没有做出令人刮目的成绩。数年之后各界杰出人物往往是原来学习
成绩一般的人，甚至是成绩最差的学渣。于是每年都要对一考定终身的合理
性进行热烈的讨论。尽管有诸多高分低能的案例，我们又不得不唯成绩这一
数据来录取学生，因为人们觉得还是数据更加可靠。

　　大学科研成果的量化考核是唯数据主义的另一个例子。现在各大学衡量
教师科研成绩的标准虽有所区别，但将科研成果数据化，用最简单的所谓
"打分"的方法来考核教师这一点是共同的。不管教师们的学术思想怎么样，
创新性怎么样，是否形成了学术体系，学校只管将杂志、出版社分为三六九
等，然后据此将论文、专著变成数据化的分数，并将分数与年终考核、职称
评定、奖励制度等挂钩，于是出现了人人追逐 SCI、CSSCI 杂志及国家级
出版社的景象，千军万马又拥上了独木桥。最后结果是，中国成了世界的
论文大国，但鲜有国际影响或国内影响的真正学者。政府部门和国家也加入
了唯数据主义的独木桥。多年来，各级政府都用 GDP 来考核政绩。不管环
境是否被破坏，不管人民是否幸福，只要 GDP 上去了，好像就有了出色的
政绩。

　　任何事物都是量和质的统一体，对事物的数据描述当然是对事物认识的
深入表现，但是，数据只是事物的一种外在关系，是一种现象的描述。大数
据通过描述事物数据的数量之间的关联特征来找出事物之间的相关关系。这
种相关关系也是一种表层关系，它与因果关系有着本质的不同。因果关系是
事物之间的本质关系，它揭示了事物内部要素之间的本质属性，因此只有因

---

① ［英］维克托·迈尔-舍恩伯格、肯尼斯·库克耶:《大数据时代:生活、工作与思维的大
　变革》，盛杨燕、周涛译，浙江人民出版社 2013 年版，第 214—215 页。

果关系才能真正把握事物的本质。但是，唯数据主义被数据的表面现象所蒙骗，被数据所诱使，它"让我们盲目信任数据的力量和潜能而忽略了它的局限性"①。他们将分数等同于能力，将文章的数量或杂志的级别等同于学术能力，将国内生产总值数据等同于人民的幸福，如此等等。唯数据主义者是大数据时代的新"独裁者"，眼中只有数据，他们夸大了大数据的作用，同时又没有领会数据的真谛，因此陷于另一种片面、偏执的泥坑。② 因此，舍恩伯格提醒我们说："那些尝到大数据益处的人，可能会把大数据运用到它不适用的领域，而且可能会过分膨胀对大数据分析结果的依赖。随着大数据预测的改进，我们会越来越想从大数据中掘金，最终导致一种盲目崇拜，毕竟它是如此地无所不能。"③

六、伦理规制与人性自由

任何数据都只是事物的一种度量，只是一种工具，人必须成为工具的主人，而不能变成工具的奴隶。大数据刚刚兴起之时，国内外学者就意识到大数据的威力及其危险，因此提出应对大数据技术进行防范和规制的问题。

美国学者 Kord Davis 与 Doug Patterson 在其《大数据伦理学》中就提出，大数据是一种新的技术创新，任何技术创新都会给我们带来巨大的机遇，同时也会带来巨大的挑战，因此我们必须在创新与风险之间找到合适的平衡，并对大数据技术进行必要的伦理规。④ 英国学者、大数据权威维克·迈尔-舍恩伯格托在其名著《大数据时代》和《删除：大数据取舍之道》中也提出了规范、掌控大数据的风险，实行责任与自由并举的信息管理。他认为，随着世界开始迈向大数据时代，社会也将发生类似地壳运动那样的剧烈变

---

① [英]维克托·迈尔-舍恩伯格、肯尼斯·库克耶：《大数据时代：生活、工作与思维的大变革》，盛杨燕、周涛译，浙江人民出版社 2013 年版，第 219 页。

② [英]维克托·迈尔-舍恩伯格、肯尼斯·库克耶：《大数据时代：生活、工作与思维的大变革》，盛杨燕、周涛译，浙江人民出版社 2013 年版，第 225 页。

③ [英]维克托·迈尔-舍恩伯格、肯尼斯·库克耶：《大数据时代：生活、工作与思维的大变革》，盛杨燕、周涛译，浙江人民出版社 2013 年版，第 215 页。

④ Kord Davis and Doug Patterson, *Ethics of Big Data* [M], O'Reilly Media, Inc., 2012.

革。"在大数据时代，对原有规范的修修补补已经满足不了需要，也不足以抑制大数据带来的风险"，因此需要全新的制度规范，而不是修改原有规范的适用范围。"想要保护个人隐私就需要个人数据处理器对其政策和行为承担更多的责任。同时，我们必须重新定义公正的概念，以确保人类的行为自由（也相应地为这些行为承担责任）。"① 为此，他提出了从个人许可到让数据使用者承担责任的个人隐私保护新模式、大数据预测必须充分尊重人们选择自我行为的自由意志、利用大数据算法师来确保算法的科学性以及反对个别组织对数据的垄断等举措。他希望通过这些举措来规制大数据带来的伦理危机。

国内著名的科技伦理学专家邱仁宗先生也开始关注正在兴起的大数据技术及其带来的伦理问题。② 他认为，大数据技术将带来数据身份认证、隐私保护、数据访问、安全安保、数字鸿沟等诸多技术伦理问题，并提出伦理治理的应对之策。他认为，对大数据技术的管理应该是多层次的，有科研和从业人员的自我管理，有商业机构或公共机构的管理，也有政府的管理。在多年研究的基础上，他提出大数据技术伦理治理的九条原则。笔者认为，大数据技术是信息技术的延续，信息社会刚刚提出并兴起之时，人们也曾担心害怕，一如当下的大数据革命。任何技术都是一把双刃剑，这把剑是利是害，完全取决于持剑之人。大数据技术只是放大了人类原本就存在的或明或暗的人类本性，所以对大数据的规制其实还是对我们人本身的规制。为了大数据技术更好地造福人类，尽量规避风险，笔者提出以下六条大数据时代的基本伦理规范。

第一，保持开放心态。任何新技术都是在社会经济需求和科技内在逻辑两种合力的推动下出现的，因此都有其发展的必然性。面对尚未熟悉的新技术，我们怀着一种忐忑不安的心情是可以理解的，因为我们还不知道怎么去面对和适应。例如，印刷术、计算机甚至火车、汽车的出现，都曾引起人类

---

① ［英］维克托·迈尔-舍恩伯格、肯尼斯·库克耶：《大数据时代：生活、工作与思维的大变革》，盛杨燕、周涛译，浙江人民出版社2013年版，第226页。

② 邱仁、黄雯、翟晓梅：《大数据技术的伦理问题》，载《科学与社会》2014年第1期。

的不安。但是，面对新技术，我们只能怀着一种开放的心态坦然去接受。因此，面对当前大数据技术的滚滚洪流，我们应保持开放心态，积极迎接大数据时代的来临。

第二，坚持分享精神。在大数据时代，数据信息成了一种新资源，这种资源与传统资源不同，不会因为使用而被消耗，而是越被使用越发体现出其隐藏价值，所以现在微信朋友圈、微博关注圈或其他信息传播渠道，不断有人晒图片，传信息，与朋友分享自己的数据资源，因此，我们可以说，资源共享或分享是信息时代的主旋律。传统资源基本上只能一次性使用，你拥有了我就不可能拥有，因此具有独占性，由此也造成了人类自私的习性。数据资源不管怎么分享，其使用价值都不会递减，而是保持永恒甚至会递增。在大数据时代，我们要有奉献、分享的精神，让数据资源发挥其最大的价值，让我们的时代成为一个数据信息资源更加丰富的时代。

第三，坚守伦理底线。大数据时代随时随地都在产生、传输、存储和使用各种数据，因此在数据采集、使用中必须遵循一定的伦理规范，确保他人的隐私权和人权不受侵犯。因此数据采集必须通过合法途径，最好告知当事人并得到授权。现实生活中就有不少个人或组织，通过偷拍、预留"后门"、黑客入侵等非法手段来采集数据，完全不顾他人权益。数据资源虽然不会被消耗，但其中隐含着大量的信息，特别是同样的数据随着使用目的的不同，可以挖掘出不同的信息，因此使用中要特别注意不能暴露他人隐私和侵犯他人权益。

第四，加强数据立法。大数据是一种新技术，我们的时代也因此迅速迈入大数据时代。但是，由于时代转型过快，原来适合小数据时代的诸多法律、法规面对大数据都显得无能为力。例如，小数据时代，为了保护个人隐私的告知与许可制度，由于大数据的多次开发与使用而失效，因此必须重新立法，对数据的采集、使用、储存和删除各个环节都有一定的法律约束。对非法数据采集进行打击，并要求数据挖掘者、数据使用者承担相应的法律责任。此外，由于云技术数据可以被永久存储，这有可能给他人隐私带来伤害，因此应该立法规定数据的存储、使用期限，数据存储者负责到期信息的删除以保护当事人的权益。

第五，呼唤透明公开。大数据时代是一个开放的时代，任何数据只要不涉及个人隐私、组织秘密或国家安全，都应该对公众开放。特别是政府部门的数据，由于是使用纳税人的钱所收集的数据，而且许多数据也涉及纳税人的权益，因此这些数据都应该最大限度地对外开放。数据的公开、透明还是一剂最好的反腐良药，阳光的照射、民众的监督可以防止腐败并提高政府工作效率。如今许多国家都通过立法、开设各种网站，将涉及国计民生的各类数据完全透明公开，我国也一定会尽快迎头赶上这波大数据开放的浪潮。

第六，确保人性自由。任何技术都必须为人类服务，而不能成为限制人的自由、异化人的本性的手段。文艺复兴时代，近代科学技术得到了迅猛的发展，卢梭等西方人文主义者就举起了批判近代科学技术的大旗。德国哲学家康德写作《纯粹理性批判》的目的就是希望限制科学理性的范围，为人类自由保留一块不被理性入侵的地盘。大数据技术通过海量数据，挖掘历史，预测未来，让人们都变成了裸身人，人的自主、自由都有可能受到侵犯。当然，由于大数据，我们都无处藏身，谎言、伪装也很快被人识破，这就迫使人又回归本真，回到我们孩童时期那种没有伪装、没有谎言的时代，就像原始人全身赤裸，但没有人会觉得奇怪。这就是说，大数据技术说不定会让人们更加赤诚相处，人类反而会更加自由，人性反而会得到高扬。

大数据时代是人类前所未有的时代，是信息时代的真正到来。大数据作为一种全新技术，必然会给我们带来巨大的机遇，但也向我们提出了巨大的挑战。从伦理观来说，我们就遇到了从前没遇到的数据足迹、隐私保护、行为预测、人性自由等诸多问题。自动化技术刚刚出现之时，控制论创始人诺伯特·维纳就技术与人的未来地位问题，提出"人有人的用处，技术永远是服务人的工具"这一著名观点。[①] 在大数据时代，维纳的这一观点同样适

①　[美] 诺伯特·维纳:《人有人的用处》，陈步译，商务印书馆 1986 年版。

用，我们应制定和遵循大数据时代的新伦理与新规范，迎接更加自由美好的明天！

第二节 大数据时代隐私保护的伦理问题

大数据时代的悄悄来临使得我们生活在一个隐私难以保护的时代，不仅我们的自由意志和选择权利受到了限制，人格尊严也受损，更甚者我们的私人领域正在不断锐减。因此，大数据时代必须从责任伦理、制度伦理和功利伦理各个视角对隐私保护问题进行全方位的伦理治理。从责任伦理来看，谁收集利用数据谁就承担职责；从制度伦理来看，要求数据挖掘使用者必须坚持伦理底线；从功利伦理来看，必须做到利益相关者各方利益最大化、伤害最小化。

随着互联网、物联网和云计算等高新技术的快速发展，大数据时代已悄悄来临。大数据作为一场数据技术革命，不仅具有巨大的商业价值，也给我们的生产、生活、学习与工作即将带来甚至已经带来前所未有的变革。但是大数据技术同样具有技术双刃性特点，我们在欢呼其带来巨大便利的同时，也不能忽视其带来的巨大挑战，特别是我们的隐私保护。因为在大数据时代，我们的生活越可能被监视和记录，我们的隐私就越来越被透明化，我们可能因此受到侵害。①

按照塞缪尔·D.沃伦（Samuel D.Warren）和路易斯·D.布兰代斯（Louis D.Brandeis）在1890年的解释，隐私就是"不受打扰"的权利，存在于"私人和家庭的神圣领域"。② 因此，"隐私一般指的是个人不愿他人干涉与侵入的私人领域，与人的私密方面相关"③。简单理解，隐私是个人不愿意与他人

---

① Andrej Zwitter, "Big Data Ethics", *Big Data & Society*[M]，2014，pp.1–6.
② ［美］路易斯·D.布兰代斯：《隐私权》，宦盛奎译，北京大学出版社2014年版，第5页。
③ 薛孚、陈红兵：《大数据隐私伦理问题探究》，载《自然辩证法研究》2015年第2期。

分享或者只希望在非常有限范围内分享的信息。由于隐私具有非常强烈的个体自觉性和私人性，任何人不正当地获取并随意传播他人隐私就属于侵权行为。由于大数据技术的"4V"特征，数据能够被不断再利用，而相关关系代替了因果关系以及数据潜在价值巨大等特性，导致了大数据时代是一个隐私难以保护的时代，因此我们需要在大数据时代对隐私保护进行必要的伦理治理。

一、大数据时代是隐私难以保护的时代

在大数据时代，一切皆可数据化，数据成为最为宝贵的财富，并且可以拿来进行交换。这样，大数据时代就是一个隐私难以保护的时代。

（一）大数据"4V"特征：我们能储藏隐私吗？

大数据具有数据规模庞大（Volume）、数据处理快速（Velocity）、数据类型繁多（Variety）和数据价值巨大（Value）这四个特征，即"4V"特征。数据规模庞大（Volume）即数据的规模已经从 TB 跃升到 PB 级别，并且只能通过云存储才能保存下来；数据处理快速（Velocity）就是指规模庞大的数据能够得到及时处理，基本上是实时在线；数据类型繁多（Variety）表明不仅有视频、图像和网上足迹等，还包括了地理位置信息等等，基本上我们的所作所为都通过不同形式的数据记录下来；数据价值巨大（Value）不仅包括数据本身的表面价值，更重要的是掩藏着巨大的潜在价值。"4V"特征基本预示着我们的隐私已无处储藏，随时都有泄露的可能。

数据规模庞大（Volume）意味着要获得隐私的方式越来越简单化。数据规模之所以庞大就是因为一切皆可数据化，我们的所作所为都以数据的形式被存储下来。我们成了自觉和不自觉的大数据生产者。因此，要获取我们的隐私只要掌握我们的数据就足够了。当然，仅仅拥有我们的数据并不一定能够熟知和泄露我们的隐私，还必须能够得到迅速的处理。数据处理快速（Velocity）的特点正好解决好了这一棘手问题：仿佛我们的一切都在"老大哥"的监控之下。数据类型繁多（Variety）则为获得我们的隐私打开了方便之门，可以通过不同形式的数据窥觊我们的隐私。数据价值巨大（Value）

是促使不怀好意者窃取隐私的根本诱因。正因为价值巨大，在利益的驱使之下有人不断地从数据中挖掘他们所需的宝藏。因此，当我们所生产的数据被永久保存下来并被不断挖掘，而我们作为大数据的生产者却又无法控制的时候，我们还能储藏隐私吗？

（二）数据不断被二次利用：我们能守住隐私吗？

数据被誉为大数据时代的石油，蕴藏着巨大价值。之所以如此，从根本上说就是数据能够不断地被二次利用。工业时代的石油一旦利用了之后就消失了，或者以另外一种形式——能量——存在。而大数据时代的数据在被第一次利用了之后仍然以本来面貌呈现在我们的面前，不但没有消失，而且可以继续利用下去，还不会产生垃圾而形成污染。这意味着，一旦我们的隐私被泄露出去之后仿佛就像白布上的墨迹，永远都消除不了，那么我们能守住隐私吗？

在大数据时代，主要有三类大数据利益相关者（Big Data stakeholders）：大数据搜集者（Big Data collectors）、大数据使用者（Big Data utilizers）和大数据生产者（Big Data generators）。[①] 大数据搜集者主要根据特定的目的搜集和存储相关数据；大数据使用者主要是利用大数据搜集者搜集和存储好的数据来挖掘其中的巨大价值；而我们就是属于大数据生产者，每时每刻都自觉和不自觉地生产着数据。我们生产的数据一旦被大数据搜集者搜集和存储起来，就会被大数据使用者不断地挖掘和利用，我们就很难守住隐私。并且我们根本就不知道我们所生产的数据到底以什么目的被挖掘和利用，以及到底被挖掘和利用了多少次。

因此，数据能够不断被二次利用的特点，使我们很难真正守住隐私。虽然有些时候，我们的一些信息是经过了模糊化和匿名化处理，或者大数据使用者必须告知我们使用的目的并经过我们的许可才能使用数据，但是现有的研究已表明："在大数据时代，不管是告知与许可、模糊化还是匿名化，这三大隐私保护策略都失效了。如今很多用户都觉得自己的隐私已经受到了威

---

① Andrej Zwitter, "Big Data Ethicsn", *Big Data & Society*[M]，2014，pp.1–6.

胁，当大数据变得更为普遍的时候，情况将更加不堪设想。"①特别是数据的可交易性决定了大数据搜集者和大数据使用者是处于变动不居的状态，或者说，大数据生产者根本就不知道自己的产品被谁搜集、存储和使用。这样，我们肯定难以守住隐私。

（三）相关关系取代因果联系：我们能知道隐私已泄露吗？

为什么我们所产生的数据在不断地被二次利用之后就使我们很难守住隐私呢？特别是经过了模糊化和匿名化处理的数据。这是因为在大数据时代，相关关系已经取代了因果关系，不再需要知道"为什么"，只需要知道"是什么"。在整体取代样本的大数据时代，只要我们掌握了整体的数据，就能够建立全面的相关关系，"我们可以比以前更容易、更快捷、更清楚地分析事物"②，因为"相关关系可以帮助我们捕捉现在和预测未来"③。据《纽约时报》记者查尔斯·杜西格（Charles Duhigg）的报道，美国折扣零售商塔吉特（Target）在不和一位女性面对面对话的前提下成功地预测出了该女性怀孕的隐私并给她定期寄送相关优惠券。④对于塔吉特而言，不需要详细知道其中的复杂因果关系，只需要根据所收集数据的相关关系计算和预测出相应的结果就足够了。对于一家企业而言就已经占据了获得巨大商业利益的先机。这是不是已将我们的隐私泄露出去了呢？

对于这位被预测的女性而言，她并没有和塔吉特发生面对面的交往，但其隐私已经为这家商品零售商所掌握。这就是大数据时代给我们的隐私带来的巨大威胁。虽然我们自己知道每时每刻都在生产数据，但是我们不知道数据被谁所拥有，不知道被用于何目的，更不知道我们泄露了自己的什么隐

---

① ［英］维克托·迈尔-舍恩伯格、肯尼斯·库克耶：《大数据时代：生活、工作与思维的大变革》，盛杨燕、周涛译，浙江人民出版社 2013 年版，第 200 页。

② ［英］维克托·迈尔-舍恩伯格、肯尼斯·库克耶：《大数据时代：生活、工作与思维的大变革》，盛杨燕、周涛译，浙江人民出版社 2013 年版，第 75 页。

③ ［英］维克托·迈尔-舍恩伯格、肯尼斯·库克耶：《大数据时代：生活、工作与思维的大变革》，盛杨燕、周涛译，浙江人民出版社 2013 年版，第 72 页。

④ ［英］维克托·迈尔-舍恩伯格、肯尼斯·库克耶：《大数据时代：生活、工作与思维的大变革》，盛杨燕、周涛译，浙江人民出版社 2013 年版，第 77—78 页。

私。因此，在大数据时代，只要掌握了我们的"整体"数据，在不断被二次利用的条件下，通过相关关系分析，我们基本上就是在"裸奔"，基本上就是一个"透明人"。这不得不说，大数据是"网络时代的科学读心术"①。

（四）数据预测：我们能保护好隐私吗？

"大数据的核心就是预测"②，但是这必须建立在海量数据的基础上，通过海量数据运用数学算法就能够预测事物未来发展的诸种可能性。表面上看，我们所生产的数据本身并没有什么价值，因为它们只是记录了我们的过去和现在，并不代表将来。但是大数据作为一项技术，不仅存储了我们的数据，关键是它能够将海量数据进行相关性分析，根据以往状况预测出将来的诸种可能性。在这诸种可能性中，不可避免地会涉及我们的隐私。

在万物皆数的大数据时代，我们不可能不生产数据；由于数据的价值巨大，使得大数据搜集者和大数据使用者不断挖掘其中的巨大价值，大数据预测必然会一如既往地进行下去，或者说数据价值巨大是不断进行大数据预测的根本诱因。这里不能不出现这样的悖论，大数据生产者不是数据的拥有者，更不是数据的使用者；数据预测所产生的巨大价值不是为大数据生产者所有，而是为大数据搜集者和大数据使用者所占有。大数据时代的另类异化就这样产生。这个异化现象必然导致我们不能保护好隐私，隐私反而会被无限次数地滥用。

二、大数据时代隐私泄露的人性危机

综上分析，大数据时代确实成了一个隐私难以保护的时代，这必然会给我们的生产、生活、学习和工作带来诸多的消极影响。

（一）自由意志受限：我们处于障碍之中

在大数据时代，我们的隐私受到前所未有的威胁，首当其冲的消极影响是自由意志受限，使我们处于障碍之中，自由就变得不自由。"所谓自

---

① 黄欣荣：《大数据：网络时代的科学读心术》，载《中国社会科学报》2015 年 1 月 12 日。
② ［英］维克托·迈尔-舍恩伯格、肯尼斯·库克耶：《大数据时代：生活、工作与思维的大变革》，盛杨燕、周涛译，浙江人民出版社 2013 年版，第 16 页。

由，如所周知，就是能够按照自己的意志进行的行为。但是，一个人的行为之所以能够按照自己的意志进行，显然因为不存在按照自己意志进行的障碍。"① 因此，从伦理学视角分析，自由实现与否，关键是看自由意志能否实现。如果存在限制自由意志的障碍，自由实际上就是不自由。这个障碍主要是"一个人不能按照自己的意志进行的障碍或强制存在于自己身外"的障碍，② 而不是自身的内在障碍。因为内在障碍是属于个人的能力问题，没有实现自由的能力，自由与不自由就是同义语，没有任何价值。比如，如果政府禁止言论自由，那么我们就失去了言论自由。但是对于没有行使言论自由能力的人而言，政府是否禁止言论自由，他（她）都没有言论自由，因为他（她）没有这方面的能力。因此，在自身不存在内在障碍的条件下，自由的实现存在于不断清除外在障碍而实现自由意志的过程中。那么在大数据时代，到底是什么"障碍"促使我们的自由意志受限而使我们处于障碍之中呢？

在大数据时代，一切皆可被数据化。在利益的驱使之下，这些数据会不断地被挖掘和利用，预测出我们将来的诸种可能性。提前预知的诸种可能性就成为了我们"按照自己意志进行的障碍"，即我们隐私泄露导致的障碍。这必然会导致我们慎言慎行，自由意志不敢轻易"表达"。如果不如此，我们的隐私必然会源源不断地泄露出去，必然会对我们造成消极影响，自由就更无从谈起。但是如果我们慎言慎行、不轻易"表达"自由意志，实际上就已经不自由了。因此，在大数据时代，给我们的自由带来了这样的悖论：如果为了避免隐私的泄露而慎言慎行，自由意志不轻易"表达"，那么自由就已经受到了限制；如果为了获得自由而按常态生存下去，那么我们的隐私就会不断被泄露，我们就有可能随时都在"老大哥"的监控之下，也同样不自由。因此，在大数据时代，我们的自由意志必然要受到限制，从而使我们一直处于障碍之中。

---

① 王海明：《伦理学原理》，北京大学出版社 2009 年版，第 242 页。

② 王海明：《伦理学原理》，北京大学出版社 2009 年版，第 242 页。

（二）选择权利受限：我们被设计着

在大数据时代，自由受到限制最突出的表现就是选择权利受限。从伦理学视角分析，自由必须存在于按照自由意志进行的行为中。但是在大数据时代，由于隐私处于泄露状态，导致了自由意志不敢轻易"表达"。如果轻易"表达"，那么我们将处于被设计的状态，我们选择什么完全在别人的掌控之中。这可能将导致我们的选择根本不是出于本意，而是大数据技术帮我们做出的选择。我们的选择权难免受到限制。

选择本应该是选择自己需要的和选择自己喜欢的。但是在大数据时代，我们的选择很大程度上都是处于被动状态，甚至违背自己意志。比如，我们上网就留下了网络"足迹"。这些足迹通过大数据技术就基本上可以预测我们的所需和个人偏好等。因此，只要我们打开网页就会发送相应的推送广告网页。那么这些真的是我们所需吗？真的是我们所喜欢的吗？当然也许是也有可能不是。但是无论是与不是，我们的选择都身不由己。如果我们完全按照大数据技术选择好的结果来进行，那么一方面我们的选择就不是真正的自我选择，而是大数据技术的选择；另一方面，大数据技术做出的选择是不是真的就是我们所需和所喜欢的呢？由大数据技术来帮助我们选择也许会让我们丧失了其他更好的选择。这样导致的结果就是：仿佛我们不仅被设计着，还被大数据技术牵着鼻子走，严重损害了我们的选择权利。

（三）人格尊严受损：我们被异化了

人格尊严权是基本的人权，其中包括名誉权、姓名权、肖像权、荣誉权和隐私权等。由于大数据时代的隐私是难以保护的，必然导致我们的人格尊严权受损。由于自由意志和选择权利都受限，我们仿佛已被技术设计着，即按照大数据技术设计好的方向前行。但是面对这样的结果，我们不得不反思，我们到底还是不是自主的人？到底是技术决定我们还是我们决定技术？如果我们真的完全按照大数据技术设计好的方向前行，那就是技术决定我们。我们作为人的主体性就已被侵蚀，作为人、具有的人格尊严也就必然受到严重伤害。因为人格尊严体现在人作为人生存的过程中。如果我们完全由大数据技术来决定我们的生存方式，那么我们的人格尊严就无从谈起，因为我们已被技术异化了。

　　更甚者，在大数据时代，当我们的隐私被不断泄露的时候，当我们都因为隐私泄露而裸奔的时候，当因为我们裸奔而使整个社会处于透明状态的时候，是不是我们的隐私已经完全难以保护了呢？如果真的达到这种状态，人与人之间的区别也许只有在生理学上才有意义。因为人需要人格尊严，有人格尊严的人就必然有隐私。在一个隐私完全难以保护的社会中，人格尊严已无从谈起。这是不是一个完全异化了的社会呢？

　　（四）私人领域锐减：我们生活在公共领域

　　大数据时代里，由于无处不在的"第三只眼"，我们的隐私保护举步维艰，受到损害的不仅是我们的自由意志和选择权利，也不仅是我们的人格尊严受损，更为重要的是我们的私人领域的藩篱被不断冲破，公共领域和私人领域很难做出明确划分，进一步导致了我们的隐私无处躲藏。从某种意义上可以说，隐私的难以保护与私人领域的锐减形成了一定的恶性循环。

　　我们的私人领域是受法律保护而神圣不可侵犯。但是在大数据时代，无论是我们在公共领域留下的数据，还是在私人领域留下的数据，都将成为隐私泄露的重要线索。在整体取代样本、相关关系取代因果关系的条件下，谁都不能保证这些数据能够天衣无缝地存储下去；谁都不能保证私人领域的数据就是私人领域的数据，公共领域的数据就是公共领域的数据；谁都不能保证通过公共领域数据的相关分析不会获知我们的隐私；谁都不能保证在数据预测的作用下私人领域的数据不会公之于天下。因此，在大数据时代，公共领域与私人领域不明确的划分必然导致我们更没有安全感。自认为是在私人领域的言行，完全可能已经为他人所掌握。

三、大数据时代隐私伦理治理的必要性

　　美国迈阿密大学法学院教授迈克尔·弗鲁姆金（Michael Froomkin）在《隐私的消逝？》一文中曾指出：随着隐私破坏技术（privacy-destroying technologies）——信息的收集与处理技术，照相技术、监控技术、扫描技术和网络信息技术等——的不断发展，或许我们正在走向一个零隐私时代（an era of zero informational privacy）。因而他感叹："你根本没隐私""隐私已经死亡。"① 既然如此，在大数据时代，进行所谓隐私保护的伦理治理是否就显然多余了呢？我们是否应该转变关于生产、生活、学习和工作的思维方式，适应大数据技术带来的"零隐私"的全新生存方式呢？

美国东北大学网络科学研究中心主任艾伯特—拉斯洛·巴拉巴西（Albert-Laszlo Barabasi）在《爆发》一书开篇就列举了这样一个案例。一名叫哈桑（Hasan Elahi）的多媒体艺术家由于特殊的原因，在一次到欧洲和非洲旅行结束回到美国后就遭受到了美国联邦调查局长达5个月的调查，因为被怀疑与恐怖组织有关系。为了摆脱这样不必要的麻烦，哈桑在第二次出国旅行时就学乖了，主动与美国联邦调查局取得联系，并且在相关的社交网站上公开自己的行程，随时"有图有真相"地公布自己的所到之处。这样，美国联邦调查局就可以随时知道他的行踪以及与其联络的人。这样，哈桑不仅免除了不必要的麻烦而可以安心旅行，还可以随时和美国联邦调查局保持联系以保证自己的安全。真可谓是一举两得。这个案例是否可以认为，哈桑在放弃了自己的隐私之后不仅没有给自己带来任何不必要的麻烦，反而从某种程度上给自己带来了一定的便利（请了一个免费的高级保安——美国联邦调查局），因此"隐私权的概念对哈桑已经完全不适用了。他变成了一个一举一动都受到大家监视的特殊标本"②。

既然大数据技术导致的隐私公开化还可能给我们带来意想不到的便利，那么是否真的就没有必要考虑隐私的保护问题了呢？是否真的就不需要对隐私保护进行伦理治理了呢？答案当然是否定的！

首先，从大数据技术的双刃性特点分析，我们仍有进行隐私保护伦理治理的必要。大数据技术和其他的高新技术一样，不可避免地具有两面性。现在看来，大数据技术的消极方面主要是给我们的隐私保护带来前所未有的挑

---

① Micheal Froomkin, "The Death of Privacy?[J]", *Stanford Law Review*, 2000 (5), pp.1461–1543.
② [美] 艾伯特-拉斯洛·巴拉巴西：《爆发：大数据时代预见未来的新思维》，马慧译，中国人民大学出版社2012年版，第11页。

战。但是不能因此而拒绝大数据技术，因为技术本身是中立性的，它在运用的过程中将产生什么样的结果，完全取决于人本身。正如爱因斯坦所言："科学是一种强有力的工具。怎样用它，究竟是给人类带来幸福还是灾难，全取决于自己，而不取决于工具。"① 因此，正因为大数据技术的运用威胁到我们的隐私保护，就需要进行必要的治理，当然包括了伦理治理。

其次，数字鸿沟的存在也要求进行隐私保护的伦理治理。"数字鸿沟是一种技术鸿沟（technological divide），即先进技术的成果不能为人公平分享，于是造成'富者越富，穷者越穷'的情况。"②"在大数据时代，我们生活在数据的汪洋大海之中，各种数据都存储在网络中，存储在云端里，因此是一个完全开放的数据海洋。"③ 这就要求实现数据共享。但是由于数据潜在的价值巨大，且大数据生产者、大数据搜集者和大数据使用者的分离，要真正实现数据共享还有很长的路要走。特别是数字鸿沟的存在，"富者越富，穷者越穷"状况必然会有加大的趋势。换句话说，在大数据时代仍然会出现这样的状况：大数据搜集者和大数据使用者会利用自己手中的技术优势不断获得和利用我们的隐私；而我们作为大数据生产者则会不断地生产数据而使隐私不断地被泄露和利用，但是我们无法也无能力获得和利用大数据搜集者和大数据使用者的隐私。因此，为了保护好我们的隐私也必须进行必要的伦理治理。

再次，在我们的生存方式远没有完全达到实现数据共享的时候，进行隐私保护的伦理治理不仅是必要的，也是可行的。其实哈桑将自己的行程全面公开也并没有将自己的全部隐私放弃，只不过是根据当时的特殊需要适当地放弃了部分隐私而已。同理，在当下数据完全共享还没有真正实现的社会条件下，要求我们完全放弃自己的隐私显然是不现实的，我们也总有一些信息是不愿甚至是不可公开的。而我们进行必要的隐私保护的伦理治理，主要是

---

① 《爱因斯坦文集》第 3 卷，许良英、李宝恒、赵中立译，商务印书馆 1979 年版，第 56 页。

② 邱仁宗、黄雯、翟晓梅：《大数据技术的伦理问题》，载《科学与社会》2014 年第 1 期。

③ 黄欣荣：《大数据技术的伦理反思》，载《新疆师范大学学报》（哲学社会科学版）2015 年第 3 期。

针对大数据搜集者和大数据使用者，要求他们在收集和利用我们所生产的数据时必须遵守相应的伦理规范以保护我们的隐私。这显然也是可行的。

最后，需要特别指出的是，对于隐私保护的问题本应该采取强有力的法律手段，这才是最有效的。为什么选择伦理治理呢？因为法律手段具有强制性，只要侵犯了我们的隐私就必然会受到相应的法律制裁。但是，正如尼葛洛庞帝（Nicholas Negroponte）所言："我觉得我们的法律就仿佛在甲板上吧哒吧哒挣扎的鱼一样。这些垂死挣扎的鱼拼命喘着气，因为数字世界是个截然不同的地方。大多数的法律都是为了原子的世界、而不是比特的世界而制定的……电脑空间的法律中，没有国家法律的容身之处。电脑空间究竟在哪里呢？假如你不喜欢美国的银行法，那么就把机器设在美国境外的小岛上。你不喜欢美国的著作法？把机器设在中国就是了。电脑空间的法律是世界性的……要处理电脑法律更谈何容易。"[①] 因此，在法律体系缺位的情况下，进行伦理治理就显得尤为重要。更何况，法律不是万能的，并不是所有的行为都能够由法律来强制规范；而伦理治理也许能够发挥法律所无法发挥出的功能。

四、大数据时代隐私伦理的治理手段

大数据时代之所以是一个隐私难以保护的时代，从根本上说是大数据搜集者、大数据使用者和大数据生产者相互分离导致的结果，而大数据技术则为隐私的难以保护提供了技术支持。因此，大数据时代隐私保护的伦理治理主要是针对大数据搜集者和大数据使用者而言的。

（一）责任伦理视角：谁搜集利用谁负责

从责任伦理的视角分析，对大数据时代隐私保护进行伦理治理就是坚持权利与责任相结合，实现谁搜集利用谁负责。德国著名的技术哲学家汉斯·林克（Hans Lenk）曾经指出："在任何情况下，一个关于技术进步的新伦理学解释所需要的最关键点，毫无疑问是，已发展到一定程度的技术力量

---

① ［美］尼葛洛庞帝：《数字化生存》，胡泳、范海燕译，海南出版社 1997 年版，第 278 页。

的强大，某种系统反弹的如此强度和一种自我毁灭的动态过度效果，可能正在发生或者已经发生。这在生态领域、在生态失衡的高度工业化（通常是过度工业化）地区特别明显。总体上，我们似乎没有意识到要承担生态系统整体运行的责任。这段话表明，技术进步带来的消极影响从根本上就是我们没有承担相应的责任的结果。"① 这就要求，大数据技术使用者必须考虑到相应的结果，必须承担起相应的责任。

　　大数据作为一项新兴技术，我们不能在欢呼大数据技术的积极作用时忽视了其中的消极影响，尤其是对隐私保护的威胁。而这个消极的后果必须要求有人来承担相应的责任。由于在大数据时代，大数据搜集者、大数据使用者和大数据生产者处于分离的状态，并且数据能够不断地被二次利用，这就导致了我们的隐私可能被不断地二次利用。因此，根据责任伦理学的要求，必须坚持谁搜集利用谁负责原则。

　　第一是禁止。如果在大数据技术的运用过程中导致我们的隐私被广泛泄露且任何人都无力承担相应责任，那么这样的行为就必须禁止！因为不禁止导致的结果就是我们的隐私泛滥得不可收拾、不可控制。

　　第二是告知。大数据搜集者和大数据使用者在运用大数据技术时必须尽可能地告知大数据生产者：谁搜集数据、谁利用数据、搜集和利用数据的目的及其将产生的结果以及产生消极后果的补偿措施等。因此，最好是大数据搜集者和大数据使用者能够得到大数据生产者的许可与授权。

　　第三是可控。如果在大数据技术运行过程中，我们的隐私不可避免地被泄露，那么这必须是在可控的范围之内，而不会无限制地泛滥下去。这也要求，大数据搜集者和大数据使用者必须采取相应的有效措施，保证隐私的泄露是在可控的范围之内，并且将隐私泄露造成的伤害尽可能降到最低程度。

　　第四是补偿。如果我们的隐私确实已经泄露了，并且造成了伤害，那么大数据搜集者和大数据使用者就必须对我们给予善的补偿，包括精神的和物

---

① Hans Lenk, "Progress, Value and Responsibility [J]", *PHIL & TECH*, 1997（2）, pp.102–120.

质的。这也是大数据搜集者和大数据使用者必须承担的责任。

(二)制度伦理视角：坚守伦理准则

从制度伦理视角分析，大数据时代隐私保护的伦理治理就是要坚守伦理准则，特别是要坚守道德底线。罗尔斯在《正义论》中曾说："正义是社会制度的首要价值。"① 这就指出了，制度伦理首先关注的是伦理制度本身的正当性、正义性和合法性。因为只有伦理制度本身实现了正当性、正义性和合法性，才能够在整个社会的实践领域实现善的价值目标。因此，制度伦理研究主要包括两个方面：一是"为制度本身的正当性、合法性提供伦理支援或道德辩护"；二是"为社会公民实现个人权利和自由提供公正的制度安排、制度调整和制度保护"。② 这两个方面是辩证统一的：如果仅仅思考伦理制度本身的正当性、正义性和合法性，则远远不够，往往也只能在抽象领域进行，因为没有实现的具体实践途径；如果仅仅在具体实践领域考察伦理准则，那么就会缺乏基本的伦理价值追求，尤其是终极关怀。这就要求我们在追求善的价值目标的前提条件下必须坚守伦理准则，特别是要坚守伦理道德底线。因为一旦突破了道德底线，就意味着不仅具体的伦理准则已失效，而且伦理制度本身的善的价值目标将丧失。

大数据技术作为一项新兴的技术，必然要求新的伦理准则来规范之，否则大数据技术的消极影响就会无限放大，特别是对我们的隐私保护。结合大数据时代隐私保护的具体状况，可提出如下要求。

第一，坚持。无论大数据技术如何发展，我们必须坚持伦理制度的善的价值目标，坚持伦理制度能够对我们的隐私保护起到应有的作用。不能因为现在隐私保护现状堪忧就放弃隐私，放弃制度的伦理治理。如果是这样的话，不仅对隐私保护于事无补，反而还会进一步助长侵犯隐私的恶劣行为。

第二，修订。随着大数据技术的深入发展，现行的具体伦理准则确实已经很难真正保护好我们的隐私，这是不容忽视的现实。这就要求，一方面对

---

① [美]约翰·罗尔斯：《正义论》，何怀宏等译，中国社会科学出版社 1988 年版，第 47 页。
② 李仁武：《制度伦理研究》，人民出版社 2009 年版，第 14 页。

我们现行的伦理准则进行必要的修订，以适应大数据时代的隐私保护要求；另一方面是在修订的基础上制定出新的伦理准则。

第三，执行。制度的价值目标能否实现，我们的隐私能否得到有效保护，仅仅强调修订是远远不够的，关键还要靠强有力的执行。必须让侵犯我们隐私的行为受到相应的制裁，让侵犯隐私者付出代价。结合大数据技术时代隐私保护的艰巨性，更应该强调强有力的执行。

第四，底线。大数据时代隐私保护的制度伦理治理更需要坚持道德底线，必须让利益相关者清楚地明白隐私保护的道德底线。从某种意义上可以说，我们的隐私是否得到有效保护，关键是看大数据利益相关者是否坚守了道德底线：如果说道德底线要求高且得到了彻底坚守，那么我们的隐私就肯定能得到有效保护；如果说道德底线要求低且没有得到彻底坚守，那么我们的隐私就不可能得到有效保护。因此，必须要求大数据利益相关者坚守道德底线，并且随着时代的发展不断提高道德底线要求。

（三）功利伦理视角：坚持利益最大化

从功利伦理视角分析，大数据时代隐私保护的伦理治理就是要坚持利益最大化。功利伦理学的突出观点是："每一个人所实施的行为或所遵循的道德规则应该为每一个相关者带来最大的好处（或幸福）。"[1] 简单说来，功利伦理学就是要实现功利（幸福）最大化，反过来就是实现伤害（不幸）最小化。显然，要达到这个目的，就不能仅仅从行为的目的出发，而应该从行为的结果出发，才能真正判断一个行为是否实现了功利最大化。并且功利最大化不是某一个人的功利最大化，而是"每一个相关者"功利最大化。总体而言，功利伦理就是要坚持利益最大化。这对于大数据时代隐私保护的伦理治理具有重要的启示价值。

第一，最大化。大数据时代必须实现大数据相关者利益最大化。在大数据时代之所以隐私保护难以真正实现，从某种程度上可以说是利益最小化的

---

[1] ［美］雅克·蒂洛、基思·克拉斯曼：《伦理学与生活》，程立显等译，世界图书出版公司2008年版，第40页。

结果，并没有真正实现大数据利益相关者利益最大化。因为，我们作为大数据生产者，隐私不断被侵犯，显然是利益最小者，甚至是利益受损者；或许只有大数据搜集者和大数据使用者才能从中获得利益，进而实现利益最大化。因此，在大数据时代隐私保护的伦理治理中，必须坚持利益相关者利益最大化，否则相关行为就必须予以制止，或者必须受到相应的惩罚。这样才能保证我们的隐私不会被侵犯。

第二，最小化。既然大数据时代必须实现大数据利益相关者利益最大化，那么也就意味着必须实现伤害最小化。我们作为大数据生产者生产的数据，如果是鉴于公共利益的目的而被不断地挖掘和利用，进而在不同程度上侵犯了我们的隐私，这就要求实现伤害最小化。出于某一公共目的的需要而侵犯隐私的行为是必然要发生的，并且大数据利益相关者都能够从中获得利益。只不过是大数据生产者获得利益要小一些，因为他们做出了隐私泄露的牺牲。虽然是出于公共目的，但是不能因此而无视大数据生产者的隐私，在不考虑伤害大小的前提条件下滥用隐私。因此，在这种情况下，更应该考虑伤害最小化问题，特别是要有善的补偿或抵消措施。

第三，结果。大数据时代隐私保护的伦理治理同样需要从结果的视角来考量。进行任何大数据行为都必须考虑到：隐私是否会被泄露？隐私在何种程度上被泄露？泄露的范围有多大？隐私泄露将造成什么样的消极后果？这个消极后果将造成怎样的伤害以及伤害有多大？等等。这些都需要从结果的视角进行详细思考。但是，如果要从结果来思考的话，就必然会出现这样的难题：在大数据行为之前我们怎样才能预测到相应的结果呢？因为这个时候结果并没有产生。这确确实实是功利伦理难以解答的疑难问题。但是必须认识到，我们运用大数据技术并不仅仅看重其中的行为过程，而是关注其结果能够给我们带来多大的价值。对这个结果的思考还是可行的。也就是说，在关注大数据行为给我们带来结果的同时必须思考对隐私保护带来的结果。如果说这个结果会对隐私保护产生消极的后果，那么其运用就必须小心谨慎。

第四，集体。虽然我们不能说功利伦理学坚持了集体主义原则，但是他们要求实现"每一个相关者"的利益最大化。以此分析，在进行大数据时代隐私保护的治理时必须实现"大数据利益相关者"的利益最大化，即要坚持集体的维度。无论是大数据生产者，还是大数据搜集者，以及大数据使用者，他们都是大数据利益相关者这个集体中一个重要组成部分。这就要求要实现这个集体的利益最大化，而不能仅仅从大数据搜集者和大数据使用者这两个子集体的视角考虑。大数据时代的隐私保护堪忧其实就是过于强调这两个子集体的利益最大化，而忽视了大数据生产者的利益问题。这样导致的结果就是大数据利益相关者整个集体的利益无法实现最大化。因此，这就更需要从大数据生产者这个子集体的视角来考虑利益最大化问题。如果能够这样，我们的隐私就能够得到更好的保护。

第三节　大数据时代的精准诈骗及其治理

大数据和互联网技术在给我们的工作、学习、生活等带来巨大变革的同时，也给我们带来了诸多的负效应，其中精准的电信诈骗就是突出的问题之一。大数据和互联网让传统诈骗变成了具有隔空、隐形、面广、精准诸特点的新型诈骗。骗子利用大数据挖掘出行骗对象的详细信息，利用电信、互联网等技术实现精准诈骗，大众生活因此深受影响。数据立法是治理电信诈骗的有效手段，可将大数据作为反骗利器。最根本的治理手段是建立诚信体系，构建诚信社会，彻底铲除诈骗土壤。

电信诈骗或网络诈骗成了大数据时代给大众的"见面礼"，也成了近年来媒体的热门话题。大数据时代刚刚来临，技术革命的阳光雨露尚未来得及普照大众，却被诈骗分子充分利用，成为诈骗利器。山东临沂学生徐玉玉事件让网络诈骗浮出水面，成为新闻热点。清华大学教师被骗1760万元，说明年龄不分老少，智商不分高低，都有可能成为受骗者。[①] 诈骗分子利用大数据按"数"索骥，实现了对受害人的精准诈骗。由此，不少人将罪恶归之

---

① 吴朝平：《电信诈骗：作案手段、高发原因及防范对策》，载《海南金融》2015年第1期。

于大数据技术，认为隐私泄露、网络诈骗是大数据的"原罪"。作为大数据时代新现象的电信精准诈骗是大数据的原罪吗？诈骗者是如何利用大数据实现精准诈骗的？我们又该如何治理或消除网络精准诈骗这种大数据的负效应呢？

一、精准诈骗：大数据时代的诈骗新特点

诈骗是一种古老、传统的犯罪行为。自古以来，总有一部分人试图不劳而获，这些人所从事的就是所谓的诈骗。随着时代的变迁、技术的发展，诈骗的形式和手段也在不断翻新。因此，诈骗并不是大数据时代所特有的犯罪行为，只是随着大数据技术的出现，诈骗的形式和手段发生了重大变化。大数据技术的出现所带来的诈骗形式和手段的新变化主要表现为四个特点：隔空、隐形、面广、精准。

（一）隔空

从空间距离来说，随着大数据与互联网技术的兴起，诈骗者可以实现隔空、超距式诈骗。以往的诈骗，诈骗者都必须与被诈骗者近距离接触。如过去的调包计，诈骗者要在被骗者面前丢下包袱，引诱被骗者去捡拾，并通过花言巧语让被骗者掏钱分赃。以往的诈骗者无论使用什么花样，如果没有跟被骗者近距离地接触，诈骗是无法实现的，因此，以往的防骗对象主要是身边的可疑陌生人。但是，随着互联网和大数据的发展，空间不再是人们交往的阻隔，偌大世界变成了真正的地球村，人们不再有空间的距离感。诈骗者很快就将各种诈骗手段搬到网上，依靠互联网和大数据实现了诈骗手段的网络化和数据化，于是诈骗空间迅速扩大，不再局限于身边诈骗，我们防骗也不能再仅局限于身边的可疑人。例如，现在许多诈骗分子实现了国际诈骗，他们把诈骗窝点设在美国、泰国甚至遥远的非洲。[1]由于没有了空间的阻隔，我们就很难对诈骗者设防，很难识别可疑人物，因此在大数据时代，各种诈

---

[1] 黄晓亮、王忠诚：《论电信诈骗犯罪惩治与防范的国际合作——以大数据时代为背景》，载《贵州社会科学》2016年第2期。

骗防不胜防，我们稍不留神就可能被骗。

（二）隐形

诈骗者隐藏在网络背后，利用互联网和大数据技术实现远程诈骗，而被骗者则根本无法寻找诈骗者的蛛丝马迹。由于以往的诈骗必须与被骗人近距离接触，因此诈骗者无论使用何种骗术，都必须将自己暴露在被骗者面前。虽然诈骗者可能精心乔装打扮，但我们通过"不与陌生人说话"以及其他识破措施，往往可以当场识别骗子的诈骗伎俩。即使被骗，我们尚可知道骗子的大致面貌或踪迹，但大数据和互联网技术的隔空性让诈骗者可以暂时将自己隐藏起来。在大数据时代，由于骗子不再必须出现在被骗人面前，因此他可以将自己置于隐形的有利位置，以致被骗者被骗之后仍然不知道骗子是谁，更不知道骗子长什么模样，因此骗子具有更大的欺骗性。

（三）面广

借助大数据和互联网，骗子摆脱了时空限制，可以方便地进行跨越时空的大面积诈骗。传统的诈骗术由于时空限制而导致骗子分身乏术，诈骗者无法大面积行骗，再有本事也只能局限于欺骗能接触到的人群，所以只能在流窜中不断欺骗身边的陌生人，骗子所到之处才有可能成为被骗之地。大数据和互联网技术的跨时空性，让骗子的诈骗术得到了无限放大，诈骗空间也得到了无限延伸。通过大数据和互联网，诈骗者可以对地球上的任何人进行诈骗，因此无论骗子是否流窜到身边，我们每一个人在任何地方、任何时候都有可能被骗。骗子们还特别针对中国人突然迅速富有但又缺乏防范措施和相关法律的特点，重点欺骗国人，使十几亿中国人都成了他们的诈骗对象，因此诈骗面特别广，我们每个人都有可能成为受害者。

（四）精准

利用数据挖掘，诈骗者预先掌握了诈骗对象的详细信息，可以预先设计对诈骗对象的精准骗局。以往的诈骗具有随机性，骗子只能随机行骗、见机行事，这是因为骗子缺乏相关信息，无法事先选择诈骗对象，更无法事先对诈骗对象进行详细的信息分析，只能碰运气。但是，随着大数据技术的兴起，我们每个人都或多或少地在网络中留有自己的各种信息，暴露了我们自已的各种关键数据。诈骗者通过各种手段获取了海量数据，对数据挖掘之后，他们对下手对象的情况了如指掌，例如姓名、性别、年龄、部门、职业、行程、身份证号、银行卡号，甚至卡里有多少钱。他们早已经知道徐玉玉们是即将入学的贫困准大学生，知道清华那名老师手头正有一大笔资金。因此，他们在下手之前早已精心设计好了诈骗策略。由此可见，在大数据时代，诈骗的最大特点就是精准，因为借助大数据，诈骗者可以做到目标明确、有的放矢。总之，虽然诈骗是一种自古以来就存在的犯罪行为，但随着大数据和互联网技术的兴起，诈骗分子充分利用了新技术，实现了诈骗方式的翻新，出现了大面积的精准诈骗，而诈骗分子隐藏在遥远的他处，让大家都防不胜防，因此被骗事件不断发生。

二、数据挖掘：大数据时代的诈骗新手段

数据是构成大数据时代的基础，也是大数据时代最重要的资源，因为一切数据都可能隐藏着丰富的信息。诈骗者要成功实现诈骗，首要的事情就是必须拥有数据资源，必须解决数据源的问题。诈骗者的数据来自哪里呢？一条途径是挖掘网上公开数据。大数据时代的各种智能系统能够自动记录、采集、存储、处理和传输各种数据，我们的一举一动都会留下数据的踪迹，例如，照片、视频、方位、上网足迹、聊天记录、文字档案等，一切所思所想所为都变成了数据，各种数据汇聚网络，积聚为海量的大数据。[1] 我们在不知不觉的情况下留下了一条几乎不间断的数据足迹，更为重要的是这种数据足迹还存储于网络中，永不消逝。他人要想掌握我们的行踪，只要循着数据足迹，对我们的一切就了如指掌。诈骗者有些信息就是利用网上的这类公开数据，通过对其进行汇聚和挖掘，他们就可以找到许多所需要的数据。另一条更重要的途径是购买"黑市"数据。大数据时代虽然时时处处产生数据，但这些数据往往被少量部门垄断，作为数据生产者的个人并不拥有自己的数据。特别是一些重要数据往往被政府部门、个别公司所掌控。例如，移动、

---

① 黄欣荣：《网络诈骗是大数据的"原罪"吗?》，载《大众日报》2016年9月7日。

联通、电信三大公司垄断了电话语音和短信数据，教育部门掌握了学生数据，医院掌握了医疗数据，腾讯掌控了社交数据，淘宝、京东等网络交易平台掌控了各类商业交易数据。这些数据被少量部门掌控，本来应该是比较安全的，但是，因为这些数据蕴含大量信息，存在权力寻租的空间，于是部门内部人员为获利有可能非法售卖。此外，网络中到处隐藏着木马，黑客们靠盗取数据、出卖数据为生，因此我们的许多专门数据常常被黑客盗取，诈骗者的不少数据正是从黑客手中购买而来。这样，大量蕴含个人信息的数据流入黑市，诈骗者通过购买黑市数据轻松地掌握大量的个人信息。①

诈骗者找到个人信息大数据后，必须进行数据挖掘，比如，分类、筛选、聚集等，从中挖掘出诈骗对象。网上公开数据虽然蕴藏着丰富的个人信息，但信息不太集中，挖掘难度较大，对于文化程度不高的诈骗者来说，利用起来具有一定的难度。但是，部门垄断信息相较网上公开数据而言，信息更加集中，具有更大的针对性和精准性，诈骗者不需要掌握高深的数据挖掘技术，只要进行简单分类、聚集，就可以进行精准诈骗。更可怕的是，如果将内部的部门数据与公开的网上数据相结合，则可以对诈骗对象进行更加全面的分析、掌控，被诈骗者则成了透明的"裸奔者"。因此，在大数据时代，如果要对一般民众（特别是学生、老年人等）实行诈骗的话，诈骗者早已对诈骗对象进行了数据分析，预先精心设置好了精准诈骗方案，这让被骗者几乎无处可逃。

既然大数据时代的许多数据都公开透明，为什么诈骗者已经瞄准了自己，而我们却浑然不知？或者说，大数据时代已经来临，我们已经进入了信息透明时代，那为什么还这么容易被骗呢？

首先，我们的一切信息都几乎存储于网络空间，成了公开透明的信息，因此容易被骗。大数据技术已经把我们的一切都变成了数据，无论我们愿意与否，也不管我们是否知晓，这些数据都永久存储于网络云端。我们的一举

---

① ［英］维克托·迈尔-舍恩伯格、肯尼斯·库克耶：《大数据时代：生活、工作与思维的大变革》，盛杨燕、周涛译，浙江人民出版社2013年版。

一动其实都透露了自己的信息，大数据时代成了没有隐私的时代，一切都被暴露于光天化日之下。当然，数据的公开、共享、透明，是大数据精神。如果一切都藏而不露，则不可能形成大数据，更不可能进入大数据时代，因此数据公开透明并不是大数据时代的错误，更不是大数据技术的原罪。但人们尚未做好准备，世界却已透明，就容易成为诈骗者的猎物，成为大数据时代的牺牲品。

其次，许多关键数据无奈被他人记录和转卖，因此容易被骗。人们经常被要求填写各种表格或材料，其中有不少重要信息，比如姓名、身份证、手机号、银行卡号、家庭住址、家庭成员等。这些重要数据本来只用于特殊用途而被少数部门采集和拥有，被采集者也没想过这些数据会被用作他途，因此被采集者往往懵然不知自己的重要数据已经被他人掌握。拥有数据的少量部门日积月累成了大数据，其间有时是因为管理不当而外泄，有时是少数人为了个人利益暗中出售数据，于是诈骗者就轻松掌握了信息更加集中、更加重要的个人数据。诈骗者只要简单挑选就可以精准定位诈骗对象。

再次，数据单向透明，信息不对称，因此容易上当受骗。在大数据时代，每个人都时时刻刻在生产着数据，但这些数据并不被数据生产者所拥有和支配，而是被某些部门所垄断，并形成各种数据孤岛，对人们自己来说是一个数据黑箱。但是，骗子们却通过数据挖掘或黑市购买，拥有了海量的个人数据，并细心研究揣摩，所需数据一应俱全。数据的单向透明现象就像单向透视玻璃，我们看不到骗子，而骗子却清清楚楚地能看见我们，因此，我们往往落入各种骗局而浑然不知。

最后，从数据能力来看，人们也因能力不对称而处于劣势，因而容易上当受骗。在大数据时代，数据成了一种新资源，其中蕴含着无尽的价值。然而，面对数据宝藏，不同的人由于挖掘能力不同，数据的价值也就不同。例如，普通公民面对各种个人数据，并不能变成金钱或其他价值，然而骗子们却看出了其中蕴藏的机会。这种数据认知和挖掘的能力，我们可称之为数据能力。从数据能力来看，由于刚刚迈入大数据时代，人们还停留在原处，尚未完全具备数据能力，因此不但没有能力用数据识别各类骗局，甚至无法保护自己的数据。但是，骗子们曾利用传统小数据时代进行过各种骗局，在大数据时代则更加"如鱼得水"，而且骗子们往往以集群方式，整村、整乡甚至整县，全部从事一种诈骗活动，相互"传授经验"，实现数据共享，于是数据能力突飞猛进。民众与骗子的数据能力完全不对等，民众处于劣势，因此难免上当受骗。

三、数据立法：网络诈骗的治理之策

犯罪分子利用大数据革命刚刚兴起、普通民众尚不熟悉和缺少防范意识，大肆进行诈骗活动，他们屡屡得手而难被惩罚，广大百姓却不断蒙受损失。在这大数据时代刚刚来临，新技术被犯罪分子屡屡利用之际，我们该怎样打击诈骗、治理诈骗呢？总体来说，主要从法治之策和诚信之道两个层面来展开。所谓法治之策，主要是利用法律或技术手段，直接对犯罪分子进行精准打击，直接铲除利用大数据、互联网或电信的各种诈骗活动，挽回民众的经济损失。所谓诚信之道，则必须从社会环境、社会风气入手，构建诚实守信的社会主义和谐社会，彻底铲除诈骗犯罪土壤，让诚信成为公民的基本伦理道德规范，人人自觉遵纪守法、诚实友善，让人们生活在无需防范、安居乐业的社会主义和谐社会中。从法治层面来看，主要可以从如下五个方面来治理。

（一）加快数据立法

我们的时代虽然已经开始迈入大数据时代，然而我们的立法却总是滞后一步。由于大数据时代来得比较突然，我们所有的法律法规都还停留在小数据时代。针对大数据带来的各种问题，原来的法律法规往往无能为力，所以常常被网络诈骗之类的犯罪分子钻了空子。面对滚滚的大数据洪流，数据立法成了迫在眉睫的大事。究竟如何立法呢？如果完全按照小数据时代的思维，把一切数据一封了事，那肯定行不通。根据大数据时代的特点，不同的数据类别应该有不同的法律应对。对网络公共数据，如果完全禁止挖掘、使用，那就与大数据的时代精神相背离，因此应该允许挖掘、使用，但数据使用者必须承担相应责任，谁挖掘使用谁负责，政府应立法规范使用者，并负

责追责、惩戒。对被少数部门掌握的专有数据，国家立法应该强调收集、储存者的责任，即谁收集存储，谁承担相应的保护责任，一旦泄露则一追到底。[1] 这就是说，公共数据强调挖掘使用者的责任，专有数据强调数据源头的责任，当然也同样要追究挖掘使用者的责任。

（二）推行数据实名

大数据时代是一个透明时代，许多数据都在网络中共享，从而带来了信息对称。然而，从目前来说，由于刚刚迈进大数据时代，许多东西还没有完全透明，特别是对大众来说往往仍处于"黑暗"之中。现在是诈骗者掌握了各种数据，而被骗者两眼发黑，因此处于单向透明阶段。数据的单向透明让我们处于不利地位，要防止上当受骗，就必须实现数据完全透明，即做到信息完全对称。为此，可以通过严格实名制并消灭数据孤岛来实现。当今社会基本上实现了处处实名，然而目前尚有部分手机号段仍然没有实名，银行开户也有人逃避了其实名。逃避实名后，公安机关对诈骗者就无法掌握其数据足迹，他们就没有在阳光下透明，因此一旦案发就无法追查诈骗者。如果严格实名制，诈骗者就暴露在阳光下，他们的一切行为就可以处于监控之中，一旦犯罪，公安机关可以根据数据轨迹进行跟踪追击，让诈骗者无处可逃。此外，目前大数据库分属不同部门，形成数据孤岛，这对公安等部门跟踪、打击诈骗者造成不便。要实现连续跟踪、轨迹不断，我们就必须消灭数据孤岛，实现数据开放、共享、透明。

（三）构筑"数据长城"

大数据技术是一把双刃剑，诈骗者迅速利用大数据这一新技术更新了他们的诈骗术，让人们对其防不胜防。有关部门应该及时利用大数据技术来构筑数据长城，利用大数据技术来以矛攻盾，充分利用大数据的特点来防范风险，让公民财产免受损失。从目前来说，大数据技术已经提供了各种技术手段来保护公民的合法财产，如防火墙、身份识别技术、第三方支付平台、延

---

① 吴朝平：《"互联网+"背景下电信诈骗的发展变化及其防控》，载《中国人民公安大学学报》2015年第6期。

时支付技术等。淘宝网就是利用第三方平台,将钱款放入淘宝支付平台,只有买卖双方成功交易才能由第三方将预付款兑现,而一旦出现问题,买卖双方都能够通过第三方平台来防止损失,这样就防止了买卖双方的互不信任或者相互欺骗的出现。银行推出的 ATM 机延时支付虽然可能会给一些人带来不便,但它会给被骗者带来后悔醒悟或者报案追回的时间,让诈骗者无法实现即时现金兑付,这样就能避免许多诈骗的得逞。因此,相关部门要充分利用大数据技术来构筑数据长城,切实保障公民财产的安全。

(四)提高数据能力

数据能力应该成为大数据时代人们必备的基本能力。虽然我们不可能人人都成为数据专家,但应该转变数据意识,提高基本的数据能力。首先,应该树立数据资源意识,因为在大数据时代,万物皆变成数据,而任何数据皆有其价值,都是资源,因此应该重视数据资源。其次,应该树立数据保护意识,因为数据成为资源之后,就有许多眼睛盯着我们留下的数据轨迹,因此我们应该有数据保护意识,能不留痕迹的地方尽量不留,能不上网的信息尽量不上传网络。最后,要提高数据甄别意识,对陌生短信、电话、微信等保持高度警惕,不贪图便宜,不害怕敲诈恐吓,对各种信息小心甄别。从目前来说,数据能力较弱的中老年人,或者是受教育程度较低的民众往往被诈骗者盯上,成为电信诈骗的受害者。因此,数据能力教育应该列入国民教育特别是中小学和大学教育之中,社会公民数据能力普及也应纳入科普等项目之中。

(五)打击数据犯罪

电信诈骗、数据犯罪是一种新型的犯罪形式,对公安机关来说也是一种新挑战。公安机关,特别是网络警察,应该把反诈骗列入工作日程,并且提高数据挖掘、处理能力,建立反诈骗数据库,对有过诈骗行为的人员进行跟踪监控,对各种诈骗行为实行智能跟踪、预警,一旦发现异常,能立即启动相关预案。一旦发生诈骗案件,公安机关应该根据诈骗者的数据轨迹,利用大数据工具进行跟踪、挖掘,实行精准打击,并坚决打击数据买卖行为。利用大数据技术,让一切犯罪行为变得公开透明、无处可藏,让大数据技术从诈骗者的工具变成诈骗者的克星，这样，再狡猾的诈骗者也难逃大数据的天网，更难逃公安机关的精准打击。

四、诚信社会：网络诈骗的治理之道

治理网络诈骗，法治、技术还只是治标的权宜之计，要从根本上铲除诈骗滋生的社会土壤，必须从伦理道德和诚信社会建设等根基上着手。只有建立公民诚信体系，构建诚信社会，将诚信作为人们内心的道德规范，才能从根本上治理网络诈骗。大数据时代的来临虽然为诈骗分子提供了更加先进的诈骗术，但同时也为我们构建诚信社会并从根本上治理网络诈骗提供了有力的技术武器。

（一）大数据带来了量化万物的技术工具

量化是认识事物的重要手段，是计量科学指标、发现事物规律的科学途径。人们很早就开始了对自然现象的量化，因此自然科学取得了突飞猛进的发展。但是，由于人类思想、行为的复杂性和非线性，与人相关的各种现象一直没有找到很好的测度工具来实现量化，因此人文社会科学的量化问题是一个长期难以解决的问题。随着智能感知、互联网络等技术的发展，数据采集、存储、传输、处理都实现了智能化、自动化，并且可以将一切信息转换为二进制代码。因此，人类的复杂行为可以用智能采集的海量数据来刻画，而且以往难以数据化的文字、图像、音频、视频、位置、动作、思想等，都可以被转换为数据。这就是说，大数据技术可以实现自然、社会和思维等万物的数据化，以往人文社会科学的数据化难题迎刃而解，这样整个世界就变成了一个数据世界，大数据带来了量化万物的技术手段。①

（二）大数据是诚信跟踪和测度的科学工具

诚信是人的基本伦理道德规范，体现在每个人的一言一行之中。如果缺乏可靠的技术手段，我们很难全程跟踪、记录和查找每个人的诚信数据，只

---

① ［美］阿莱克斯·彭特兰：《智慧社会》，汪小帆、汪容译，浙江人民出版社 2015 年版，第12—13 页。

能依靠每个人的良心和自觉。在大数据时代，世界上的万事万物几乎都被植入智能芯片之类的数据采集、存储单元，记录着万事万物的状态及其变化。大数据就像上帝之眼，随时随地紧盯着万物，包括我们人类的一切。更为重要的是这些数据将永远存储在网络云端，几乎不可能被完全删除干净。无论是好事坏事，都将永久地保存下来，很难被人为改变。通过数据挖掘，可以全程跟踪和了解几乎每个人的一切，整个自然世界和人类社会都被数据照射得透明，因此，大数据时代，整个世界将变成透明世界，人类社会将变成透明社会。在大数据时代，我们每个人都必须时刻遵守法律法规以及其他道德规范，特别是必须做到诚实守信、遵纪守法，否则将被永远记录在数据世界中，留下永远难以消除的污点数据。①

（三）建立大数据时代的精准诚信体系

大数据技术让难以把握和测度的人类诚信自动记录为可存储、分析的行为数据，永久保存下每个人的诚信档案，并像影子一样永远跟踪着每个人，在每个肉体人之后都对应着一个永不消逝的数据人。过去仅仅依靠不完整的个别诚信记录，难以刻画每个人的诚信指标，这就造成我们对诚信之类的软指标往往难以做到精准、细化，难以构建诚信档案体系。由于诚信体系的不完善，有些人就抱着侥幸心理，因为大多数时候我们都无法分辨公民的诚信度，诈骗分子总能利用民众的信任来达到诈骗的目的，并且很难对其进行惩罚并将其失信或犯罪记录在案。这就造成了人们难以防范诈骗之类的犯罪行为，或者因过分提防而造成人与人之间的普遍不信任。在大数据时代，国家可以构建公民诚信指标体系，并根据该体系和数据挖掘，建立公民诚信档案。大数据诚信体系让缺乏诚信，特别是诈骗、犯罪之人无处藏身，这样每个公民都必须洁身自好、守法诚信。在大数据时代，每个人的诚信都如影相随，成为公民的立足之本。对缺乏诚信甚至有犯罪行为的人，可以通过诚信记录进行预警，让民众有所防范，就像某些手机软件提醒系统，对骚扰、广告或诈骗的电话有提醒警告，让接听者早有心理准备。

---

① Andrej Zwitter，"Big Data Ethics [J]"，*Big Data & Society*，July-December 2014，pp.1–6.

（四）建设诚信友善的社会主义和谐社会

世界的数据化带来了世界的透明化、社会的透明化，人类的一举一动都暴露在大数据的灿烂阳光下。大数据迫使人们必须遵纪守法，做诚实守信的人，违法乱纪、坑蒙拐骗之人则将失去立足之地。大数据这一利器必将彻底铲除诈骗、犯罪的土壤，带来诚信、清朗的社会风气。① 只有遵循社会主义核心价值观，利用大数据建立全民社会诚信体系，重塑诚信友善的人际关系，才能彻底摆脱被骗恐惧，迎来诚信社会，也只有诚信社会，才能彻底消灭诈骗行为，让全体公民安居乐业，享受社会主义的幸福时光。因此，构建诚信社会，是治理网络诈骗的真正的治本之道。

电信、网络精准诈骗是诈骗者利用刚刚迈入的大数据时代，一般民众尚缺乏数据能力而出现的新数据型犯罪形式。诈骗者充分利用了大数据技术来实现隔空、隐形的大面积精准诈骗，从而让民众蒙受不少财产损失。但是，电信诈骗并非大数据的原罪，要治理大数据时代的电信精准诈骗，必须利用大数据作为有力武器，一方面从法治、技术层面进行数据及立法、构筑数据长城、打击诈骗犯罪；另一方面利用大数据技术建立公民诚信体系，建立诚信友善的和谐社会，让大数据的阳光照亮世界，让民众生活更加幸福安康。

第四节　从积极伦理看大数据及其透明世界

大数据将万物数据化并将世界透明化，于是习惯于隐藏起来的人性突然被彻底暴露于大庭广众之中，由此引发了诸多伦理问题。传统的伦理学从消极伦理观出发，认为大数据给人类带来了隐私、公平与安全等问题，于是开出了阻止和治理的药方，试图用旧伦理规制大数据。但从积极伦理观来看，大数据及其透明世界也可能给我们带来真诚、平等、自由、安全和个性等人

---

① 黄欣荣：《大数据技术的伦理反思》，载《新疆师范大学学报》（哲学社会科学版）2015年第3期。

性的本真回归。大数据革命的历史车轮无法阻挡，我们只能坚持数据开放，提升数据能力，缩小数据鸿沟，并且改变隐私观念，重建伦理体系，追求有限自由，以积极的伦理态度拥抱大数据时代。

在互联网、物联网、云计算、人工智能等新技术的催生下，实现了数据生产和处理的智能化和自动化，由此迎来了大数据时代。[①] 大数据技术试图把世界万物数据化，通过数据挖掘和处理既可认知过去也可预测未来，被遮蔽的万物秘密可能完全暴露，整个世界将变成一个透明世界。习惯于隐藏生活细节的人类在透明世界里一下子乱了阵脚，不知如何应对。科学哲学的观察渗透理论告诉我们，面对同一事物或现象，不同的理论或立场将看出不同的问题，得出不同的结论。面对大数据及其透明世界，不同的伦理观将做出不同的评价，并提出不同的应对之策。传统的伦理学基本上都是从批判、规制的立场看事物，属于消极伦理观，因此认为大数据及其透明世界将给人类带来诸多的伦理危机，必须规制大数据，让其回归到传统的伦理规范之中。但是，如果换一种立场，从积极伦理观来看，大数据虽然可能带来隐私暴露等问题，但它也可能给人类带来新机遇。因此，我们必须改变隐私观念、重建伦理体系来积极迎接大数据时代的到来，并充分利用大数据来释放本真的人性。本文将从积极伦理观出发，挖掘大数据对伦理的积极意义，并提出积极主动的应对之策。

一、消极伦理观下的大数据伦理问题及其应对

从观察、分析伦理现象的态度及其应对策略来看，伦理观大致可分为消极伦理（negative ethics）和积极伦理（positive ethics）。[②] 所谓消极伦理就是对事物及其引发的伦理问题，侧重于从负面、阴面看问题，多看到事物的消极作用，并希望用现有伦理规则对其进行禁止和规制。"消极伦理代表着这

---

① [英]维克托·迈尔-舍恩伯格、肯尼斯·库克耶：《大数据时代：生活、工作与思维的大变革》，盛杨燕、周涛译，浙江人民出版社 2013 年版，第 9—15 页。
② 夏洁：《从消极伦理走向积极伦理》，载《天府新论》2005 年第 3 期。

样一种立场，即道德要和一系列的禁令联系在一起。换句话说，消极伦理认为，道德作为调节人与人之间关系的行为准则和规范，最好应通过道德禁令的形式来建立起清晰的行动边界。"①"消极伦理是各种禁令，其形式为，你不应该……"② 这就是说，消极伦理更侧重于治理，提出一系列关于消极的、不应该做的事情的原则、规范来阻止事件的发生，而不是用正面、积极的手段来应对，一般都是与禁令联系在一起。总之，消极伦理的目标是提出一种定位准确、边界清晰、操作性强的道德规范来描述对想要避免的某种后果的一种更为直接的禁令。传统的伦理观绝大部分都属于消极的伦理观，侧重观察事物阴暗、消极的一面，并提出各种道德禁令。

大数据革命是一场新的信息技术革命，它带来了数据采集、储存、传输与处理方式的大变革，也由此带来了世界存在方式、认知方式和生活方式的大变革。首先，世界被彻底数据化，形成数据世界。大数据通过智能手段将事物及其状态转换为可以存储、传输、计算的数据，彻底改变了数据的手工生产方式，实现了数据采集的智能化、自动化。大数据让万事万物最终还原为0和1两个状态为标志的数据。事物在被数据化之前，虽然可被人类感知，但很难实现存储、传输与计算等操作，因此很难被精准认知。数据化让事物及其状态变化永久被保存下来，万事万物都以数据的形式留下了历史过程，即数据轨迹，并由此形成数据世界。其次，世界被彻底透明化，成为透明世界。事物及其状态被数据化之后，事物就可方便地存储、挖掘、计算和分享，人类就可方便地发现隐藏于事物内部的秘密。利用大数据，人们既可发现事物的过去历史，又可预测未来行为，于是世界变成了可存储、可计算、可认知的世界，一切遮蔽都被揭开，整个世界变成了透明世界。最后，人性被彻底暴露，人类成了透明人。以往由于科学技术的落后，自然界和人类的秘密都隐藏在黑暗之中，人类长久生活在黑暗之中已经完全适应了黑暗世

① 马越：《消极伦理及其当代形态》，载《伦理学研究》2016年第2期。
② Ronald A. Howard, Clinton D. Korver and Bill Birchard，*Ethics for the Real World: Creating a Personal Code to Guide Decisions in Work and Life*[M]，Massachusetts: Harvard Business Press，2008，p.37.

界。借助黑暗，人类得以保住了许多秘密。但是，大数据把一切遮蔽掀开，整个世界都变得彻底透明，人类由此不再有秘密存在，即大数据让每个人的一切举止言行都彻底暴露，因此大数据时代也被称为无隐私的时代。

面对大数据革命及世界的透明化，消极伦理观是怎么看待的呢？又将如何应对呢？总体来说，消极伦理主要从消极、否定的眼光看大数据及其带来的透明世界。他们看到了大数据的阴暗面和消极面，认为大数据时代的来临打破了我们原有的生活规范，带来了隐私、安全、公正、平等、自由等诸多问题，因此必须用我们已有的伦理道德进行防范和规制，并制定出针对大数据时代的各种禁令。

消极伦理习惯于关注大数据的负面影响，虽然不同学者看出的问题有些差异，但目前学术界对大数据伦理问题及其危害基本达成了一致，普遍认为数据权利、隐私、权限、安全与数字鸿沟是目前大数据时代的主要伦理问题，大数据将使传统伦理价值观遭到前所未有的解构与破坏，对当代社会程序与人伦规范构成了严重冲击，由此引发的社会问题层出不穷。[1] 例如美国学者 Kord Davis 和 Doug Patterson 出版的国际第一部大数据伦理问题著作《大数据伦理学》，就是从消极伦理来分析大数据带来的身份、隐私、归属以及名誉等问题的。[2] 邱仁宗等学者所发表的国内第一篇大数据伦理论文看到的也是大数据所带来的数字身份、隐私、可及、安全和安保、数字鸿沟等一系列问题。[3] 有的学者认为大数据存在着"数据预判挑战自由、隐私披露挑战尊严、信息垄断挑战公平、固化标签挑战正义"等问题。[4] 有的学者更是列举了大数据的"七宗罪"：数字身份暴露、被监控、隐私泄露、预测性骚扰、获取路径被限、数字鸿沟、数据崇拜。[5] 总之，消极伦理学者们看到的都是

---

① 宋吉鑫、魏玉东、王永峰：《大数据伦理问题与治理研究述评》，载《理论界》2017年第1期。

② Kord Davis and Doug Patterson, *Ethics of Big Data* [M]，O'Reilly Media，2012，p.9.

③ 邱仁宗、黄雯、翟晓梅：《大数据技术的伦理问题》，载《科学与社会》2014年第1期。

④ 王永峰：《对大数据道德悖论的思考》，载《人力资源管理》2016年第1期。

⑤ 袁雪：《大数据技术的伦理"七宗罪"》，载《科技传播》2016年第4期。

危害和问题，认为大数据将给人类带来大问题、大麻烦。

　　针对大数据所带来的问题、挑战，消极伦理观的学者们纷纷开出自己的药方。例如宋吉鑫提出应建立针对大数据的法律、制度、管理等"三位一体"的治理体系，规范网民、企业的网络行为。① 臧一博建议从法律、伦理入手，加强对大数据各方的约束、教育与监管。② 陈万求认为应建立一套法律、伦理、监督相结合的治理机制来调控大数据技术的发展。③ 总之，学界已经普遍认为应该在"制定和完善大数据立法，并加强法治监管"、"倡导行业自律，建立大数据伦理规制"、"强化大数据技术创新，降低隐私泄露风险"、"提高全民网络素养，消除数字信息鸿沟"、"增强安全意识，维护自身数据权利"等方面展开全面治理。虽然学者们所开出的药方各有差异，但治理、禁止是他们的共同点。他们都希望采取禁止的办法，用小数据时代的法律与伦理约束大数据，认为："应该立足于现代道德哲学的基础制定出切实可行、行之有效的伦理原则和伦理框架，以规范大数据技术应用的各种行为活动。"④ 换句话来说，消极伦理观认为小数据时代的法律法规、伦理体系放之四海而皆准，而大数据及其透明世界破坏了人类原来的生活方式和法律、伦理体系，因而必须将其约束在我们已有的道德体系中，由此为新技术发展带来了不可逾越的障碍。

二、从积极伦理观看大数据的积极意义

　　消极伦理观学者试图禁止大数据及其透明世界的各种越轨行为，"难言之隐，一禁了之"。积极伦理观则欢呼大数据时代的到来，肯定大数据时代是时代发展的必然，是时代的进步，我们要发现大数据的积极意义，发展和

① 宋吉鑫：《网络伦理学研究》，科学出版社 2012 年版，第 13—25 页。
② 臧一博：《关于大数据时代下隐私问题的伦理探究》，载《电子商务》2015 年第 4 期。
③ 唐熙然：《大数据的伦理问题及其道德哲学——第一届全国赛博伦理学研讨会综述》，载《伦理学研究》2015 年第 3 期。
④ 唐熙然：《大数据的伦理问题及其道德哲学——第一届全国赛博伦理学研讨会综述》，载《伦理学研究》2015 年第 3 期。

利用大数据来为人类服务，因此应该从正面、积极的视角看待大数据及其透明世界。

　　所谓积极伦理观就是侧重于事物的阳光、积极的方面，倡导伦理学的积极取向，以研究事物的积极作用、关注人类的健康幸福与和谐发展。① 积极伦理观学者更关注行为者应该做什么，通常的表述形式是："我应该做什么"。与消极伦理相比，积极伦理的显著特点之一就是行为界限具有模糊性。② 从积极伦理观来看，大数据时代的到来，虽然世界变成了透明世界，人的隐私可能无处可藏，人的自由可能受到挑战，但大数据及其透明世界可能更多的是给人类带来许多过去从未有过的新机遇和新发展。例如，世界的透明可能带来人性的回归、新的安全感以及新的自由、平等，给我们一个全新的未来世界。

　　（一）大数据可能带来人性的真诚回归

　　人类本来就是诸多动物中的一种，与其他动物没有本质的差别。人们靠打猎、采摘为生，赤身裸体而不知羞耻。但是，自从摘下第一片叶子遮羞开始，人类就开始了自己的文明，创造了自己特有的文化，由此拉开了与其他动物差距。所谓文明，就是人类不再像其他动物一样纯粹赤裸地生活，而是学会了穿衣打扮，学会了客套虚伪，于是人类就戴上了面具生活。我们经常评价某人走向了成熟，其实就是孩提时代完全以本真示人，但随着逐渐长大也就学会了大人们那样知道隐藏自己的真实想法，学会了伪装自己，戴着面具生活。古希腊和中世纪的欧洲，更有戴着面具跳舞的习俗，以便他人难于认识真实的自己。在小数据时代，人类没有相应的技术来识破他人的伪装，因此人们慢慢习惯了戴着面具的生活方式。大数据

①　Mitch Handelsman，Samuel Knapp and M. C. Gottlieb，"Positive Ethics: Themes and Variations [J]"，*The Oxford Handbook of Positive Organizational Scholarship*[C]，New York: Oxford University Press，2002.

②　Mitch Handelsman，Samuel Knapp and M. C. Gottlieb，"Positive Ethics: Themes and Variations [J]"，*The Oxford Handbook of Positive Organizational Scholarship*[C]，New York: Oxford University Press，2002.

技术通过智能感知能够将面具背后的人类思想、情感、意志等变成连续的海量数据，通过数据的挖掘、分析和辨识，人们可以把隐藏内心深处的思想、情感和意志变成容易识别和认知的数据。这也就是说，大数据成了一种科学读心术，不管人们把思想、情感隐藏多深，总会通过外在的某种行为、表情、心率、脉搏等生理或心理的微小变化表现出来，而大数据则时时刻刻将人体的各种变化状态记录、存储下来，成为人体及其心灵的数据轨迹。[①] 通过对这些数据轨迹的分析，就能完整、全面地揭示出人们真实的想法。因此，在大数据面前，人们没法继续伪装自己。大数据把人类带了数千年甚至上万年的神秘面纱一下子全部揭开，人们的内心一下子被赤裸裸地暴露在大众面前。可以说，大数据能够洞察人类的一切，可以窥视内部的心灵，因此在大数据面前，我们每个人完全裸奔，再也无法像过去一样每个人都把自己内心包裹得严严实实。被大数据揭去神秘面具的人类一开始肯定会无法适应内心赤裸的生活，甚至会诅咒"万恶"的大数据。但是，当人人都赤裸内心，不再戴着面具生活的时候，人们就不再需要伪装，不再需要面具，于是反而轻装上阵，回归到原始人类那样赤城相处方式。因此，大数据作为一种科学读心术，让人类无处隐藏内心，人类反而不再需要伪装，从而完全回归真诚。积极伦理观认为大数据可能促使人类抛弃面具，以赤诚之心真诚相处，人类由此回归本真状态，轻松自在地生活。

（二）大数据可能给我们增加新的安全感

消极伦理观认为，大数据技术为犯罪分子提供了新的犯罪手段，给我们带来了更多的不安全感。在小数据时代，犯罪分子必须出现在犯罪现场才能够实施犯罪行为，例如抢劫、诈骗，金融犯罪等等，无不需要通过正面接触、亲临现场才能够实施。然而随着大数据技术的出现，犯罪分子可以跨越时空，通过隔空操作就可以实现这些犯罪行为。特别是犯罪分子通过网络数据的收集，掌握了我们许多隐私信息，他们可以轻而易举地实现各种犯罪行

[①] 黄欣荣：《大数据：网络时代的科学读心术》，载《中国社会科学报》2015年1月12日。

为。① 因此，持消极伦理观的人会认为，大数据这些新技术带来了新的犯罪手段，人们更加防不胜防。然而，事实并非完全如此。近些年来，犯罪分子利用大数据等新兴技术实现犯罪是因为这些技术刚刚出现，大部分人们要尚未掌握，而犯罪分子却领先了一步。更为重要的是，大数据时代的大幕才刚刚拉开，数据轨迹还时断时续，因此犯罪分子尚能够利用轨迹断裂来逃避惩罚。现在网络犯罪猖獗不是大数据技术的错，而是大数据时代还没有真正来临以及数据化、数据轨迹不完整的错。② 如果大数据时代真正到来，那么万物皆被完全数据化，一切行为皆将留下数据轨迹，世界变得完全透明。这样虽然我们的一举一动会暴露于网络云端，被上帝之眼时刻紧盯不放，但与此同时犯罪分子的一举一动也被彻底透明。在上帝之眼的监视下，他们在实施之前会被暴露作案企图，在实施之后留下永远抹不去的数据轨迹。这样，他们犯罪前，智能系统可提前预警，犯罪之后可循迹而行、顺藤摸瓜，一切犯罪行为都会暴露在公众面前，因此犯罪者无处躲藏，真正实现了"莫伸手，伸手必被抓"的理想。③ 对犯罪者来说，大数据及其透明世界简直是他们的噩梦，就像有无数双眼睛永远盯着他们不放。因此，积极伦理观认为大数据就像天罗地网，它让企图犯罪者不再有犯罪的机会，让我们普罗大众获得更多的安全感。

（三）大数据可能给我们增加平等权

平等是人类的终极追求之一。中国文化里一直有不患寡而患不均的思想，而西方文化也一直强调人生而平等的观念。但是，在小数据时代，人们对社会组织成员占用社会资源的状况及其财富分配状况缺乏了解，社会成员之间完全处于黑箱状态，彼此互不相知，很难做到公开透明，由此有些人乘

---

① 黄欣荣：《大数据时代的精准诈骗及其治理》，载《新疆师范大学学报》（社会科学版）2017年第4期。

② 黄欣荣：《大数据时代的精准诈骗及其治理》，载《新疆师范大学学报》（社会科学版）2017年第4期。

③ ［英］约翰·帕克：《全民监控——大数据时代的安全与隐私困境》，关立深译，金城出版社2015年版，第24—26页。

机多拿多占，造成社会不公。大数据让整个世界透明化，于是人们的一切行为都被暴露在阳光下，信息被彻底公开，任何不平等都可能被社会所有成员所知晓，因此，任何人都难以不平等地占有其他成员的财富或其他社会资源。例如，过去某些腐败分子贪腐千千万万的国家财富，但由于信息不透明，民众很难了解实情，于是大量腐败分子逍遥法外，甚至还以清廉形象显示在大众面前。但是，随着大数据时代的来临，任何人的行为举止都无法躲藏，任何不平等行为或贪腐行为都可能被人从大数据中挖掘出来，甚至成为舆论风暴。2018 年 5 月，四川某幼儿园的李姓家长不满老师对女儿的教育方式，搬出了孩子爸爸"严书记"，在家长微信群中质问老师并要求道歉。广大网友通过数据挖掘将"严书记"暴晒于网络，几天后"严书记"被四川省纪委调查。在大数据时代，任何特权都可能被暴晒，任何人和事都将彻底透明，于是特权、不平等被置于大数据的上帝之眼的监督之中，人与人之间逐渐走向平等。

（四）大数据可能给我们带来新的自由权

消极伦理观认为，大数据可能造成自由意志不再自由，人的自由权可能被剥夺。这样，大数据与自由好像是对立的，大数据时代，人类似乎不再有自由，或者是，大数据可能严重侵犯人的自由。但是，积极伦理观认为，大数据与自由并不一定是对立的两端，它们完全可实现对立统一。其实，按照西方哲学，自由本身并不是说随心所欲、没有约束，而是相反，即所谓自由正好是人在约束条件下的自我支配，凭借自由意志而行动，并为自身的行为负责。也就是说，自由存在的前提是约束，是在约束条件下取得最优解或利益最大化。大数据像上帝之眼一样盯着人们的一举一动，这样就保证了我们的利益不被他人侵犯，即在大数据时代，我们更能保护每个人的权益彼此不受侵犯，这正是自由的体现。此外，在大数据这上帝之眼的监督下，我们每个人都会更加检点自己的行为，并在不侵犯他人的前提下最大地发挥每个人的自由。因此，积极伦理观认为大数据时代约束条件下的自由更加符合自由的本意，我们每个人都在大数据的监视下获得一种新型自由，而且这种自由才是彼此互不伤害的真正自由。因此，积极伦理观认为大数据及其透明世界在带来约束的同时也带来人类新型的自由权。

（五）大数据可能更加凸显出个人的存在感

按照马克思主义唯物史观的观点，人民群众是历史的创造者与推动者，但是，在小数据时代，所有的历史基本上都是帝王将相、英雄人物或高层领导的历史。从阶级与阶层来看，人民群众基本上都处于社会底层，其所从事的往往是卑微和琐碎的具体工作，缺乏历史或全局的意义，因此无法被载入史册。从技术来看，在小数据时代，数据的采集、存储、传输、处理等各个环节都难度很大，成本很高，因此不可能每个人的琐碎事件都被记录和储存，只有达到一定阶层的少数人才可能被记录和储存，才具有历史。一般的人民群众、芸芸众生只活在当下，只有每日的琐碎生活，人死后历史一片空白，只剩下山上的坟茔和家谱上的名字，因此我们对祖先的认识仅仅停留在一个抽象的符号上。但在大数据时代，一切事件，不论大小都会留下数据轨迹，都被数据化并被储存于云端。无论是多卑微的人物，一言一行、一点一滴都会在不知不觉中被转化为数据并永久保留，这样就像每个人都配备了贴身秘书，时刻记录着一切言行。在大数据时代，每个人时刻都在自动生产数据，为大数据的汪洋大海提供涓涓细流，我们的语音、图像、视频、上网轨迹、位置信息、社交信息等等都被镌刻为历史。[①]当我们的子孙后代想了解我们的时候，只要从网络中挖掘相关数据，鲜活生动的形象马上就展现在面前，甚至可以跨越时空进行交流对话。许多宗教都有灵魂不死的理想，大数据技术真让人们的"灵魂"永远不死，永远飘荡在数据世界中。因此，积极伦理观认为大数据让芸芸众生的每一个人都具有自己个人的历史，凸显出每个人的存在，真正体现了马克思主义唯物史观中对人民群众地位的强调，从技术上实现了马克思主义群众观的崇高理想。

---

① ［英］维克托·迈尔-舍恩伯格：《删除：大数据取舍之道》，袁杰译，浙江人民出版社2013年版，第14—16页。

三、从积极伦理观看大数据时代的应对策略

消极伦理观为应对大数据及其透明世界开出了许多禁止和规制的药方，积极伦理观则以积极乐观的态度迎接大数据世界的到来，认为这是人类迎来的新时代。与消极伦理那样一种不需要行为者花费大量力气和精力就可以清楚行动范围和界限的道德规范相比，积极伦理可能需要行动者花费应有的时间与精力来完成某种伦理行为。与消极伦理观一禁了之相比，积极伦理观则强调人们必须积极调整心态，主动适应时代，扬弃旧的伦理规范并为新技术、新时代建构新的伦理体系。为此，积极伦理观为大数据及其透明世界所带来的问题提出了积极、主动的应对之策。

（一）保持开放心态

积极伦理观认为对待新技术首先要有开放的心态，能够接受新生事物。消极伦理观认为，大数据让世界透明化，人类可能将失去隐私，因此必须将其消灭在萌芽之中。其实，泄露人的隐私的技术不仅仅是大数据。就从人类隐私的历史来看，技术发展的历史可以说是隐私不断暴露、公开的历史。人类语言的出现让隐私只可意会不可言传变成了隐私可以通过语言来传播，人类隐私出现了第一次大危机。文字的出现，原来只能口口相传、难以久存的个人隐私变成了被文字记录、传播并保存的第二次大危机。印刷术特别是图书、报纸等传播工具的出现，局限于局部的个人隐私可通过印刷和报纸跨越时空，传播久远，个人隐私出现了第三次大危机。技术发展到现在，即使想挡住技术进步的脚步也已经不太可能。我们的先辈都主动或被动地接受了蕴含隐私风险的语言、文字、印刷等技术，我们为什么不能以开放的心态再接受大数据技术呢？积极伦理观认为，不管主动或被动，大数据都将冲破一切阻挡，将时代变为大数据时代，无非是愿意的人被大数据领着走，不愿的人被大数据拖着走。

（二）提升数据能力

在大数据时代，数据成为一种新资源，"数"中自有黄金屋成了许多人的共识，因此拥有数据成了财富的象征，而从数据中挖掘出所需的有用信

息的能力成了一种新能力。因为大数据时代的帷幕刚刚拉开，许多人还不知道数据的重要性，因此对数据不重视。更为关键的是，大数据的海量性淹没了数据的价值，必须具备从海量数据中挖掘其潜在价值的能力才能从数据中挖掘出各种宝藏。例如，阿里巴巴、腾讯、百度等公司不但垄断了海量的数据，更为重要的是他们具备了从这些数据中挖宝的能力，能从数据中发掘出数据的宝藏与商机并从中掌控了人们的一切思想和行踪。因此，这些公司可以迅速崛起，而更多的传统企业则一天天关门、消失。再如，近些年出现的新型网络诈骗就是诈骗者率先掌握了大数据及其挖掘技术，他们看我们几乎完全透明，我们的一切几乎都被他们掌控，而我们大众却既没有数据资源更没有数据挖掘能力，于是我们却不能从数据中发现骗子或者跟踪骗子，因此造成了新的信息不对称。① 在大数据时代，我们必须培养一种从数据发现有用信息、从数据中淘宝的能力，我们可将其称为数据能力。如果不培养和提高数据能力，就会像过去不识字的文盲一样，成为大数据时代的新文盲，或者可称其为数盲。积极伦理观认为，在大数据时代，提高数据能力十分重要，谁具备了数据能力，谁就拥有了打开未来新世界的金钥匙。

（三）缩小数据鸿沟

所谓数据鸿沟，指的是在大数据时代因数据采集、存储、挖掘等能力的不同所造成的不同机构或个体之间数据利用能力之间的巨大差异，是信息富有者与信息贫困者之间在利用数据创造财富能力方面的差距。② 在大数据时代，数据成了新型财富，谁占有数据并从数据中挖掘出财富，谁就占领了大数据时代的制高点，因此数据的采集、存储、传输、处理和利用的能力也就代表着其创新能力和创富能力。但是，世界信息化的浪潮并不同步，不同国家、不同民族、不同机构或不同个人，其数据采集、存储、传输、处理和利用的能力是不同的，因此造成了进入大数据时代后不同主体间又产生新的不

---

① 黄欣荣：《大数据时代的精准诈骗及其治理》，载《新疆师范大学学报》（社会科学版）2017 年第 4 期。

② ［英］约翰·帕克：《全民监控——大数据时代的安全与隐私困境》，关立深译，金城出版社 2015 年版，第 16—18 页。

平等，即数据不平等。数据鸿沟的出现又带来了新的社会不平等，造成了新的公平正义问题。在工业化时代，不同主体之间物质财富曾经一直存在着巨大的鸿沟，公平正义问题成了整个工业化时代的重要问题。积极伦理观认为，大数据时代虽刚刚启幕，但我们必须吸取工业化时代的经验教训，重视数据能力的培养和提高，尽量缩小不同国家、民族、机构或个体间的数据鸿沟，建立大数据时代的公平正义体系，让整个人类都能够共享到大数据之光的普照，建立大数据时代的人类命运共同体。

（四）改变隐私观念

所谓隐私就是需要隐藏起来的私人信息，这些信息涉及个人私生活或私人领域，不愿意向他人或公众公开。所谓隐私观就是我们如何看待隐私，不同的隐私观对隐私的定义、范围、本质等都会有不同的看法。大数据技术让整个世界透明化，将人类用来遮掩或隐藏私人信息或领域的遮羞布一把掀开，让人们突然感到无处隐藏、无所适从。我们该如何来面对这个透明、无隐私的大数据时代呢？积极伦理观认为，阻挡技术进步的脚步已完全不可能，改变的只能是我们自己。当然，我们可以重新寻找能够隐藏、保护私人信息或领域的工具，其中包括新型信息保护技术，以及制定大数据时代的个人隐私保护法律法规，对人们的数据采集、存储、传输、处理和利用等环节进行可行的规制，重新制定大数据时代的隐私游戏规则。但更为重要的是我们必须改变自己的隐私观念。在原始社会所有人都赤身裸体，但人们不觉得有什么需要隐藏。隐私是出现了"私"之后，才需要采取手段来隐藏。虽然从采摘第一片树叶来遮羞开始，人们就有了隐私的历史，但隐私的内容却随着时代在不断地变化。例如人们曾经认为女人的脚是高度隐私的部位，如今大部分国家和民族都不觉得有什么隐私可言。每到夏天，满街都是露胳膊露腿的女性，人们反而觉得这是美的象征。由此可见，人的隐私观变了，隐私的内容和范围也随之改变。现在因为大数据时代大幕刚刚开启，我们大家还习惯戴着面具生活，即习惯用小数据时代的隐私观来定义大数据时代的隐私。积极伦理观认为，当我们改变隐私观念，习惯于不戴面具生活的时候，我们也许会觉得不带面具生活对人类来说是一种解放，是一种新的生活方式。

（五）重建伦理道德

每个时代，每个国家或民族都有与之相适应的伦理道德体系。人类已经建立了一整套工业化时代的伦理道德规范，而且已经在这种规范下生活了数百年。人们已经沉浸其中，完全按照这个时代的伦理道德规范来生活，因此难以接受这套伦理道德体系的改变。从工业化时代走向大数据时代是时代范式的彻底变革，因此工业化时代的世界观、价值观、思维方式、生活方式，特别是伦理道德体系必然会受到强大的冲击。当大数据带来了世界的数据化、精准化和透明化的时候，我们原来那套行为规范与隐私观念就难以适应这个新时代。是将新时代拉旧以适应旧伦理还是重建伦理道德来适应新时代？消极伦理观很自然地选择坚守原来的伦理道德，并站在旧体系的立场来审视新技术、新时代，并试图将大数据这杯信息时代的"新酒"装回工业化时代伦理道德体系这个"旧瓶"之中，这显然是削足适履的不当做法。积极伦理观认为，大数据技术革命的洪流并不会被旧伦理体系所阻挡，必然会滚滚向前，因此我们必须采取主动、积极的态度和方法重建全新的伦理道德体系。[①] 换句话说，伦理道德体系也要跟随大数据来一场革命，重新建构大数据时代的伦理道德新范式。

（六）追求有限自由

随着大数据时代的来临，过去那种戴着面具跳舞，躲藏在无监控区域随性生活的日子也许已一去不复返。随之而来的是人们的所思所想、一举一动都处于大数据这一上帝之眼的监控之下，因此原来的面具失效了，人们会觉得无处躲藏，失去了安全感，随之也就失去了原来的自由。但是，过去那种生活虽然自由，但由于缺少有效的监督，仅凭人们自己的良心来约束自我。因为良心是不可靠的，仅靠自我约束是不够的，因此随时有可能丢弃良心而随心所欲并损害他人的利益与自由。在大数据这个上帝之眼的监督下生活，人们开始会觉得不习惯、不自在，但是这上帝之眼是可靠的、客观的。我们

---

① ［美］乔尔·古林:《开放数据》，张商轩译，中信出版社2005年版，第247—251页。

每个人的言行在上帝之眼面前都必须有所顾忌、有所约束。其实，只要人们遵守法律法规，遵循伦理道德规范，不损害他人利益和自由，这种上帝之眼就可以完全忽视，习惯之后根本不觉得它的存在。所以人们又何必担心呢？正如俗话所说，为人不做亏心事，半夜敲门心不惊。但是，有人一旦试图想做出格之事，那么大数据这一上帝之眼就将全程监控、永久保存，并被暴露于光天化日之下，成为难以抹去的污点。因此积极伦理观认为，在大数据时代，我们每个人都必须习惯在上帝之眼的约束下生活，遵循法律和道德，尊重他人自由，在大数据之光的普照下追求有限自由，而这种有限自由才真正回归自由的本质。

纵观现有的大数据伦理研究，几乎所有的文献都是从消极伦理观出发，全面揭露大数据及其透明世界可能带来的负面影响，由此提出对大数据发展的种种禁令，以便让其回归传统的伦理轨道。但是，作为新时代的革命性新技术，大数据时代的步伐不可阻挡，因此我们应该从积极伦理观出发，发掘大数据对人类未来的积极影响，重点探索在大数据时代人类如何改变自身以适应新技术时代，重建透明世界的伦理新规范并按游戏新规则来开始新生活。当然，任何事物都有消极与积极，负面和正面的一体两面，因此大数据及其透明世界的消极伦理和积极伦理研究都是有意义的探索，并具有辩证的互补关系。

主要参考文献

中文著作

[1] CODATA 中国全国委员会：《大数据时代的科研活动》，科学出版社 2014 年版。

[2]〔美〕M.W. 瓦托夫斯基：《科学思想的概念基础》，范岱年译，求实出版社 1982 年版。

[3]〔美〕N.R. 汉森：《发现的模式》，邢新力、周沛译，中国国际广播出版社 1988 年版。

[4]〔美〕阿尔文·托夫勒：《第三次浪潮》，朱志焱、潘琪译，生活·读书·新知三联书店 1983 年版。

[5]〔美〕阿莱克斯·彭特兰：《智慧社会》，汪小帆、汪容译，浙江人民出版社 2015 年版。

[6]〔美〕艾伯特-拉斯洛·巴拉巴西：《爆发：大数据时代预见未来的新思维》，马慧译，中国人民大学出版社 2012 年版。

[7]《爱因斯坦文集》第 3 卷，许良英、李宝恒、赵中立译，商务印书馆 1979 年版。

[8]〔美〕保罗·费耶尔阿本德：《反对方法》，周昌忠译，上海译文出版社 1992 年版。

[9]〔美〕保罗·费耶尔阿本德：《告别理性》，陈健译，江苏人民出版社 2007 年版。

[10]〔法〕笛卡尔：《谈谈方法》，王太庆译，商务印书馆 2000 年版。

[11] 冯俊：《后现代主义哲学讲演录》，商务印书馆 2003 年版。

[12]〔美〕冯启思：《数据统治世界》，曲玉彬译，中国人民大学出版社 2013 年版。

[13]〔美〕格伦·格林沃尔德：《无处可藏》，米拉、王勇译，中信出版社 2014 年版。

[14] 黄欣荣：《复杂性科学的方法论研究》，重庆大学出版社 2011 年版。

[15] 黄欣荣:《现代西方技术哲学》,江西人民出版社 2011 年版。

[16] [英] 卡尔·波普尔:《猜想与反驳》,傅季重等译,上海译文出版社 1986 年版。

[17] [英] 卡尔·波普尔:《客观知识》,舒炜光等译,上海译文出版社 1987 年版。

[18] [英] 凯文·奥顿奈尔:《黄昏后的契机:后现代主义》,王萍丽译,北京大学出版社 2004 年版。

[19] 郎为民:《漫话大数据》,人民邮电出版社 2014 年版。

[20] 李德伟等:《大数据改变世界》,电子工业出版社 2013 年版。

[21] 李仁武:《制度伦理研究》,人民出版社 2009 年版。

[22] 李正风:《科学知识生产方式》,清华大学出版社 2006 年版。

[23] [美] 路易斯·D.布兰代斯:《隐私权》,宦盛奎译,北京大学出版社 2014 年版。

[24] [法] 罗兰·巴特:《一个解构主义的文本》,汪耀进、武佩荣译,上海人民出版社 1997 年版。

[25] [英] 罗素:《西方哲学史》上卷,何兆武、李约瑟译,商务印书馆 1963 年版。

[26] [德] 马克思:《1844 年经济学哲学手稿》,中共中央编译局译,人民出版社 2000 年版。

[27] [美] 尼葛洛庞帝:《数字化生存》,胡泳、范海燕译,海南出版社 1997 年版。

[28] [美] 诺伯特·维纳:《控制论》,郝季仁译,科学出版社 1962 年版。

[29] [美] 诺伯特·维纳:《人有人的用处》,陈步译,商务印书馆 1986 年版。

[30] [美] 欧内斯特·内格尔:《科学的结构》,徐向东译,上海译文出版社 2005 年版。

[31] 潘教峰、张晓林:《第四范式:数据密集型科学发现》,科学出版社 2012 年版。

[32] [美] 乔尔·古林:《开放数据》,张商轩译,中信出版社 2005 年版。

[33] 邱仁宗:《科学方法与科学动力学》,高等教育出版社 2006 年版。

[34] [美] 史蒂夫·洛尔:《大数据主义》,胡小锐、朱胜超译,中信出版集团 2015 年版。

[35] 宋吉鑫:《网络伦理学研究》,科学出版社 2012 年版。

[36] 涂子沛:《大数据:正在到来的数据革命》,广西师范大学出版社 2013 年版。

[37] 王海明:《伦理学原理》,北京大学出版社 2009 年版。

[38] 王巍:《科学哲学问题研究》,清华大学出版社 2004 年版。

[39]［美］威廉·立德威尔、克里蒂娜·霍顿、吉尔·巴特勒：《设计的法则》，李婵译，辽宁科技出版社 2010 年版。

[40]［英］维克托·迈尔-舍恩伯格、肯尼斯·库克耶：《大数据时代：生活、工作与思维的大变革》，盛杨燕、周涛译，浙江人民出版社 2013 年版。

[41]［英］维克托·迈尔-舍恩伯格：《删除：大数据取舍之道》，袁杰译，浙江人民出版社 2013 年版。

[42] 邬焜：《信息哲学——理论、体系、方法》，商务印书馆 2005 年版。

[43]［美］雅克·蒂洛，基思·克拉斯曼：《伦理学与生活》，程立显等译，世界图书出版公司 2008 年版。

[44]［美］亚历克斯·罗森堡：《科学哲学当代进阶教程》，刘华杰译，上海科技教育出版社 2006 年版。

[45] 杨光斌：《政治学导论》，中国人民大学出版社 2011 年版。

[46]［德］伊曼努尔·康德：《纯粹理性批判》，邓晓芒译，人民出版社 2004 年版。

[47]［美］约翰·罗尔斯：《正义论》，何怀宏等译，中国社会科学出版社 1988 年版。

[48]［英］约翰·帕克：《全民监控——大数据时代的安全与隐私困境》，关立深译，金城出版社 2015 年版。

[49]［美］詹姆斯·格雷克：《信息简史》，高博译，人民邮电出版社 2013 年版。

[50] 张俊妮：《数据挖掘与应用》，北京大学出版社 2009 年版。

[51] 赵国栋等：《大数据时代的历史机遇——产业变革与数据科学》，清华大学出版社 2013 年版。

[52] 赵林：《西方哲学史讲演录》，高等教育出版社 2009 年版。

[53] 朱明：《数据挖掘》，中国科技大学出版社 2008 年版。

中文论文

[1] 董春雨：《从因果性看还原论与整体论之争》，载《自然辩证法研究》2010 年第 10 期。

[2] 段伟文：《网络与大数据时代的隐私权》，载《科学与社会》2014 年第 2 期。

[3] 黄晓亮、王忠诚：《论电信诈骗犯罪惩治与防范的国际合作——以大数据时代为

背景》，载《贵州社会科学》2016 年第 2 期。

[4] 黄欣荣：《从复杂性科学到大数据技术》，载《长沙理工大学学报》（社会科学版）2014 年第 2 期。

[5] 黄欣荣：《从确定到模糊——科学划界的历史嬗变》，载《科学·经济·社会》2003 年第 4 期。

[6] 黄欣荣：《大数据：网络时代的科学读心术》，载《中国社会科学报》2015 年 1 月 12 日。

[7] 黄欣荣：《大数据的本体假设及其客观本质》，载《科学技术哲学研究》2016 年第 2 期。

[8] 黄欣荣：《大数据对科学认识论的发展》，载《自然辩证法研究》2014 年第 9 期。

[9] 黄欣荣：《大数据技术的伦理反思》，载《新疆师范大学学报》（哲学社会科学版）2015 年第 3 期。

[10] 黄欣荣：《大数据技术对科学方法论的革命》，载《江南大学学报》（人文社科版）2014 年第 2 期。

[11] 黄欣荣：《大数据时代的精准诈骗及其治理》，载《新疆师范大学学报》（社会科学版）2017 年第 4 期。

[12] 黄欣荣：《大数据时代的思维变革》，载《重庆理工大学学报》2014 年第 5 期。

[13] 黄欣荣：《大数据时代的哲学变革》，载《光明日报》（理论版）2014 年 12 月 3 日。

[14] 黄欣荣：《大数据与微时代：信息时代的二重奏》，载《河北师范大学学报》（哲学社会科学版）2017 年第 1 期。

[15] 黄欣荣：《大数据哲学研究的背景、现状与路径》，载《哲学动态》2015 年第 7 期。

[16] 黄欣荣：《恩格斯的复杂性思想及其当代价值》，载《湘潭大学学报》（哲学社会科学版）2013 年第 4 期。

[17] 黄欣荣：《复杂性科学与还原论的超越》，载《自然辩证法研究》2006 年第 10 期。

[18] 黄欣荣：《复杂性科学与中医》，载《中医杂志》2013 年第 19 期。

[19] 黄欣荣：《数据密集型科学发现及其哲学问题》，载《自然辩证法研究》2015 年第 11 期。

[20] 黄欣荣：《网络诈骗是大数据的"原罪"吗?》，载《大众日报》2016 年 9 月 7 日。

[21] 金延：《客观性：难以逾越的哲学问题》，载《厦门大学学报》2006 年第 1 期。

[22] 黎德扬：《信息时代的大数据现象值得哲学关注》，载《长沙理工大学学报》（社会科学版）2014 年第 2 期。

[23] 李德伟：《大数据的数理哲学原理》，载《光明日报》2012 年 12 月 25 日。

[24] 李德毅：《聚类成大数据认知的突破口》，载《中国信息化周报》2015 年 4 月 20 日

[25] 李国杰：《大数据成为信息科技新关注点》，载《硅谷》2012 年第 13 期。

[26] 李醒民：《划界问题或科学划界》，载《社会科学》2010 年第 3 期。

[27] 刘红、胡新和：《数据哲学构建的初步探析》，载《哲学动态》2012 年第 12 期。

[28] 刘红：《数据革命：从数到大数据的历史考察》，载《自然辩证法通讯》2013 年第 6 期。

[29] 刘友华：《算法偏见机器规制路径研究》，载《法学杂志》2019 年第 6 期。

[30] 马晓彤：《融合整体论与还原论的构想》，载《清华大学学报》2006 年第 2 期。

[31] 马越：《消极伦理及其当代形态》，载《伦理学研究》2016 年第 2 期。

[32] 孟广天、郭凤林：《大数据政治学：新信息时代的政治现象机器探析路径》，载《国外理论动态》2015 年第 1 期。

[33] 苗东升：《从科学转型演化看大数据》，载《首都师范大学学报》2014 年第 5 期。

[34] 齐磊磊：《大数据经验主义——如何看待理论、因果与规律》，载《哲学动态》2015 年第 7 期。

[35] 邱仁宗、黄雯、翟晓梅：《大数据技术的伦理问题》，载《科学与社会》2014 年第 1 期。

[36] 宋吉鑫、魏玉东、王永峰：《大数据伦理问题与治理研究述评》，载《理论界》2017 年第 1 期。

[37] 唐熙然：《大数据的伦理问题及其道德哲学——第一届全国赛博伦理学研讨会综述》，载《伦理学研究》2015 年第 3 期。

[38] 田方林:《论客观性》,载《四川大学学报》2012 年第 4 期。

[39] 汪民安:《身体机器:微时代的物质根基和文化逻辑》,载《探索与争鸣》2014 年第 7 期。

[40] 王芳:《大数据带来的伦理忧思》,载《香港经济导报》2013 年第 14 期。

[41] 王永峰:《对大数据道德悖论的思考》,载《人力资源管理》2016 年第 1 期。

[42] 邬贺铨:《大数据时代的机遇与挑战》,载《求是》2013 年第 4 期。

[43] 吴朝平:《"互联网 +"背景下电信诈骗的发展变化及其防控》,载《中国人民公安大学学报》2015 年第 6 期。

[44] 吴朝平:《电信诈骗:作案手段、高发原因及防范对策》,载《海南金融》2015 年第 1 期。

[45] 吴国林:《主体间性与客观性》,载《科学技术与辩证法》2001 年第 6 期。

[46] 吴彤:《科学研究始于机会,还是始于问题或观察》,载《哲学研究》2007 年第 1 期。

[47] 夏洁:《从消极伦理走向积极伦理》,载《天府新论》2005 年第 3 期。

[48] 薛孚、陈红兵:《大数据隐私伦理问题探究》,载《自然辩证法研究》2015 年第 2 期。

[49] 袁雪:《大数据技术的伦理"七宗罪"》,载《科技传播》2016 年第 4 期。

[50] 臧一博:《关于大数据时代下隐私问题的伦理探究》,载《电子商务》2015 年第 4 期。

[51] 张晓强、杨君游、曾国屏:《大数据方法:科学方法的变革和哲学思考》,载《哲学动态》2014 年第 8 期。

英文著作

[1] Alvin Toffler, *The Third Wave*, New York: Bantam Books, 1980.

[2] Bill Gates, *The Road Ahead*, New York: Viking Penguin, 1995.

[3] Christine L.Borgman, *Big Data, Little Data, No data: Scholarship in the Networked World*, Massachusetts: MIT Press, 2015.

[4] Daniel Bell, *The Coming of Post-Industrial Society: A Venture in Social Forecasting*,

New York: Basic Books，1973.

[5] James Gleick，*The Information: A History，a Theory，a Flood*，New York: Pantheon Books，2011.

[6] J. Hurwitz，etc: *Big Data*，New Jersey，John Wiley & Sons，Inc.，2013.

[7] Judith Hurwitz et al. *Big Data*，New Jersey: John Wiley & Sons，Inc.，2013.

[8] Judith Hurwitz，Alan Nugent and Fern Halper，et al.，*Big Data for Dummies*，New Jersey: John Wiley & Sons，Inc.，2013.

[9] Kord Davis and Doug Patterson，*Ethics of Big Data*，O'Reilly Media，2013.

[10] E.D. Klemke，Robert Hollinger and David Wyss Rudge，etc.，*Introductory Readings in the Philosophy of Science*，New York: Prometheus Books，1998.

[11] Michael Wessler，*Big Data Analytics for Dummies*，New Jersey: John Wiley & Sons，Inc.，2013.

[12] Paul C. Zikopoulos，Chris Eaton and Dirk de Roos，et al.，*Understanding Big Data*，New York: McGraw Hill，2012.

[13] Richard Rogers，*Digital Methods*，Massachusetts: MIT Press，2013.

[14] Ronald A. Howard，Clinton D. Korver and Bill Birchard，*Ethics for the Real World: Creating a Personal Code to Guide Decisions in Work and Life*，Massachusetts: Harvard Business Press，2008.

[15] Tony Hey，Stewart Tansley and Kristin Tolle，*The Fourth Paradigm: Data-Intensive Scientific Discovery*，Redmond: Microsoft Research，2009.

[16] Viktor Mayer-Schonberger and Kenneth Cukier，*Big Data: A Revolution That Will Transform How We Live，Work and Think*，London: John Murray，2013.

英文论文

[1] Andrej Zwitter，"Big Data Ethics"，*Big Data & Society*，July-December 2014.

[2] David Chandler，"A World without Causation: Big Data and the Coming of Age of Posthumanism"，*Millennium: Journal of International Studies*，Vol.43，2015.

[3] Hans Lenk，"Progress，Value and Responsibility"，*PHIL & TECH*，No.2，1997.

[4] Luciano Floridi, "Big Data and Their Epistemological Challenge" *Philos. Technol.*, Vol.25, 2012.

[5] Micheal Froomkin, "The Death of Privacy ?" *Stanford Law Review*, No.5, 2000.

[6] Nick Couldry and Alison Powel: "Big Data from the Bottom up", *Big Data & Society*, July-December 2014.

[7] Rob Kitchin, "Big Data, New Epistemologies and Paradigm Shifts", *Big Data & Society*, April-June 2014.

[8] Steve Lohr: "The age of Big Data", *The New York Times*, February 11, 2012.

[9] Sabina Leonelli, "Why the Current Insistence on Open Accessto Scientific Data? Big Data, Knowledge Production, and the Political Economy of Contemporary Biology", *Bulletin of Science, Technology & Society*, Vol.33, 2013.

[10] Werner Callebaut, "Scientific Perspectivism: A Philosopher of Science's Response to the Challenge of Big Data Biology", *Studies in History and Philosophy of Biologic and Biomedical Sciences*, Vol.43, 2012.

前期相关成果目录

本专著各部分内容基本上都已以学术论文的形式发表在相关学术刊物上，现将各章节内容的最初论文名称、发表刊物、发表时间以及对应该专著的具体章节内容列表如下，特此感谢这些学术刊物的大力支持。

序号	成果名称	发表刊物	发表时间	章节内容
1	大数据时代的哲学变革	光明日报（理论版）	2014-12-3	序言
2	大数据技术革命为什么会发生	自然辩证法研究	2016（11）	第一章 第二节
3	从复杂性科学到大数据技术	长沙理工大学学报	2014（2）	第一章 第三节
4	大数据哲学研究的背景、现状与路径	哲学动态	2015（07）	第一章 第四节
5	舍恩伯格大数据哲学思想研究	长沙理工大学学报	2017（3）	第一章 第五节
6	大数据的语义、特征与本质	长沙理工大学学报	2015（6）	第二章 第一节
7	大数据与微时代	河北师范大学学报	2017（1）	第二章 第二节
8	大数据的本体假设及其客观本质	科学技术哲学研究	2016（2）	第二章 第三节
9	大数据、透明世界与人的自由	广东社会科学	2018（5）	第二章 第四节
10	大数据革命与后现代主义	山东科技大学学报	2018（2）	第二章 第五节
11	大数据对科学认识论的发展	自然辩证法研究	2014（9）	第三章 第一节

序号	成果名称	发表刊物	发表时间	章节内容
12	大数据对科学哲学的新挑战	新疆师范大学学报	2015（5）	第三章第二节
13	大数据、数据化与科学划界	自然辩证法通讯	2018（5）	第三章第三节
14	大数据如何看待理论、因果与规律	理论探索	2016（6）	第三章第四节
15	大数据的客观性与挖掘渗透理论	河北师范大学学报	2021（2）	第三章第五节
16	大数据时代的思维变革	重庆理工大学学报	2014（5）	第四章第一节
17	大数据技术对科学方法论的革命	江南大学学报	2014（2）	第四章第二节
18	数据密集型的科学发现	自然辩证法研究	2015（11）	第四章第三节
19	大数据：社会科学研究的科学新工具	马克思主义与现实	2016（5）	第四章第四节
20	大数据时代的还原论与整体论及其融合	系统科学学报	2021（4）	第四章第五节
21	大数据促进科学与人文融合	中国社会科学报	2018-9-11	第四章第六节
22	大数据技术的伦理反思	新疆师范大学学报	2015（3）	第五章第一节
23	大数据时代隐私保护的伦理问题（陈仕伟、黄欣荣合作）	学术界	2016（1）	第五章第二节
24	大数据时代的精准诈骗及其治理	新疆师范大学学报	2017（4）	第五章第三节
25	从积极伦理看大数据及其透明世界	江西财经大学学报	2020（2）	第五章第四节

后　记

　　2012 年，大数据的概念刚被提出来就得到迅速传播。2013 年底我开始跟进，开始了大数据的哲学问题思考。2014 年初，我以《大数据技术革命的哲学问题研究》为题申报国家社科基金年度重点课题并得到批准，这是国内第一个大数据哲学的国家级课题。经过 4 年多的努力，课题于 2018 年底基本完成，并于 2019 年初顺利结题。

　　从 2014 年开始，课题组每年发表与课题相关的论文 10 余篇。在论文的基础上，课题组撰写了 43 万字的研究报告：《大数据技术革命的哲学问题研究》，比较圆满地完成了课题计划书所列的各项内容。本专著正是在一部分结题报告和论文的基础上增删、串通、修改而成，而另一部分结题报告和论文因与人工智能相关联，因此将以另一部专著出版。

　　本专著全面建构以大数据技术为对象、以大数据革命为背景的大数据哲学研究纲领，建立了大数据哲学的研究体系，对大数据本体论、大数据认识论、大数据方法论、大数据伦理观等问题进行了深入的研究。该专著站在大数据革命的浪潮前沿，在大数据技术革命与哲学研究之间进行同步交叉、动态研究，紧跟技术革命的脚步进行哲学总结和提炼，对正在发生的技术革命进行全方位的哲学研究，这些研究反过来又影响大数据的技术研究。

　　该专著具有如下四个特点：一是站在马克思主义哲学的立场：我们从马克思主义，特别是马克思主义科技哲学出发，对大数据进行了全面的哲学考察和分析；二是构建了系统的大数据哲学研究纲领：大数据革命刚刚发生，当时还没有其他学者对大数据进行全面的哲学研究，更没有建立相应的研究框架；三是研究内容全面、深入：该研究涉及大数据的本体论、认识论、方法论、伦理观；四是研究成果丰硕，发表论文成系列：目前来说这是最系统的大数据哲学问题研究。

本专著在如下方面做了一些创新：第一、在大数据技术革命刚刚兴起之时就率先提出了对大数据进行全方位的哲学研究；第二、比较完整地建构了大数据哲学的学科研究体系；第三、从哲学特别是马克思主义哲学的本体论、认识论、方法论、伦理观、社会论等各个视角对大数据革命进行了全方位的研究，构成了大数据哲学的完整研究。

从学术价值来说，主要表现在如下几个方面：第一，站在技术革命的潮头，建立了大数据哲学的研究纲领；第二，丰富和完善了科技哲学特别是马克思主义科技哲学的时代内容；第三，对大数据技术和大数据革命进行了全面的哲学理解和解释，为大众理解大数据技术和大数据革命奠定了哲学基础；第四，从科技哲学特别是马克思主义科技哲学回应了大数据带来的本体论、认识论、方法论、伦理观的各种挑战。

从应用价值来说，首先对突然发生的大数据革命进行了详尽、全面的哲学解释，有助于打消大众对大数据的陌生和疑虑，并及时理解大数据技术及其带来的技术革命。其次，全面分析了大数据给人类的认知、方法、伦理等全方位的挑战，又从哲学上回应了大数据革命的伟大意义，因此有助于大数据技术和产业的未来发展。最后，为大数据技术与大数据革命找到了合理的时代定位，有助于大数据技术工作者理解大数据在技术之外的哲学、伦理、社会意义，从而更加以负责任的态度研发大数据技术。

本专著是在已发表的系列论文的基础上完成的。由于时间有限，章节内容基本上由论文串联而成，保留了原论文的痕迹，因此有些内容还不连贯、有些部分前后重复，逻辑自洽性和条理性还存在一些问题。

课题从立项、研究、结项到发表、出版的过程中，得到了诸多专家、朋友的关心、鼓励和支持。首先要感谢本课题的匿名评审专家们在立项和结项过程中的支持和肯定。北京师范大学董春雨教授、中国社会科学院哲学所段伟文研究员、西安交通大学邬焜教授、东北大学陈凡教授、上海大学王天恩教授等在课题立项和研究过程中给予了许多支持。《光明日报》编辑王琎先生、

《新疆师范大学学报》主编李建军教授、《理论探索》苏玉娟教授、《上海师范大学学报》苏建军教授等诸多刊物主编或编辑，在论文发表上给予了许多帮助。人民出版社崔继新主任、江西财经大学科研处刘满凤处长、马克思主义学院陈始发院长等在该书出版中给予了鼎力支持。在此，我对一路上帮助过我的各位朋友表示衷心的感谢！书中还有各种错误和不足，欢迎批评指正，并将意见发至邮箱 32478179@qq.com。

2022 年 6 月 28 日

策划编辑：崔继新

责任编辑：崔继新

封面设计：林芝玉

版式设计：严淑芬

图书在版编目（CIP）数据

大数据哲学：大数据技术革命的哲学问题研究／黄欣荣 著．—北京：

人民出版社，2022.8

ISBN 978－7－01－024275－0

I.①大⋯ II.①黄⋯ III.①数据处理－研究 IV.① TP274

中国版本图书馆 CIP 数据核字（2022）第 256898 号

大数据哲学

DA SHUJU ZHEXUE

——大数据技术革命的哲学问题研究

黄欣荣 著

人民出版社 出版发行

（100706 北京市东城区隆福寺街 99 号）

中煤（北京）印务有限公司印刷 新华书店经销

2022 年 8 月第 1 版 2022 年 8 月北京第 1 次印刷

开本：710 毫米 ×1000 毫米 1/16 印张：20.75

字数：307 千字

ISBN 978－7－01－024275－0 定价：98.00 元

邮购地址 100706 北京市东城区隆福寺街 99 号

人民东方图书销售中心 电话（010）65250042 65289539